绿 缘

中国环境记者调查报告
（2017 年卷）

华　凌　汪永晨　主编

黄 河 水 利 出 版 社
·郑州·

图书在版编目(CIP)数据

绿缘:中国环境记者调查报告. 2017 年卷/华凌,汪永晨主编. —郑州:黄河水利出版社,2020. 7
ISBN 978-7-5509-2717-9

Ⅰ. ①绿… Ⅱ. ①华…②汪… Ⅲ. ①环境保护-调查报告-中国-2017 Ⅳ. ①X-12

中国版本图书馆 CIP 数据核字(2020)第 110093 号

出 版 社:黄河水利出版社

地址:河南省郑州市顺河路黄委会综合楼 14 层　　邮政编码:450003

发行单位:黄河水利出版社

发行部电话:0371-66026940、66020550、66028024、66022620(传真)

E-mail:hhslcbs@126.com

承印单位:河南瑞之光印刷股份有限公司

开本:787 mm×1 092 mm　1/16

印张:20.75

字数:330 千字　　印数:1—1 000

版次:2020 年 7 月第 1 版　　印次:2020 年 7 月第 1 次印刷

定价:88.00 元

目　录

总论

华 凌

2017年，在中国环保历史上留下了浓墨重彩。

这一年里，环保领域发生太多大事：从“臭氧污染治理”到“洋垃圾进口禁令”，从“各地环保警察”到“中央环保督察”，从“全国土壤详查”到“重点流域水污染防治规划”，从“国家环保标准‘十三五’规划”到中央经济工作会议明确“污染防治攻坚战”，从“美丽中国”的蓝图到“雾霾爽约”的蓝天……

可以说，进入2017年，我国环保行业迎来又一个“政策年”，启动实施不少与我们息息相关的环保法律政策，延续2015年与2016年的热度，犹如在不断破冰，悄悄影响着人们的日常生活。

作者简介：华凌，女，从本世纪初开始持续关注气候变化、能源和环保等领域，刊发了大量有一定影响力的报道。曾多次应邀出访欧洲，多次赴英国、法国、德国、挪威、芬兰和丹麦等国家考察，撰写了大量深度文章，被国内外多家知名网站转载，在社会上产生了一定程度的反响。

主要奖励：2003年获得中国环境新闻工作者协会和联合国亚太区环境项目拜耳青年教育伙伴授予的“拜耳环境好新闻”奖；自2004年至2014年，连续十届获得由世界自然基金会（WWF）、（美国）能源基金会和北京地球村环境教育中心共同颁发的“可持续能源记者之星”奖，以及两次“突出贡献”奖；2003年和2005年分别获得国家环境保护总局和中国环境新闻工作者协会授予的“杜邦杯环境好新闻”奖；2005年获英国科技作家协会和中国科技新闻学会共同授予的首届英中科技合作媒体优秀作品推荐活动报纸类“最佳科技作品”奖；2009年获英国驻华大使馆文化教育处“气候酷派”优秀作品二等奖；2003年和2010年分别获得《中国记者》颁发的优秀新闻论文奖；2017年被中央电视台《对话》栏目特邀作为6月18日“精准扶贫驻村调研一月间”节目的分享嘉宾，相关《砥砺奋进的五年精准扶贫驻村调研 · 雨台村脱贫攻坚故事系列报道》荣获“第30届中国经济新闻奖融合报道类”一等奖等。

始于2013年《大气污染防治行动计划》(又称“大气十条”)的颁布,中国环保事业终于迎来历史性的转折。有人评价,2017年是中国环保事业“幼升小”的一年,是“大气十条”第一阶段的收官考核,中国环保事业也迎来了它在新时期的第一次小考。

新年伊始,跨年大雾霾长达一周。整个第一季度,京津冀区域的大气状况似乎都不容乐观。为了扭转局面,环保部开展了史上最大规模的大气污染防治强化督察,春天开始的第三批中央环境保护督察和夏天发生的甘肃祁连山国家级自然保护区通报事件,也进一步加码了地方对环境保护工作的认识。

中央经济工作会议要求,打好污染防治攻坚战,要使主要污染物排放总量大幅减少,生态环境质量总体改善,重点是打赢蓝天保卫战。随着环保工作逐步进入深水区,一些“散乱污”小企业的关闭,也引发了关于“环保影响经济”的质疑。经过一轮大讨论,公众关于环保与经济关系的认识逐渐厘清,对环保工作也多了一份理解与支持。

到了2017年岁末,京津冀区域秋冬季大气污染综合治理攻坚行动又轰轰烈烈地开展起来。11月3日,北京、天津和河北、山西、山东、河南等部分城市陆续发布重污染天气橙色预警,并从4日零时起启动Ⅱ级应急响应。预警发出后,环保部要求各地根据实际情况,切实落实各项减排措施,缓解重污染天气影响。截至11月6日,京津冀及周边地区空气质量总体为良—轻度污染。人们欣喜地发现,此次预警中的“雾霾”天气并未出现,而且冬天的雾霾天气减少了,蓝天白云多了起来,天空不再是灰蒙蒙的了,就连防霾口罩、空气净化器也没有以前那么火了。

而针对此次雾霾“爽约”事件,中国科学院大气物理研究所研究员王自发分析指出,“提前采取应急管控措施,在污染累积前就把排放强度降下去,是重污染天气应急能否取得成效的关键”。而多家科研机构的研究表明,提前1~2天采取应急减排措施,更能够有效地降低PM2.5峰值浓度。

从蓝天保卫战到祁连山生态损害问责,从中央环保督察到推进生态文明建设……2017年,中国刮起一场场环保“风暴”。截至目前,中央环保督察已实现对31个省份的全覆盖,仅这一年的问责人数就超过1万人。

4月,为进一步完善环境保护标准体系,充分发挥标准对改善环境质量、防范环境风险的积极作用,在总结“十二五”环境保护标准工作的基础上,环保部印发《国家环境保护标准“十三五”发展规划》。该规划是落实环境保护法律法规的重要手段，是支撑环境保护工作的重要基础。环保部科技标准司司长邹首民表示，环保标准是改善环境质量、减少污染物排放和防范环境风险的重要抓手，是环境管理和监督执法的重要依据。

5 月，环保部表示，从今年二季度开始将对 2016 年督察目标省(区)的整改工作进行“回头看”复查。8 月，第三批 7 个中央环境保护督察组陆续向天津、山西、辽宁、安徽、福建、湖南、贵州等省(市)反馈督察意见。共交办环境问题 31 457件、约谈 6 657 人、问责 4 660 人。

8 月，第四批中央环境保护督察全面启动，8 个督察组分别对吉林、浙江、山东、海南、四川、西藏、青海、新疆(含兵团)开展督察进驻工作。截至 9 月 15 日，第四批督察组完成督察工作，在此期间，8 省(区)因环境问题约谈 4 210 人、问责 5 763 人。

专家认为，地方各级人民政府应当对本行政区域的环境质量负责，“环保党政同责”，法律文件里这些新字眼让百姓对环境质量改善寄予极高期望。但是，对这些责任落实情况有无考核，谁来督察，是法律政策能否落到实处的重要推手。中央环保督察制度的建立，是改革现有环保监管机制、推动环保责任落实的重要举措。

此外，我国审议通过《关于禁止洋垃圾入境推进固体废物进口管理制度改革实施方案》。该方案明确，要以维护国家生态环境安全和人民群众身体健康为核心，完善固体废物进口管理制度，分行业、分种类制定禁止固体废物进口的时间表。7 月 20 日，环保部在例行发布会上表示，我国已经向世界贸易组织(WTO)进行通报，2017 年底开始不再进口包括废弃塑胶、纸类、钒渣、纺织品等 24 类固体废物。

环保部国际合作司司长郭敬介绍说，在过去特定的发展阶段，有一部分进口原料的固体废物在弥补国内资源短缺方面发挥了一定作用。但是，随着我国经济社会发展水平的不断提高，进口可用作原料的固体废物暴露出不少问题，污染了环境，损害了群众的身体健康。“尤其是洋垃圾问题，已经到了人人喊打的地步”。因此，环保部禁止进口环境污染风险较高、群众反映十分强烈的未经分拣废纸、废纺织原料、钒渣等 24 类固体废物。

国家环境保护部发布的 2017 年中国环境日主题是“绿水青山就是金山银

山”，旨在动员引导社会各界牢固树立“绿水青山就是金山银山”的强烈意识，尊重自然、顺应自然、保护自然，自觉践行绿色生活，共同建设美丽中国。

党的十八大以来，中共中央、国务院高度重视生态文明建设和环境保护，将生态文明建设纳入“五位一体”总体布局，并提出创新、协调、绿色、开放、共享五大发展理念。先后修订了《环境保护法》，出台大气、水、土壤污染防治行动计划，推进系统的环保体制机制改革创新，连续开展环保法实施年活动，保持环境执法高压态势，取得了积极成效，生态环境质量稳步改善。改善环境质量，补齐生态环保短板，必须坚持“绿水青山就是金山银山”，加强生态文化的宣传教育，倡导勤俭节约、绿色低碳、文明健康的生活方式和消费模式，进一步提高全社会的生态文明意识。要正确处理好经济发展同生态环境保护的关系，牢固树立保护生态环境就是保护生产力、改善生态环境就是发展生产力的理念，更加自觉地推动绿色发展、循环发展、低碳发展，不断增强人民群众对生态环境的获得感。

每一个人从不同的层面都会感受到，中国的发展现在追求的是绿色发展。绿色发展注重环境保护，从国家环保部门执法的力度，到媒体监督的密度，都能体现出来。

环保是个大系统，上至工业生产，下至百姓生活，面广项多。说到底，发展还是人的发展。自然环保也离不开人的因素。其中最大的影响还是一种秩序意识。

总之，污染治理有著名的“三段论”：攻坚阶段、相持阶段、解决阶段，目前，中国仍处于从第二阶段到第三阶段的过渡时期，环境状况仍然会时好时坏，需要我们持续不断地努力，力争早日迎来真正的“绿水青山”。

新　政

环保风暴打破生态顽疾：史上出现最强环保督察年

张　焱

摘　要　中央经济工作会议明确要求，调整产业结构，淘汰落后产能，调整能源结构，加大节能力度和考核。

从蓝天保卫战到祁连山生态损害问责，从中央环保督察到推进生态文明建设……2017 年，中国刮起一场场环保"风暴"。

相关数据显示，2017 年全年，中央环保督察已实现对 31 个省份的全覆盖，仅 2017 年的问责人数就超过 1 万人。

关键词　督察　追责　问责　攻坚

环保督察重压：广东各地掀起"关停整治潮"

2017 年的史上最强环保风暴在当年的年底突袭广东，重点督察佛山等 9 市，为期 9 个月 18 轮次，这次的整治行动更强暴、更绵长和更彻底。

从 2017 年 11 月 28 日至 12 月 11 日，佛山出动执法人员 11 865 人次，检查企业 5 323 家，督促整改企业 637 家，行政处罚立案 68 宗，公安部门带走问话 91 人。就连大名鼎鼎的美的集团，也因为塑料包材供应商星澳被环保风潮逼停，导致美的集团三大事业部发生大面积停产。

张焱，《中国经济时报》资深记者，长期关注环保、健康和经济等领域的报道。

据5月25日广东省环境保护厅印发的《广东省2017～2018年大气和水污染防治专项督察方案》(以下简称《方案》),专项督察为期9个月,从2017年6月到2018年2月。督察以环境质量改善为核心,围绕重点城市的突出环境问题和环境质量变化情况,确定重点督察范围和督察内容。

根据广东省2016年及2017年第一季度全省的大气和水环境质量状况,本次督察选取广州、深圳、佛山、东莞、中山、江门、肇庆、清远、云浮等9市作为重点督察城市(以下简称"9市")。

据悉,督察方式将采取省级巡查与驻点督察相结合、定期稽查与督促整改相结合、面上督察和现场执法相结合的方式。"驻点督察"指每个督察组进驻一个重点城市,开展为期9个月的不间断专项督察。

此外,在驻点督察的同时,还有"定期稽查""省级巡查"。"定期稽查"指省环境保护厅定期由处级干部带队进行稽查,通过座谈研讨、查阅案卷、随机抽查、现场暗查等方式,对督察组驻点督察、被督察地市问题整改落实、环境执法大练兵等工作进行稽查。"省级巡查"指省环境保护厅每月由厅领导带队开展巡查,重点巡查各地落实省"气十条"、"水十条"、大气强化措施以及重点环境问题整改等。

督察人员组成由省环境保护厅统一组织部署,省级执法人员与地市环保部门派遣的执法业务骨干组成督察组,进驻9市开展驻点督察。每个督察组6人,2周轮换一次,进行不间断督察,每个城市全年共安排18轮次。督察将采取独立督察方式,原则上不需地方各级环保部门陪同。各督察组应对照省环境保护厅提供的相关信息及被督察地市提供的清单,严查环境违法行为,如发现环境违法行为线索,可要求当地环保部门配合做好调查取证、执法监测等工作。

据了解,督察组建问题清单,逐一销号,确保整改落实。督察内容涵盖7大方面,包括:各地落实省"气十条"、"水十条"、大气强化措施工作进展情况,"小散乱污"、"十小"企业、饮用水源保护区内违法建设项目的取缔情况,重点信访案件处理情况,重点行业污染整治情况,重点流域污染整治情况,重点区域环境综合整治情况,以及交办的其他督察任务。督察内容将根据各市的具体情况进行相应调整,对大气或水环境质量较差或者下降明显的城市,将采取有针对性的重点督察。

在检查过程中,环境监察人员认真检查了每一家企业的生产、环保设施及周围情况。对发现的可疑情况,监察人员从源头起进行了全面排查。

相关人士表示,一轮一轮的环保督察,其目的很明确:就是借环保这把火,顺势去产能,淘汰掉落后企业。短期看,中小型企业很难在高压的环保重负下存活。但从长远看,环保风暴必然对产业升级与优化是一个催化剂。

打好保蓝天治"坏水"攻坚战

"大气十条"从2013年实施以来,空气质量逐步改善。环保部的数据显示,2017年1~11月,全国338个地级以上城市PM10浓度比2013年同期下降20.4%,京津冀、长三角、珠三角PM2.5浓度比2013年同期分别下降38.2%、31.7%、25.6%。

2017年是"大气十条"第一阶段的收官之年,各地铆足了劲儿进行大气治理。

为保证治污措施落到实处,2017年4月,环保部从全国抽调5 600名执法人员,对"2+26"城市开展为期一年的强化督察,被称为"史上最大规模的环保督察"。

为坚决打赢蓝天保卫战,广东省出台大气强化治理18条措施。

2017年7月21日,经广东省委、省政府同意,广东省政府办公厅印发《广东省大气污染防治强化措施及分工方案》,在落实国家《大气污染防治行动计划》及《广东省大气污染防治行动方案(2014~2017年)》的基础上,提出工业源治理、移动源治理、面源治理、污染天气应对和政府部门责任等方面18条强化措施,明确广东省空气质量未达标的城市最终达标期限不能迟于2020年,对工作责任不落实、项目进度滞后、环境空气质量改善未达到年度考核目标的地区和部门,按规定予以约谈。

据了解,广东省全省空气质量6项监测指标连续三年全面达标。在气象条件不利的情况下,2017年广东省攻坚克难、全力以赴推进大气污染防治攻坚战。2017年12月6日,广东省政府召开全省空气质量会商分析会,部署做好今冬明春大气污染防治工作。各地党委、政府高度重视,全力做好冲刺阶段大气质量保障。数据显示,全省空气质量6项指标连续三年全面稳定达标,完成国家"大气十条"2015~2017年终期考核目标。

与大气污染治理一样,2017年也是"水十条"强力推进的一年。在"身边"

的水环境方面，各地加快治理城市黑臭水体。

为推进水环境治理工作，一方面，要通过基础设施建设、实施排污许可等减少污染物排放量；另一方面，要强化流域水生态保护，增加环境容量。

截至2017年11月13日，长江经济带沿线11省市前期排查出的490个饮用水水源地的环境违法问题，95%已整改完成。2017年年底前，剩下的水源地环境隐患也要解决。

2017年2月28日，广东省重点流域综合整治挂图作战现场会在深圳市宝安区召开。会议指出，“系统治水、挂图作战”是全面提升广东省水污染防治水平的必要途径和创新举措，实行一张图干到底，明确时间表、完善责任链，强化“工作项目化、项目目标化、目标责任化”的工作倒逼机制。在“系统治水、挂图作战”新理念指导下，小东江、茅洲河、练江、广佛水道等重点流域治水工作有效推进，水生态效应逐步展现。

尽管生态环境状况明显好转，但要达到“污染物排放总量大幅减少，生态环境质量总体改善”的目标，还有一场场攻坚战要打。

为此，国家城市环境污染控制技术研究中心研究员彭应登建议，充分调动政府各相关职能部门，各司其职、稳扎稳打，形成治污合力。

10亿元罚单背后

2017年11月8日，环境保护部公布了各地环保部门2017年9月执行《环境保护法》配套办法及移送环境犯罪案件的情况。对1～9月案件较多的浙江、山东、安徽、江苏、广东、福建等地进行表扬。对零案件县(区)较多的河南、云南两省及信阳、郑州、西宁、张家口等4市通报批评。

环境保护部环境监察局局长田为勇介绍说，9月，全国适用《环境保护法》配套办法的案件总数为3 957件，同比去年9月增长178%。其中，按日连续处罚案件100件，比去年增长49%；查封、扣押案件2 233件，比去年增长321%；限产、停产案件719件，比去年增长99%；移送行政拘留679起，比去年增长114%；移送涉嫌环境污染犯罪案件226件，比去年增长55%。

2017年1～9月，全国实施五类案件总数28 708件。同比去年1～9月增长146%。其中，按日连续处罚案件822件，比去年增长57%。罚款金额达96 057.6万元，比去年增长73%；查封、扣押案件13 115件，比去年增长156%；

限产、停产案件6 420件，比去年增长170%；移送行政拘留6 278起，比去年增长172%；移送涉嫌环境污染犯罪案件2 073件，比去年增长53%。

为什么在2017年的前10个月会有10亿元的巨额环保罚单呢？主要原因是中央环保督察的工作力度使然。

据了解，中央环保督察是党的十八大以来，党中央、国务院关于推进生态文明建设和环境保护工作的一项重大制度安排，是迄今为止针对环保所进行的规格高、具影响力的督察，从试点到正式启动，不到两年时间，对31个省（区、市）存在的环境问题进行了一次全面摸底。通过中央环保督察，党政同责、一岗双责正在实现制度“破冰”。

2015年8月，中央印发《环境保护督察方案（试行）》，2015年12月，启动河北省督察试点，2016年7月和11月、2017年4月和8月分四批开展督察，实现对31个省（区、市）全覆盖。

第一轮中央环保督察直接推动解决群众身边的环境问题8万余个，同时地方借势借力推动解决一批多年来想解决而没解决的环保“老大难”问题，纳入整改方案的1 532项突出环境问题，近半得到解决。

2017年12月28日，据环保部宣传教育司官方微博消息，国家环境保护督察办公室副主任刘长根介绍称，自2015年12月启动河北省督察试点以来，中央环保督察两年实现了对全国31个省（区、市）督察全覆盖。31个省（区、市）均已出台环境保护职责分工文件、环境保护督察方案以及党政领导干部生态环境损害责任追究实施办法。

据了解，广东省也开展了史上最大规模的环保专项督察。按照广东省委、省政府的指示要求，省环境保护厅从全省调集约2 000名环境执法人员，分批次进驻广州、深圳、佛山、东莞、中山、江门、肇庆、清远、云浮9市，从2017年6月1日起开展为期9个月、18轮次的大气和水污染防治专项督察。这是广东省省级层面直接组织的最大规模的环保专项督察行动。

截至2017年12月28日，已立案1 967宗，其中，查封扣押126宗，移送行政拘留31宗，移送涉嫌环境污染犯罪8宗，取缔关闭141宗。在做好执法监管的同时，积极为企业提供服务，帮助企业做好环保管理技术升级，广东省环境保护厅组织开展了“送技术服务进企业”系列活动，先后在佛山、中山举办两场专题宣讲会。

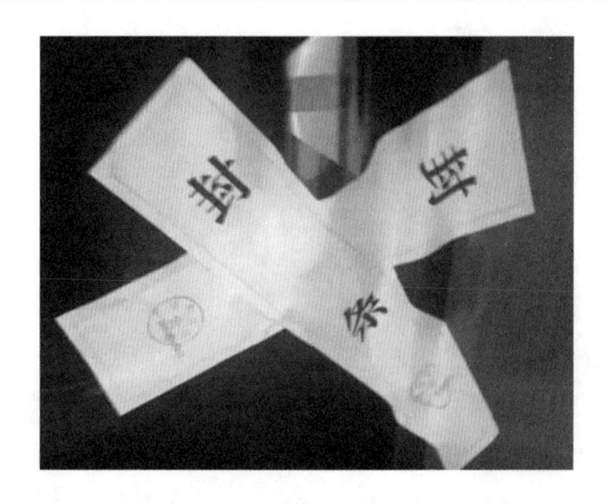

在不到两年的时间里，中央环保督察对31个省（区、市）存在的环境问题进行了一次全面摸底。全覆盖式的督察，解决了8万余个群众身边的环境问题；问责了18 199名党政领导干部（其中处级以上领导干部875人）。与此同时，26个省（区、市）已开展或正在开展省级层面环保督察。

各类企业认真开展自查自改，全面排查安全风险点和隐患，落实风险防控和隐患整改责任措施的情况。相关机构对重大安全隐患和违法违规行为进行公开曝光，各地区也组织开展大检查工作交流和情况通报，及时报送工作信息的情况，最终形成多头共治的局面。

强化追责问责机制

中央环保督察是迄今为止针对环保所进行的规格高、具影响力的督察，成为2017年史上最强环保督察年中的一大亮点。

据国家环保督察办公室透露，首轮中央环保督察共与768名省级及以上领导干部进行了个别谈话，其中包括被督察地方党政主要领导成员和班子其他领导成员，人大、政协有关领导同志，省级检察院、法院主要负责同志，近年来离退休的有关省级领导同志，以及地方党委和政府有关部门主要负责人。

据悉，督察流程共包括7个环节，即督察准备、督察进驻、督察报告、督察反馈、移交移送、整改落实、立卷归档。在督察过程中还要进行资料调阅、个别谈话、走访问询、受理举报、下沉督察等，最终形成督察意见并反馈地方。

对于最终形成的督察意见，中央环保督察组有明确要求，即要坚持问题导向,问题部分不少于60%。从中央环保督察组提交给31个省(区、市)的督察反馈报告看,每个督察报告总体上70%的篇幅都是在讲问题,高出原定要求10个百分点。

追责问责是中央环保督察一项鲜明的特征,每次公开相关情况都会引起社会的强烈反响。但也有人质疑,问责雷声大、雨点小,对象都是"小虾米",有失公允。

中央环保督察问责大致分为三种情形:一是督察进驻期间,即边督边改过程中,地方根据督察组转交的信访举报问题,对存在失职失责的进行问责;二是进驻结束后,督察组会向地方移交生态环境损害责任追究案件;三是整改过程中,地方主动对整改工作不力的责任人开展问责,或是根据专项督察发现的问题进行追责问责。

以边督边改问责为例,第一轮边督边改共计问责18 199人,其中处级以上领导干部875人,科级6 386人,基本涵盖环保的各个方面,体现了党政同责、一岗双责的要求,不存在有失公允的问题。

据介绍,除边督边改问责外,第一轮督察还累计移交了387个生态环境损害责任追究问题案卷,目前河北省督察试点和第一批督察移交案卷已完成问责工作,并向社会公开;第二批督察移交案卷问责工作已基本完成;第三批督察移交案卷问责工作也已经开始。通过督察问责并向社会公开,发挥了极大的震慑效果,进一步夯实了各级党委、政府生态环境保护责任。

"12369"环保举报热线催发民智

据了解,在2017年环保"风暴"强监管年中,"12369"环保举报热线发挥了重要的作用。因为,环保的治理问题,需要发挥官智、民智等多方面的智慧力量。

相关数据显示,2017年11月,全国各级环保部门共接到环保举报50 243件,相比上月增长2%,其中"12369"环保举报热线电话30 415件,约占60.5%,微信举报13 110件,约占26.1%,网上举报6 718件,约占13.4%。受理的44 670件举报中,已办结24 226件,其余20 444件正在办理中。

1. 电话举报环比基本持平

其中数据记录数量比较完整的省份有江苏、上海、北京、重庆、海南等,城市

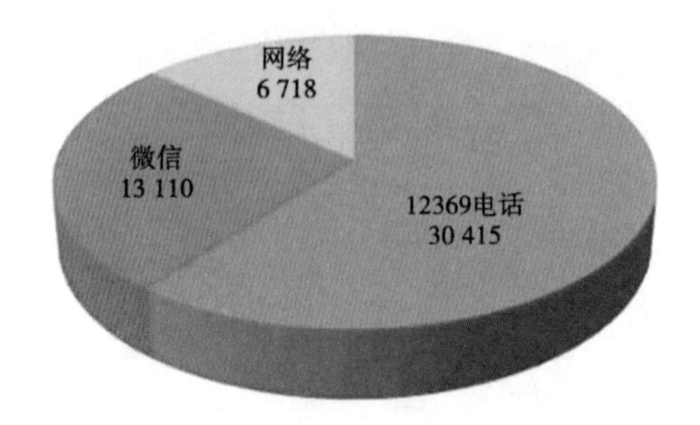

2017 年 11 月全国举报来源情况

有南京、常州、苏州、南通、青岛、西安、太原、沈阳、厦门等。

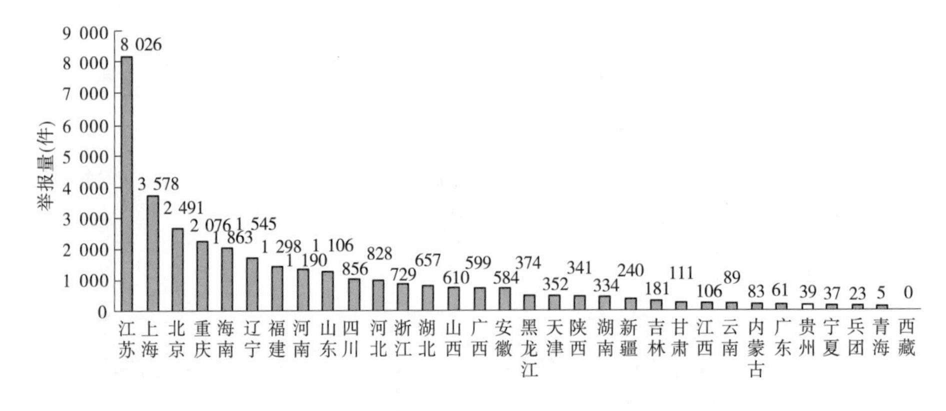

2017 年 11 月各省(区、市)录入、上传电话举报量

2. 微信举报同比、环比均持续增长

2017 年 11 月,全国共接到微信举报 13 110 件,相比上月增加 915 件,环比增长 7.5%;相比去年同期增加 9 715 件,同比增长 286%。从地区来看,11 月公众使用微信举报最频繁的前 5 个省份分别为广东、河南、江苏、山东和四川,举报数量合计占全国总数的 46.9%。

3. 网上举报环比基本持平

2017 年 11 月,全国共接到网上举报 6 718 件,相比上月增加 88 件,环比增长 1.3%(因 2016 年同期尚未完成全国联网,暂无同比数据)。其中,广东、山东、河南三省公众使用网上举报相对频繁,举报数量合计约占全国总数的 32.9%。

从"12369"环保举报热线的内容看,大气和噪声污染分列前两位。2017 年 11 月全国各类举报中,涉及大气、噪声污染的举报最多,分别占 55.4%、

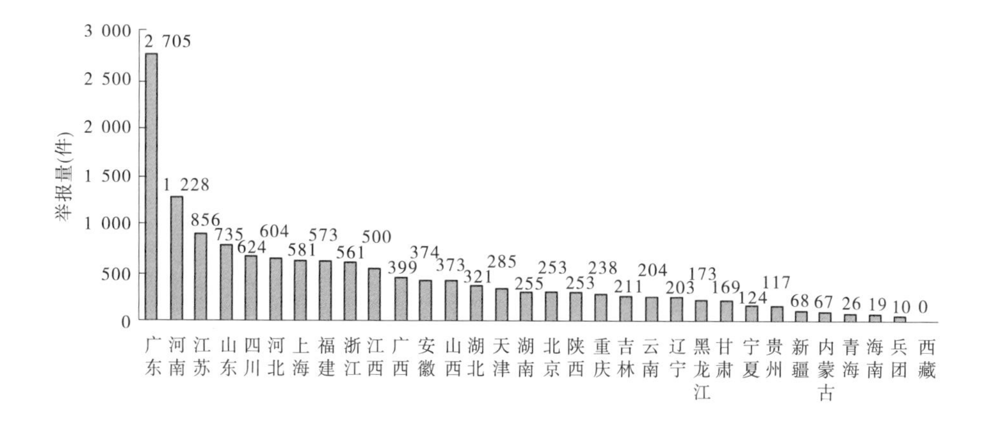

2017 年 11 月各省(区、市)微信举报量

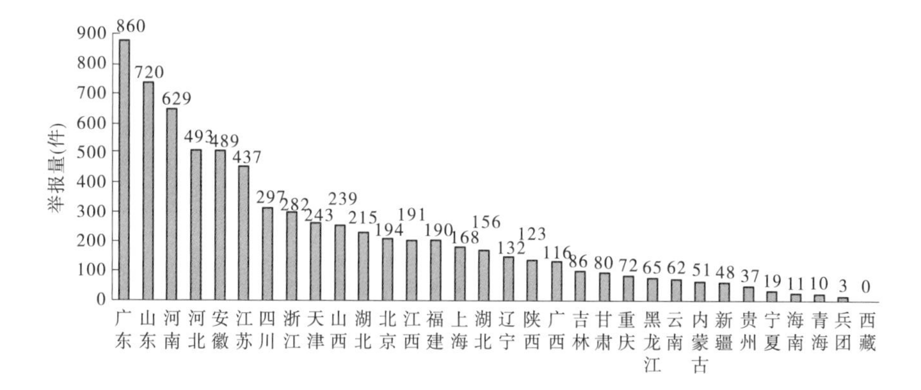

2017 年 11 月各省(区、市)网络举报量

37.6%;其次为涉及水污染的举报,占 8%;举报量相对较少的为固废、辐射污染和生态破坏,分别占 1.2%、0.6%和 0.2%。

在大气污染方面,11 月反映恶臭/异味污染最多,占涉气举报的 26.2%,其次为反映烟粉尘及工业废气污染,分别占涉气举报的 25%和 23.7%;噪声污染方面,反映建设施工噪声最多,占噪声举报的 58.3%,其次为反映工业噪声,占 22%;水污染方面,反映工业废水污染的最多,占涉水举报的 53.5%。

同时,建筑业举报接近半数。从全国举报情况来看,公众反映最集中的行业是建筑业,占 46.9%,主要是夜间施工噪声问题;其次是住宿/餐饮/娱乐业和化工业,分别占 15.7%和 9.9%。

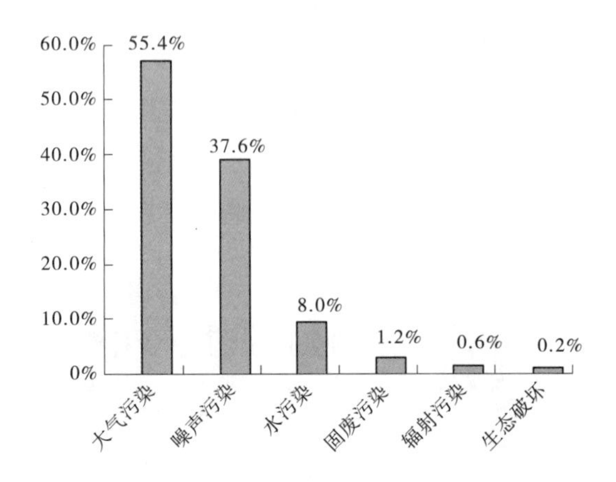

2017 年 11 月各污染类型占比

从被举报单位来看,11 月举报次数较多的有上海市老港垃圾填埋场、江苏省苏州市七子山静脉产业园、天津市大港工业区等。

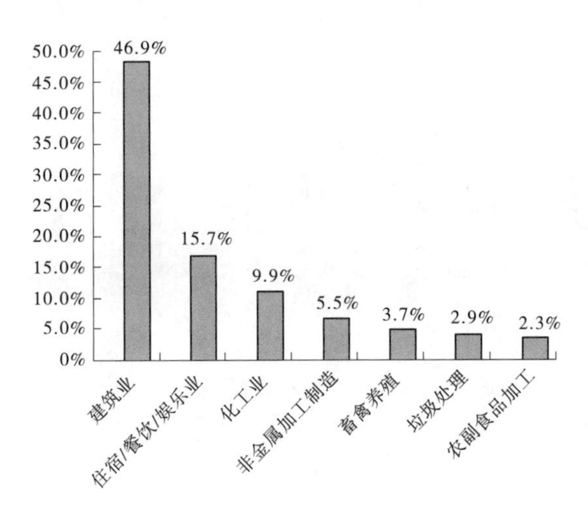

2017 年 11 月主要行业举报占比

一岗双责机制力促环保督察本义

中央环保督察共向地方移交了 387 个生态环境损害责任追究案卷,“这部分问责更加注重对领导责任、管理责任和监督责任的追究,目的在于倒逼党政领导干部真正扛起生态文明建设的政治责任。”在刘长根看来,中央环保督察进一步聚焦于“督政”职能。

据悉,原区域督察机构职能中既有对企业环保行为的监督检查,也包含有对地方政府落实国家环境保护政策法规标准的监督检查,但都是以“查事”为主。

刘长根表示,这次改制后,六大督察局不仅明确承担中央环保督察的相关工作,更重要的是实现了从单纯“查事”向“查事察人”转变,“在督察中要做到‘见事见人见责任’,这也是中央环保督察的内在要求。”

对于已经问责的18 199人,都是什么人,国家环保督察办公室透露,涉及地方党委领导干部1 488人,政府4 254人,相关职能部门6 638人。此外,还有国有企业、基层社区、村委等相关责任人员约6 000人。

据悉,各个地方问责的人员清单,包括姓名、职务、职级、问责缘由、问责方式等,国家环保督察办公室都掌握。在相关部门中,问责环保部门2 612人、国土923人、林业804人、水利580人、住建433人、农业369人、城管337人、安监159人、工信155人、交通118人、公安56人、发改50人、旅游42人,基本涵盖与环保相关的各个方面,在刘长根看来,这体现了党政同责、一岗双责的要求。

事实上,追责问责已成为生态环境保护工作的常态,以问责促尽责,环保不履责便问责的工作导向初步形成。中央环保督察就是奔着问题去、奔着责任去的。一轮督察下来,不仅解决了一大批具体环境问题,而且夯实了环保党政同责、一岗双责的机制,达到了环保督察的根本目标。

环保“风暴”启示:环保督察体系攸关

据国家环境保护督察办公室介绍,在国家层面,正在着手完善“目标一致、分层管理、相互配合的中央、省级两级督察体系”,以最终形成具有中国特色的环保督察体系。

同时,国家层面还在研究推进环保督察法制化建设,国家环保督察办公室有关负责人表示,环保督察或将通过制定条例方式把一些成熟经验以立法形式固定下来。

王瑞贤说,国家环保督察还将探索推进专项督察,对于整改不力,问题突出,社会关注,群众反映强烈,不作为、乱作为的典型案件,随机进行“点穴式”专项督察。

值得关注的是,经中央编办批复,环保部华北、华东、华南、西北、西南、东北六大环保督察中心正式更名为“督察局”。这位负责人说，六大督察局的成立，将进一步强化“督政”职能，“一办六局”共同构建国家环保“督政”体系，进一步完善环境保护督察体制，为中央环境保护督察工作提供有力保障。

与中央环保督察同步，省级环保督察也已拉开帷幕。据四川省环保厅督察办主任甘晓英透露，四川省在中央环保督察进驻前，已经在全省进行了省级层面的环保督察。北京市环保局副局长王瑞贤则表示，北京市将实现环保督察全覆盖。

事实上，中央环保督察建立长效机制，不让成效打折扣，至关重要。“在环保督察之初，一些地方确实存在少数反弹的问题”，刘长根说，针对这种情况，督察办想了很多办法，比如清单式调度，将整改内容分为多个方面，再组织督察局对地方整改上报情况进行核实，采取警告、提醒以及更严厉的措施督促整改，“此外还有点穴式专项督察、约谈机制等办法，推动地方强化整改”。

前不久，环保部6个区域督察中心更名为区域督察局。此次转制，其实是“双转”，一是由“中心”改为“局”，由事业单位转为行政单位；二是由“督察”转为“督察”，更好地承担中央环保督察任务，进一步聚焦于“督政”职能，构建形成“一办六局”环境保护督察主体力量，形成专业化的督察队伍。

据介绍，环保部将加强环境保护督察制度建设，组织研究制定环境保护督察条例，进一步完善环境保护督察工作机制，完善中央和省级环境保护督察体系。明年，以打好污染防治攻坚战为重点，将对第一轮督察开展“回头看”，同时适时组织对影响群众生产生活的突出环境问题开展专项督察。

环保风暴倒逼企业转型升级

在“铁腕治污”的转型升级过程中，一些重污染企业退出历史舞台，化工等行业的大型企业也经历着转型的“阵痛”。

业内人士分析，从短期看，环保遏制的是粗放增长；从长期看，环保一定会促进高质量发展，所以，加强污染治理、淘汰落后产能，有利于扩充环境容量，增强企业的长期发展能力。

据环保部网站信息，2017 年 7 月 2 日，28 个督察组共检查 450 家企业（单位），发现 222 家企业存在环境问题。存在问题的企业中，属于“散乱污”问题的 66 家，未安装污染治理设施的 26 家，治污设施不正常运行的 17 家，存在挥发性有机物(VOCs)治理问题的69家。

不可否认,环保风暴对违法排污企业特别是污染大气企业持续保持高压态势,确实对一些企业造成很大的压力。但从每次环保督察结果来看,“散乱污”企业像环境治理“毒瘤”一样难以根除。环保部督察“散乱污”企业屡查屡现,要想彻底铲除作风不正的企业,并非易事。

为此,专业人士建议,面对一些违法违规企业,就该一刀切,该停产的停产,该治理的治理。在国家环保法面前,对所有企业一律平等对待。以往对于违法违规企业就是因为没有采取一刀切的做法,致使一些违法违规企业总能找到各种借口逃避处罚、逃避监管。

广东省佛山市环保局的相关人士表示,环保整治对大企业来说是好事,有利于整顿提升市场环境。那些环保不达标的小企业,虽然曾经推动经济发展,但因生产方式落后,已不适应新的发展阶段,必然要被淘汰。据其了解,这类企业不少是外地人来租村级工业园的厂房进行生产。关停这类企业,对村级工业园来说意味着租税减少,这一利益关系是这类企业能存续的重要原因。

对严重环境污染企业,环保执法部门要依法处理。当然,企业自身应懂得“灵活变通”。在企业环保意识上,我们应提倡执法常规化,避免运动战;提倡严格公平执法,避免违法企业超法操作。

只有这样长期坚持下去,才能让这些违法企业意识到法律的严肃性,才能最终实现法律的公平与公正,也才能让企业形成守法的习惯。

总的说来,环保风暴对一些企业来说,确实形成了不少的压力,毕竟企业自身要有不少资金和时间的投入,但是从长远看,会倒逼企业主动进行转型升级,企业实现了转型升级,增强了行业技术核心竞争力,这客观上也会利国利民,增进全社会的福祉。

记者手记:

“大气十条”从2013年实施以来,空气质量逐步改善。而2017年是“大气十条”第一阶段的收官之年,各地都用尽各种力量去进行大气治理。

也正因为如此,2017年,在中国掀起了一场史无前例的环保“风暴”。

从蓝天保卫战到祁连山生态损害问责,从中央环保督察到推进生态文明建设……2017年,中国刮起一场场环保“风暴”。仅2017年的问责人数就超过1

万人,中央环保督察已实现对 31 个省(区、市)的全覆盖。

2017 年,中央环保督察组分两批次,对湖南、安徽、新疆、西藏、贵州、四川、山西、山东、天津、海南、辽宁、吉林、浙江、青海、福建等 15 个以上的省(区、市)进行督察。同时,24 个中央督察组已全面出击,各地企业环保、安全生产两手都要抓。

事实证明,2017 年的环保“风暴”效果明显。

环保部的数据显示,2017 年 1 ~ 11 月,全国 338 个地级以上城市 PM10 浓度比 2013 年同期下降 20.4%,京津冀、长三角、珠三角 PM2.5 浓度比 2013 年同期分别下降 38.2%、31.7%、25.6%。

相关数据显示,京津冀及周边“2 + 26”城市通过推进清洁供暖减少散煤、强力整治“散乱污”企业、加强机动车尤其是重型柴油车监管等,减少污染物排放。广东等省的治污工作效果显著。

展望未来,追责问责应该成为生态环境保护工作的常态和领导干部考核的硬指标,让这种中央环保督察领衔的环保“风暴”成为一种常态。

另外,要让企业深刻地认识到环保的重要性,开展环保督察不是逼企业破产等,而是客观上促使企业积极和主动地进行转型升级。

总的来说,环保治理工作要充分调动政府各相关职能部门的积极性和主动性,各司其职、稳扎稳打,形成多方共治的格局,治污免不了很多角力,但更需要多方合力。

2017年中国环境立法迎来巨变

汤　瑜

摘　要　建设生态文明，是关系人民福祉、关乎民族未来的长远大计。2017年，国家出台、修订了一系列与生态环境保护息息相关的法规，包括《水污染防治法》《核安全法》《环境保护税法实施条例》等，特别是土壤污染防治法草案首次提请审议引发社会关注，中国生态文明法律制度已初步形成，为环境保护提供了法治保障。

关键词　污染防治　环境　立法　草案　核安全

2017年是中国环境保护事业发生巨变的一年，《水污染防治法》《核安全法》《环境保护税法实施条例》《建设项目环境保护管理条例》《国家环境保护标准"十三五"发展规划》等陆续制定、修订并发布，特别是土壤污染防治法草案首次提请审议……这一年，中国环境立法工作取得明显进展。

土壤污染防治法草案提请审议

2017年6月22日，《中华人民共和国土壤污染防治法(草案)》首次提请全国人大常委会审议。这是中国首部土壤污染防治的专门法律，对进一步规范中国土壤污染防治工作具有重要意义。

那么，土壤污染如何以预防为主，怎么防控土壤污染"传染"，怎么整治已经"生病"的土壤?

我国的土壤污染是在经济社会发展过程中累积形成的。像工矿企业生产活动中排放的废气、废水、废渣造成其周边土壤污染；农业生产中污水灌溉，化肥、农药等产品不合理使用等，导致耕地污染。另外，生活垃圾、废旧家电、废旧

汤瑜，《民主与法制时报》资深记者。

电池等随意丢弃，以及生活污水排放，造成土壤污染。

治理土壤污染，最急迫的任务就是预防和控制新的污染产生。

正是基于我国土壤污染的特点，草案对重点监管类的企业、矿产资源开发、生活垃圾和固废处置、农业面源污染等可能对土壤造成污染的情况，做出相应规定。

草案提出，禁止在农用地排放重金属、有机污染物等含量超标的污水、污泥、清淤底泥、尾矿（渣）等，禁止在农用地施用重金属、持久性有机污染物等有毒有害物质含量超标的畜禽粪便、污水、沼渣、沼液等。

土壤污染由谁来治理？草案明确，政府、企业和公众在土壤污染防治方面负有不同的责任，为了使其各负其责，规定了土壤污染防治工作的管理体制、政府责任、目标责任与考核，规定了单位和个人的一般性权利、义务，确立了土壤污染责任人、土地使用权人和政府顺序承担防治责任的制度框架。

值得注意的是，大面积的土壤修复治理是个世界性难题。由于土壤污染具有隐蔽性、累积性等特点，污染物在土壤中迁移、扩散和稀释速度极慢，土壤一旦污染，将是"天长地久"。

草案第四章"农用地土壤污染的风险管控和修复"中，法律对责任人做出了以下规定："对产出的农产品污染物含量超标的土壤污染地块，需要采取修复措施的，应当由土壤污染责任人负责修复。土壤污染责任人无法承担修复责任的，由地方人民政府代为修复。"

值得注意的是，农田污染一般不会对农民个体追责。

对建设用地的土壤修复，草案做了更加细致的规定，如要委托环境监理机构进行环境监理、完工后要另行委托有关机构进行效果评估等。

草案专门提出了土壤污染防治经济措施，要求各级人民政府安排必要的资金，用于土壤污染状况普查、风险评估、治理修复等，以及对涉及土壤污染事件应急处置的支出等。国家将设立中央和省级土壤污染防治基金，并鼓励金融机构加大信贷投放、对相关企业给予税收优惠等。

就在土壤污染防治法草案提请审议的当天上午，最高人民法院公布了十个环境资源刑事、民事、行政典型案例。

案件涉及非法捕捞水产品，非法杀害珍贵、濒危野生动物案件，大气、海洋、渔业资源污染，环境公益诉讼，环境行政处罚等纠纷，涵盖大气、水、渔业、野生动物等环境要素和自然资源。

此次公布的典型案例中，宁夏回族自治区中卫市沙坡头区人民检察院诉宁夏明盛染化有限公司、廉兴中污染环境案是腾格里沙漠污染事件发生后首例宣判的环境污染刑事案件。本案审理法院采用“双罚制”，依法惩治私设暗管排放、倾倒有毒有害废物，严重污染腾格里沙漠生态环境的犯罪行为，对涉案企业宁夏明盛染化有限公司判处刑事罚金500万元，同时对涉案企业的法定代表人、污染行为直接负责的企业主管人员判处有期徒刑1年6个月，并处罚金5万元，令那些心存侥幸的污染企业的法定代表人不敢再犯，避免“自由和财产”两失。

此案也为正确处理经济发展与环境保护之间的关系敲响了警钟。

《水污染防治法》修订施行

2017年6月27日，十二届全国人大常委会第二十八次会议表决通过了关于修改水污染防治法的决定，修改后的法律将于2018年1月1日起施行。

新修订的《中华人民共和国水污染防治法》(简称《水污染防治法》)做出了55处重大修改，首次增设河长制的规定，涉及农业农村水污染防治、饮用水保护、环保监测等内容，更加明确各级政府的水环境质量责任。同时，对水污染物排放总量控制和排污许可制度、环境保护主管部门工作职责、非法排污行为和数据造假、城镇污水处理厂的运营、畜禽养殖污染防治、饮用水水源地保护和管理等内容进行了修改。

2016年12月，中共中央办公厅、国务院办公厅印发了《关于全面推行河长制的意见》，要求全面建立省、市、县、乡四级河长体系。各省(区、市)设立总河长，由党委或政府主要负责同志担任，提出到2018年年底前全面建立河长制。

新修订《水污染防治法》第五条规定：“省、市、县、乡建立河长制，分级分段组织领导本行政区域内江河、湖泊的水资源保护、水域岸线管理、水污染防治、水环境治理工作。”

全国人大常委会法工委行政法室副主任童卫东曾向媒体表示，河长制是河湖管理工作的一项制度创新，也是我国水环境治理体系和保障国家水安全的制度创新。在审议中，常委会组成人员和有关地方、社会公众都提出要将河长制写进法律中，强化党政领导对水污染防治、水环境治理的责任。

饮用水源安全是一个环保问题,更是一个民生问题,此前广受媒体关注的企业利用渗井、渗坑等手段违法偷排现象一直存在。童卫东指出,这次修改《水污染防治法》,对恶劣违法行为又进一步加大了处罚力度,提高了罚款上限,最高可达100万元。如果企业的违法情形再严重,构成破坏环境罪的,可以追究刑事责任。同时《水污染防治法》还规定,情节严重的,可以停产关闭。

中国是农业大国,农药、化肥的施用量在世界上所占比重很大,造成了比较严重的农业面源污染。此次修改的法律明确提出,制定化肥、农药等产品的质量标准和使用标准,应当适应水环境保护要求;农业部门要指导农业生产者科学、合理地施用化肥,要推广测土配方施肥和高效低毒农药;明确在散养密集区所在地的县、乡级政府对畜禽粪便污水进行分户收集、集中处理利用。同时,还明确禁止工业废水和医疗污水向农田灌溉渠道排放。

农村水污染防治工作也是一个薄弱环节,法律规定,国家支持农村污水、垃圾处理设施的建设,推进农村污水、垃圾集中处理。地方各级人民政府应当统筹规划建设农村污水、垃圾处理设施,并保障其正常运行。

此外,法律针对数据造假行为做出了规定:"没有安装监控装备、没有与环保部门联网或者没有保证其正常运行的,会被处以2万元以上20万元以下的罚款,情节严重的、逾期不整改的,将责令企业停产整顿。如果用篡改数据掩盖非法排污,并由此发生污染,还会构成刑事犯罪,将被依法追究刑事责任。"这一规定也对监测数据造假产生震慑力。

审视此次《水污染防治法》修订,是该法自1984年出台后,历经1996年、2008年两度修法后的第三次修改。从强化地方政府责任,以法律形式确立河长制,到完善流域水污染联合防治制度,再到增设农村生活污染治理机制等,既是制度架构的全面更新,更是对百姓饮水安全的深切关注。

《环境保护税法实施条例》颁布

2016年12月25日,第十二届全国人民代表大会常务委员会第二十五次会议通过了《中华人民共和国环境保护税法》,自2018年1月1日起施行。

2017年12月30日,国务院公布《中华人民共和国环境保护税法实施条例》,细化了有关规定,并与环境保护税法同步实施。

我国迎来了一个新的税种——环境保护税,已经存在十余年的"排污费"征收将成为历史。

根据环境保护税法规定,环境保护税的纳税人指的是“在中华人民共和国领域和中华人民共和国管辖的其他海域,直接向环境排放应税污染物的企业事业单位和其他生产经营者”。此外,该法所称的应税污染物,是指该法所附《环境保护税税目税额表》《应税污染物和当量值表》规定的大气污染物、水污染物、固体废物和噪声。

《环境保护税法实施条例》对《环境保护税税目税额表》中其他固体废物具体范围的确定机制、城乡污水集中处理场所的范围、固体废物排放量的计算、减征环境保护税的条件和标准,以及税务机关和环境保护主管部门的协作机制等做了明确规定。

北京大学法学院教授刘剑文表示,环境保护税法是我国首部专门体现绿色税制、推进生态文明建设的单行税法。该法也是党的十八届三中全会提出“落实税收法定原则”改革任务后制定的第一部税法。

按规定,应税大气污染物、水污染物按照污染物排放量折合的污染当量数确定计税依据,应税固体废物按照固体废物的排放量确定计税依据,应税噪声按照超过国家规定标准的分贝数确定计税依据。

“环境保护税法在设定税额标准时,既体现了税收法定原则,又赋予地方一定的自主性和选择空间。”刘剑文表示,环境保护税法对大气和水污染物设定了税额上限,各省、自治区、直辖市可参考排污费标准,在规定幅度内确定大气污染物和水污染物的具体适用税额。

环境保护税开征的目的在于减少污染物排放,除了谁污染谁缴税,如何鼓励节能减排也是税制设计的重要考量。

环境保护税法规定,纳税人排放应税大气污染物或水污染物的浓度值低于排放标准30%的,减按75%征收环境保护税;低于排放标准50%的,减按50%征收环境保护税。

为便于实际操作,实施条例首先明确了上述规定中应税大气污染物、水污染物浓度值的计算方法。同时,按照从严掌握的原则,进一步明确限定了适用减税的条件,即应税大气污染物浓度值的小时平均值或者应税水污染物浓度值的日平均值,以及监测机构当月每次监测的应税大气污染物、水污染物的浓度值,均不得超过国家和地方规定的污染物排放标准。

需要注意的是，此次环境保护税法计税依据有所变化，水污染物计税范围扩大。针对重金属污染治理区分了重金属和其他污染物，再按照污染物数量从大到小进行排序。将重金属从水污染物中独立出来进行征收，扩大了税收的税基。

另外，在征收主体方面也发生了改变。

该法明确了地方政府尤其是省级政府在其中的税权地位，一定程度上肯定了省级政府的税收立法权。

《环境保护税法》第六条第二款明确规定，应税大气污染物和水污染物的具体适用税额的确定和调整，由省、自治区、直辖市人民政府统筹考虑本地区环境承载能力、污染物排放现状和经济社会生态发展目标要求，在本法所附《环境保护税税目税额表》规定的税额幅度内提出，报同级人民代表大会常务委员会决定，并报全国人民代表大会常务委员会和国务院备案。

值得一提的是，大气污染物、水污染物、固体废物和噪声四种应税污染物，由于计税依据即税基有别于其他税种，其计量工作具有很强的专业性，环境保护税征收管理因此必然较为复杂。

首部核安全法从严设定法律责任

2017 年 9 月 1 日，十二届全国人大常委会第二十九次会议通过了《中华人民共和国核安全法》（简称《核安全法》）。该法于 2018 年 1 月 1 日起施行。

作为中国首部核安全法，该法对保障公众的健康和安全、保护生态环境以及推动我国的核事业健康发展都至关重要。

《核安全法》共 8 章、94 条，分为总则、核设施安全、核材料和放射性废物安全、核事故应急、信息公开和公众参与、监督检查、法律责任、附则。

按照确保安全的方针，核安全法明确了核设施营运单位的资质、责任和义务；规定了核材料许可制度，明确了核安全与放射性废物安全制度；建立了核安全信息公开和公众参与制度，规定了核安全信息公开和公众参与的主体、范围；对核安全监督检查的具体做法做出明确要求；对违反本法的行为给出惩罚性条款，并对因核事故造成的损害赔偿做出制度性规定。

放射性废物处置已成为制约我国核能发展的瓶颈。此次立法强化了放射性废物安全管理。针对地方“只愿建别墅、不愿建厕所”，只愿建核电站、不愿建放射性废物处置场所的现实，核安全法明确，放射性废物处置场所的建设应当与核能发展的要求相适应。同时，对放射性废物处置单位做出规定：“应当建立放射性废物处置情况记录档案，如实记录处置的放射性废物的来源、数量、特征、存放位置等与处置活动有关的事项。记录档案应当永久保存。”

考虑到核安全工作涉及多个部门，为了统筹协调，形成合力，核安全法明确核安全监督管理部门、核工业主管部门和能源主管部门等部门的监管责任，规定国家建立核安全工作协调机制，统筹协调有关部门推进相关工作。

《核安全法》对相关违法行为设定了严厉的法律责任，总共94条，法律责任就占了17条。

《核安全法》大幅提高了违法行为的罚款额度，最高达500万元。对有些情节严重的违法行为，除罚款外，法律还规定可以责令停止建设、停产整顿、暂扣或者吊销许可证等处罚。

除了《核安全法》颁布，值得一提的是，2017年1月1日，《最高人民法院、最高人民检察院关于办理环境污染刑事案件适用法律若干问题的解释》正式施行，彰显了国家运用刑责治污、重拳惩治环境污染犯罪的决心。

5月18日，环保部向社会公开征求《环境保护主管部门实施按日连续处罚办法》修订意见，拟调整适用范围，取消30日的复查期限。

6月21日，国务院第177次常务会议通过《国务院关于修改〈建设项目环境保护管理条例〉的决定》，自2017年10月1日起施行。

8月18日，环保部向社会公开征求《企业事业单位环境信息公开办法》修订意见，企业排污信息弄虚作假拟最高罚款3万元。

10月30日，环保部向社会公开征求《环境保护主管部门实施限制生产、停产整治办法》修订意见，拟大幅增加停产整治适用情形。

12月4日，最高人民法院发布《关于全面加强长江流域生态文明建设与绿色发展司法保障的意见》，并首次公布长江流域环境资源审判十大典型案例。

12月24日，自2004年5月设立备案审查室以来，全国人大法工委首次公布“成绩单”，已修废35件涉环保地方法规。

12月26日，环保部向媒体通报1～11月全国实施适用《环境保护法》配套办法的五类案件总数35 667件，同比增长102.4%，环保法威力持续显现。

记者手记:

如果说,土壤污染防治是一场输不起的战争,那么,立法就是打赢这场战争必不可少的有力武器。2017 年是中国环境保护立法迎来巨变的一年,从《水污染防治法》到《核安全法》,从《国家环境保护标准“十三五”发展规划》到《建设项目环境保护管理条例》,再到《环境保护税法实施条例》……特别是土壤污染防治法草案首次提请审议填补了立法空白,进一步完善了环境保护法律体系,更有利于将土壤污染防治工作纳入法治化轨道,以遏制当前土壤环境恶化的趋势,为推进生态文明建设、实现绿水青山、建设美丽中国添砖加瓦。

此外,国家高度重视土壤污染防治工作,在财政方面,中央财政设立了专门的土壤污染防治专项资金,支持地方开展土壤污染防治工作。

水是生命之源,从水污染防治修法,到土壤污染防治立法,标示着 2017 年环保立法的高度,折射的正是不负时代使命的立法新思维。

自 2015 年新环境保护法实施以来,大气、海洋、水体、土壤等主要环境要素已全部进入修法或立法序列。在环保治理方面,我国的环保立法逐渐规范。

这一年,5 600 名环境执法人员对京津冀及周边传输通道“2 + 26”城市开展大气污染防治强化督察,环保史上最大规模的国家层面行动启动。中央环保督察制度的建立,是改革现有环保监管机制、推动环保责任落实的重要举措。

聚　焦

打响雾霾阻击战“蓝天”将会有更多

李　禾

摘　要　雾霾和 PM2.5 这两个词汇从 2010 年开始进入人们视线，到 2013 年，我国持续发生了大范围持续雾霾天气，约有 6 亿人受到影响，这也使之家喻户晓，治理刻不容缓。随着《大气污染防治行动计划》《蓝天保卫战三年行动计划》等的出台和实施，大气治理已进入“深水区”。

关键词　PM2.5　蓝天保卫战　三年行动计划

2018 年，是三年蓝天保卫战的首战之年，“战绩”不俗。全国空气质量总体改善，全国 338 个地级及以上城市平均优良天数比例为 79.3%，同比提高 1.3 个百分点；重污染天数比例为 2.2%，同比下降 0.3 个百分点。

空气质量的改善可以从国际观测上得到印证，美国马里兰大学研究组利用美国宇航局 NASA 卫星资料分析表明，印度已取代我国成为世界第一排硫大国。

还值得注意的是“一退一进”，2017 年珠三角地区细颗粒物（PM2.5）平均浓度为 34 $\mu g/m^3$，连续三年达到了国家空气质量二级标准，率先退出了重点区域之列。随着珠三角的退出，汾渭平原以 11 个城市的 PM2.5 浓度年均值达 68 $\mu g/m^3$ 的成绩，首次被提到了蓝天保卫战“主战场”的地位。从 2018 年伊始，大气治理重点区域是京津冀及周边地区、长三角地区、汾渭平原。

李禾，《科技日报》新闻中心记者，一直从事生态环境保护和科技领域的采访和报道。

2018 年空气质量改善,338 个城市优良天数达 79.3%

《大气污染防治行动计划》(“大气十条”)要求,2013 ~ 2107 年,经过 5 年努力,全国空气质量总体改善,重污染天气较大幅度减少;京津冀、长三角、珠三角等区域空气质量明显好转。力争再用 5 年或更长时间,逐步消除重污染天气,全国空气质量明显改善。

进入 2018 年,北京等地的公众普遍感到蓝天多了,口罩和空气净化器的使用次数少了。监测数据也印证了这一点。生态环境部公布的数据显示,2018 年,我国 338 个地级及以上城市平均优良天数比例为 79.3%,同比提高 1.3 个百分点;PM2.5、PM10 浓度分别为 39 $\mu g/m^3$、71 $\mu g/m^3$,同比分别下降 9.3%、5.3%;二氧化硫(SO_2)、二氧化氮(NO_2)、一氧化碳(CO)浓度分别为 14 $\mu g/m^3$、29 $\mu g/m^3$、1.5 mg/m^3,同比分别下降 22.2%、6.5%、11.8%;臭氧浓度不降反升,为 151 $\mu g/m^3$,同比上升 1.3%。

从“十三五”环境空气质量约束性指标完成情况来看,2018 年,PM2.5 未达标的 262 个城市平均浓度为 43 $\mu g/m^3$,同比下降 10.4%,相比 2015 年下降 24.6%;338 个城市平均优良天数比例为 79.3%,相比 2015 年提高 2.6 个百分点,均超额完成时序进度和年度目标要求。

从重点区域看,2018 年,京津冀及周边地区、长三角地区、汾渭平原平均优良天数比例分别为 50.5%、74.1%、54.3%,同比分别提高 1.2 个百分点、2.5 个百分点、2.2 个百分点;PM2.5 浓度分别为 60 $\mu g/m^3$、44 $\mu g/m^3$、58 $\mu g/m^3$,同比分别下降 11.8%、10.2%、10.8%。北京市 PM2.5 浓度为 51 $\mu g/m^3$,同比下降 12.1%。

通过近几年的减排等工作,雾霾治理进入“深水区”。秋冬季是大气污染治理攻坚的关键期,秋冬季攻坚行动以来(2018 年 10 月至 2019 年 1 月),京津冀大气污染传输通道城市“2 + 26”城市的 PM2.5 平均浓度为 73 $\mu g/m^3$,同比上升 2.8%;长三角地区 41 个城市 PM2.5 平均浓度为 50 $\mu g/m^3$,同比下降 13.8%;汾渭平原 11 个城市 PM2.5 平均浓度为 67 $\mu g/m^3$,同比下降 10.7%。

2018 年 10 月至 2019 年 1 月,京津冀及周边“2 + 26”城市 PM2.5 平均浓度为 80 $\mu g/m^3$,同比上升 6.7%;PM2.5 平均浓度最低的 4 个城市依次是北京、长治、天津和济宁(并列第三),分别为 51 $\mu g/m^3$、64 $\mu g/m^3$、65 $\mu g/m^3$ 和 65

μg/m^3;浓度最高的3个城市依次是安阳、石家庄和保定,分别为105 μg/m^3、102 μg/m^{3}和100 μg/m^3。从改善幅度上看,“2+26”城市中济宁、邯郸和衡水等3个城市PM2.5平均浓度同比分别下降13.3%、8.8%和1.2%,其中济宁和邯郸PM2.5平均浓度降幅满足秋冬季改善目标进度要求;沧州、菏泽和济南等3个城市PM2.5平均浓度同比持平;22个城市PM2.5平均浓度同比不降反升,升幅排名前3位的城市是廊坊、开封和保定,同比分别上升28.8%、22.2%和19%。

同期,长三角地区41个城市PM2.5平均浓度为54 μg/m^3,同比下降12.9%;PM2.5平均浓度最低的4个城市依次是舟山、温州、台州和黄山(并列第三),分别为23 μg/m^3、29 μg/m^3、31 μg/m^{3}和31 μg/m^3;浓度最高的3个城市依次是阜阳、淮北和徐州,分别为83 μg/m^3、80 μg/m^{3}和79 μg/m^3。从改善幅度上看,长三角地区41个城市中36个城市PM2.5平均浓度同比下降,其中35个城市PM2.5平均浓度降幅满足秋冬季改善目标进度要求,降幅排名前3位的城市是金华、温州和衢州,同比分别下降了26%、25.6%和25%;盐城、连云港和扬州等3个城市PM2.5平均浓度同比持平;南通和六安PM2.5平均浓度同比分别上升11.1%和3.2%。

汾渭平原11个城市PM2.5平均浓度为80 μg/m^3,同比持平;PM2.5平均浓度最低的是吕梁,为58 μg/m^3;浓度最高的是咸阳,为100 μg/m^3。从改善幅度上看,汾渭平原11个城市中7个城市PM2.5平均浓度同比下降,其中5个城市PM2.5平均浓度降幅满足秋冬季改善目标进度要求,降幅排名前3位的城市是吕梁、运城和渭南,同比分别下降14.7%、8.7%和8.6%;洛阳、三门峡、晋中和临汾PM2.5浓度同比分别上升18.6%、12.5%、11.3%和5.5%。

重大减排工程、能源和产业结构调整减排贡献率达84%

地面观测数据显示,2013~2017年,我国PM2.5、PM10、一氧化碳、二氧化硫、二氧化氮的年均浓度分别大幅下降35%、23%、23%、49%、3%。

从具体数据来分析,2013~2017年间,74个重点城市PM2.5年均浓度下降了25 μg/m^3,其中,重大减排工程、能源结构调整、产业结构调整各自贡献了40%、27%和17%。其中,燃煤锅炉整治、工业提标改造、电厂超低排放改造和扬尘综合治理是对PM2.5浓度改善效果较为显著的措施。

“大气十条”实施以来,我国在重大减排工程方面,全国燃煤电力机组累积完成超低排放改造7亿kW；推进重点行业提标改造，烟气排放达标率由52%提高到90%以上；全国完成电代煤气代煤约600万户，其中“2+26”城市完成475万户，建成约1万hm^2的“散煤禁燃区”，淘汰黄标车2 000多万辆，油品质量5年内连跳两级。

国家对工业排放正在“提标”，超低排放从煤电行业进入钢铁行业，作为钢铁大省的河北，已率先出台时间表，《钢铁工业大气污染物超低排放标准》从2019年1月1日开始实施。位于常州市的中天钢铁集团成为江苏省首家实现超低排放的钢企，在厂区内，超低排放的烧结机正在运行，通过采用选择性催化还原(SCR)脱硝工艺，使烧结机机头烟气颗粒物、二氧化硫、氮氧化物排放浓度分别不高于10 mg/m^3、35 mg/m^3、50 mg/m^3，达到了国家超低排放标准。

“大气十条”实施以来，我国煤炭消费总量下降3亿多t，占一次能源消费比重由67.4%下降到60%左右；五年来3 100亿kW·h电力替代煤炭和油品，200亿m^3天然气替代燃煤；建设完成10项特高压输电工程，增加中东部地区受电能力8 000万kW；淘汰治理无望的小型燃煤锅炉20多万台。

2018年，我国继续稳步开展能源结构调整优化。重点区域继续实施煤炭消费总量控制，煤炭占一次能源消费比例首次低于60%，非化石能源和天然气消费量明显提升。积极推动燃煤锅炉综合整治，全国依法淘汰10蒸t/h以下小锅炉3万余台；重点区域加快淘汰35蒸t/h以下燃煤锅炉，积极推行65蒸t/h以上燃煤锅炉超低排放改造。

推进北方地区冬季清洁取暖，新增清洁取暖面积15亿m^3，清洁取暖率达到46%；中央财政支持北方地区清洁取暖试点城市由12个增加到35个，覆盖“2+26”所有城市和汾渭平原部分城市；严格按照以气定改、以供定需、先立后破的原则，完成“煤改气”“煤改电”等散煤治理任务480万户。

“大气十条”实施以来，我国淘汰落后产能和化解过剩产能钢铁2亿多t、水泥2.5亿t、平板玻璃1.1亿重量箱、煤电机组2 500万kW等；2017年1.4亿t地条钢全部清零，清理整顿“2+26”城市涉气“散乱污”企业6.2万余家。

在2018年，同样加快推进钢铁、煤炭、煤电行业化解过剩产能，仅河北省就压减钢铁产能1 200多万t、煤炭产能1 400多万t，淘汰火电机组55万kW。持续开展“散乱污”企业排查整治，推动一批重污染企业退城搬迁。持续推进燃煤电厂超低排放和节能改造，全国达到超低排放限值的煤电机组8.1亿kW，占煤电总装机容量的80%；累计完成节能改造6.5亿kW，提前完成2020年改造目标。

唐山、邯郸、安阳等城市率先开展钢铁企业超低排放改造，开展工业炉窑排查治理，全国完成整治1.3万台(座)；开展挥发性有机物综合整治，2.8万家企业完成治理任务；京津冀及周边地区重点行业全面执行大气污染物特别排放限值，纳入的行业有火电、钢铁、石化、化工、有色(不含氧化铝)、水泥等；全国共核发火电、钢铁、水泥、石化等18个行业近4万张排污许可证。

移动源包括机动车、非道路工程机械、船舶和飞机等。PM2.5源解析显示，北京、上海、杭州、济南、广州和深圳的移动源排放为首要来源，占比分别达到45%、29.2%、28%、32.6%、21.7%和52.1%；南京、武汉、长沙和宁波的移动源排放为第二大污染源，分别占24.6%、27%、24.8%和22%。总而言之，我国多数大中城市，移动源排放占比超过20%，在各类污染源的分担率中排第二或第三位。

柴油车、非道路柴油机械和船舶贡献了超过2/3的氮氧化物、颗粒物污染。我国柴油货车占汽车保有量的7.8%，但排放量高。以一辆国三重型柴油货车为例，其排放的氮氧化物是国五汽油小轿车的90倍。

据生态环境部等11个部门联合发布的《柴油货车污染治理攻坚战行动计划》，到2020年，全国在用柴油车监督抽测排放合格率达到90%，重点区域达到95%以上，排气管口冒黑烟现象基本消除；全国柴油和车用尿素抽检合格率达到95%，重点区域达到98%以上，违法生产销售假劣油品现象基本消除；全国铁路货运量比2017年增长30%，初步实现中长距离大宗货物主要通过铁路或水路进行运输。

由于各种运输方式比较优势未能充分发挥，2008~2017年，我国公路货运量占比由74%上升至78%，铁路由13.2%下降至7.8%；京津冀地区铁矿石疏港90%以上依靠公路运输，铁路不到10%，我国钢铁产量8.3亿t，基本上都是依靠公路运输。特别是在雾霾比较严重的京津冀地区，公路运输占84.4%，重型柴油车排放超标现象严重。

于是，从2018年开始，通过全面启动运输结构调整优化，印发实施《推进运输结构调整三年行动计划(2018~2020年)》和《柴油货车污染治理攻坚战行动计划》，全面统筹“油、路、车”污染治理。“公转铁”取得初步成效，2018年全国铁路完成货运 40.22 亿 t,同比增长 9.1%,煤炭、矿石等大宗货物和集装箱运量增加 12% 以上;全国新能源汽车产销量超过 100 万辆,建成充电桩近 70 万个,淘汰老旧机动车 200 多万辆;船舶大气污染物排放控制区范围由重点区域扩大到沿海 12 海里以内的全部海域及长江干线、西江干线;建成岸电设施 2 400 余套。

如天津港 2017 年 5 月起不再接收公路运输煤炭,河北环渤海港口同年 10 月起不再接收柴油货车运输煤炭后,天津港每年可减少运煤货车 200 万辆次,天津港周边疏港公路、北京市六环等运输通道重型货车数量明显下降,由北京延庆进京的运煤车辆日均下降至 3 100 辆左右,同比下降 50% 以上,去年北京等沿线地区空气质量好转,"公转铁"功不可没。

采取用地结构调整优化,积极应对重污染天气等措施

除了实施重大减排工程、能源、产业和运输结构调整优化外,为了实现大气污染物的减排,2018 年,各地区还采取了用地结构调整优化,积极有效应对重污染天气、强化环境督察执法、加强能力建设和科技支撑等措施,实现了空气质量的持续改善。

推动城市施工工地做到"六个百分之百",5 000 m^2 及以上的建筑工地安装在线监测和视频监控;逐步提升城市建成区车行道机械化清扫率;重点区域实现降尘监测全覆盖,逐月通报降尘量监测结果。积极推进防风固沙绿化工程;开展露天矿山综合整治,对废弃矿山开展治理修复;秸秆综合利用效率逐步提升,秸秆露天焚烧得到有效控制,全国秸秆焚烧火点数同比下降 30%,其中东北地区同比下降 48%。

由于公众对蓝天和清洁空气的迫切需求,削减雾霾严重程度和缩短雾霾持续时间成为重要工作,于是,通过制订实施京津冀及周边地区、长三角地区、汾渭平原秋冬季大气污染综合治理攻坚行动方案,强化重点时段污染治理,细化重点城市项目措施,实现精准施策,严格禁止"一刀切"。

生态环境部等还指导各地修订重污染天气应急预案,统一重污染天气预警分级标准,明确各级预警措施减排比例,实施清单化管理,重点区域纳入应急减排清单的企业合计约 12 万家,应急减排措施均落实到具体生产工序和生产线。加强大范围重污染天气应急联动,切实降低重污染天气带来的不利影响。

对河北、河南、江苏、山西、陕西、山东等省份开展大气污染问题专项督察；对未完成秋冬季攻坚目标、大气问题突出、污染反弹严重的8个市县进行公开约谈，对晋城、邯郸和阳泉3市新增大气污染物排放项目实施区域限批。从全国抽调环境执法人员1.2万余人(次)，开展重点区域强化监督，向地方新交办2万多个涉气环境问题，2017年交办的3.89万个问题全部整改完毕。

在执法监督方面应用更多的科技手段，如遥感卫星、无人机等。其中，网格化管理、热点网格筛选等方式都已经普及到执法人员，便于现场执法，发现问题。同时，通过对发现问题的分析和反馈，制定更加有针对性的治理措施。

监测能力得到快速发展，至今已经建设了区县空气质量监测站点3 500多个，基本覆盖中东部省份各个区县；全国空气质量排名发布范围，从74个城市扩大到169个城市；初步建成国家—区域—省级—城市四级空气质量预报体系，全国空气质量半月预报实现稳定业务化运行。

8 188家涉气重点排污单位安装污染源自动监控设施，并同生态环境部门联网，依法公开排污信息；全国6 113家机动车排放检验机构实现国家—省级—城市三级联网监控，各地安装机动车遥感检测设备639台(套)。

积极推进大气重污染成因与治理攻关项目，进一步完善京津冀及周边地区空气质量组分和成分监测网，建立高精度大气污染物排放清单，基本摸清区域大气污染物传输规律和主要来源，实现重污染天气过程的精准定量描述。

空气质量改善中，“人努力”占70%

2018年，北京平均PM2.5浓度已达近10年来的最低水平，为51 $\mu g/m^3$；优良天数227天，占比62.2%，重污染日15天，比2017年减少9天。

空气质量状况受污染物排放、气象条件这两大因素的共同影响，也就是说，人为减排是内因，气象条件是外因。监测数据分析显示，2017年、2018年这两年，整体上来看，气象条件在空气质量改善中起到了“助推作用”。2017年与2016年比，空气质量改善幅度中，“人努力”占70%，“天帮忙”占30%；2018年比2017年气象条件略好一些，通过空气质量模型和气象综合指数分析的初步结果看，大气污染浓度下降，“人努力”约占2/3，“天帮忙”约占1/3。

不过，臭氧是国家空气质量二级标准“六大指标”中唯一一个“不降反升”的。从2015年起，全国338个城市1 436个空气质量监测站点均开展了臭氧浓度监测,逐小时向社会公开。

我国臭氧的空气质量标准是160 μg/m^3,与世界卫生组织的过渡值相衔接,接近发达国家标准。2018年,全国338个地级以上城市臭氧日最大8 h平均值浓度为151 μg/m^3,总体上达到了国家空气质量标准。虽然同比增长了1.3%,但相比前几年的增幅明显收窄,北京市连续三年臭氧浓度持续下降。

总之,我国当前的臭氧污染水平还是远低于发达国家发生光化学烟雾事件时期的历史水平,我国未出现过严重的光化学污染事件,将来发生的可能性也极低。

臭氧主要是氮氧化物(NO_x)和挥发性有机物(VOCs)大量排放,在高温强光照天气下生成的,解决臭氧污染问题的关键就是协同减少氮氧化物、挥发性有机物这两种污染物的排放量。国外研究表明,PM2.5浓度下降会导致大气透明度增加,辐射增强,有利于臭氧生成。国民经济和社会发展第十三个五年规划纲要中,明确要求氮氧化物排放量下降15%、挥发性有机物排放量下降10%。2018年,我国2.8万家企业进行了VOCs综合治理,一批关于VOCs的排放标准、产品质量标准已颁布实施,这一系列措施都将着力削减氮氧化物和挥发性有机物的排放量。

既要蓝天又要低碳,关键是"减煤"

根据国家机构改革要求,应对气候变化职能已经并入生态环境部,其实,雾霾和气候变化是"同根同源的",主要是能源和产业结构的问题,如煤等利用的同时排放了大气污染物、二氧化碳等。

相关测算显示,90%以上的碳排放、70%的大气污染物来自能源。每减少1 t二氧化碳排放,就会相应减少3.2 kg二氧化硫和2.8 kg氮氧化物的排放。2017年,我国单位GDP二氧化碳排放比2005年下降了46%,已超过到2020年碳强度下降40%~45%的上限目标,非化石能源占一次能源比重已达13.8%。可以说,我国在超额完成碳强度下降目标的同时也为大气污染防治做出了贡献。

据统计,2017年,煤炭在一次能源消费中比例为60%,2005年这个数字是72%。2017年底,我国可再生能源发电装机容量已达到6.5亿kW,其中风电装机已完成2020年规划目标的76%、太阳能装机已提前完成了2020年的目标,有望实现到2020年非化石能源比重达到15%的目标。

目前，我国煤炭利用比例是电煤占50%、散煤占20%、作为原料等工业过程煤占30%。由于我国的燃煤电厂已经普遍采用了近零排放等技术，到2040年左右，大量电厂的寿命才到期。因此，对占比20%的散煤和30%的工业过程煤进行减排与替代，环境效果较为显著，面临的金融风险较小，固定投资成本相对较少。此外，从我国能源构成看，可再生能源比例将会持续上升。

目前建议的技术路线是：从目前我国以煤为主的能源结构向未来高比例可再生能源过渡的燃料是天然气，到2030年，天然气在一次能源中占比将达15%。再逐渐用10～20年时间把天然气淘汰掉，2050年实现高比例可再生能源。通过能源结构的进一步调整和优化，可实现大气污染和气候变化的协同治理与控制。

大量科研成果支撑了PM2.5治理

真实和准确的数据是大气精准治理的基础，我国已经有40多个城市编制了大气污染物排放清单；在监测能力上，建成了天地空一体化监测体系，能够确定污染物的主要来源和传输途径，从而提出较为准确的实施方案，靶向性解决问题。我国加强县级环境空气质量自动监测网络建设，组织开展PM2.5组分监测和光化学监测；强化重点污染源自动监控体系建设，持续推进大气重污染成因与治理攻关项目，继续推动重点城市编制大气污染物排放清单。

在提高重污染天气应对的时效性和有效性上，随着预报技术的发展，我国从之前的3天精准预报、7天趋势预报突破到3～5天的精准预报、7～10天的趋势预报，重污染过程预报准确率近100%，为重污染的提前应对赢得了管控时间，最大限度降低了污染累计起点和峰值浓度，大幅提升了重污染应对的时效性。结合高时空分辨率的精细化排放清单产品编制了重污染应急预案，应急措施实现了精准化、动态化、差异化调整，大大提升了重污染应对的有效性。

在大气污染防治的科学性和实用性上，"2+26"城市及区域精细化来源解析结果和高时空分辨率的排放清单，支撑了各地方打赢蓝天保卫战三年行动计划的编制和实施，提高了大气污染防治的科学性；"一市一策"跟踪研究形成了"边研究、边产出、边应用、边反馈、边完善"的工作模式，促进了研究成果的落地应用，有力地支撑了地方政府的环境管理和决策。

大量减排措施的实施，精准的重污染预报预警等已经发挥了巨大作用。如2018年1月12～22日，京津冀等地出现大范围重污染天气过程，共有67个城市启动重污染天气预警响应。不过，这次污染过程与2016年12月30日至2017年1月7日发生的“跨年霾”相比，在气象条件基本相似的情况下，大气污染程度显著减轻、峰值降低。

《大气污染防治法》、《水污染防治法》、《土壤污染防治法》以及《水污染防治行动计划》（“水十条”）均提出，发布有毒污染物和优先控制化学品名录，通过严格管控，避免有毒有害物质进入大气、水体和土壤环境等。

有毒有害大气污染物进入大气环境后，通过吸入或其他暴露途径，会对公众身体健康造成不利影响，世界主要发达国家通常都发布有毒有害大气污染物名录，进行严格管控。生态环境部正会同卫生健康委制定第一批有毒有害大气污染物名录，目前已经向社会公开并征求意见。

第一批名录共有11种污染物，其中5种是重金属类物质、6种是挥发性有机物。这是在常规污染物减排的基础上，将有毒有害污染物逐步纳入严格管控。事实上，为保障公众健康，2017年12月，生态环境部会同有关部委发布了第一批《优先控制化学品名录》，包含22种化学物质。在此基础上，筛选出排入大气环境的11种化学物质作为此次名录的管控污染物。名录发布后，我国将对这11种污染物优先加大科研、监测能力，纳入企业排污许可证严加管控，实行风险管理，并根据实际情况和管控需求，适时调整名录；随着减排和科研工作的不断深入，进一步扩大《有毒有害大气污染物名录》的范围。

重点区域将继续聚焦PM2.5治理

尽管从2015年到2017年，我国空气质量达标城市比例从21.6%增加到27.2%，但是城市达标率仍然较低，而且臭氧浓度有所上升，大气污染物排放量仍处于高位，居世界前列。

当前，我国产业结构、能源结构、运输结构、用地结构等方面问题仍然突出，以重化工为主的产业结构及不合理的产业布局，以煤炭为主的能源产业结构及大量散煤采暖的方式，以公路运输为主的交通结构等，京津冀及周边地区、长三角地区、汾渭平原三大重点区域单位面积大气污染物排放量为全国平均水平的3～5倍，大气污染防治仍然任重道远。

2019 年是打赢蓝天保卫战的攻坚之年,我国将继续推进产业、能源、运输和用地结构优化调整,协同推动经济发展和环境保护,推进全国环境空气质量持续改善。主要的措施是:深入开展中央生态环保督察,切实落实地方党委、政府环境保护责任。坚持以改善环境质量为核心,组织开展《打赢蓝天保卫战三年行动计划》考核评估,督促各地落实重点任务,对空气质量恶化、大气污染防治措施不落实的地区及责任人进行问责。每月通报重点区域秋冬季大气污染综合治理攻坚战实施情况;对空气质量改善进度缓慢或恶化的地区,每季度开展预警。

重点区域空气质量有望在 2035 年前达标

在实施现在污染物减排措施,大气污染防治力度能维持与现在相当水平不减弱的基础上,据预测,京津冀及周边地区有望在 2030 ~ 2035 年达到国家空气质量二级标准要求,在 2030 年,大约会有一半城市空气质量达标;预期长三角地区大约会在 2020 年、汾渭平原在 2030 年之前达标。

要想达标,绝非易事。据测算,京津冀及周边地区"2 + 26"个城市要实现达标,还需要整个区域所有污染物有非常大幅度减排,也就是说,到 2035 年,需要二氧化硫排放量削减到当前排放量的 3/4、二氧化氮削减到 1/2。

此外,即使是实现了现有能源、产业结构调整优化等环保政策,做到了大幅度强化末端控制,如燃煤电厂全部做到超低排放、机动车和油品都实现国六标准等,"2 + 26"个城市中,可能还有 1/3 的城市无法实现 PM2.5 年浓度为 35 $\mu g/m^3$ 的国家二级空气质量要求,更不用说世界卫生组织提出的指导值是 PM2.5年浓度 10 $\mu g/m^3$。因此,还需要继续实施节能和能源结构的深度调整,如加大清洁能源比例,对生活源污染的控制等。

记者手记:

雾霾、PM2.5 成为 2013 年度的关键词,在灰蒙蒙的天空中,人们惊呼北京电视塔被"发射"、故宫"消失了"……1 月 12 日,北京某些点位的 PM2.5 浓度瞬间"爆表",甚至破纪录达到 900 $\mu g/m^3$。到 2013 年 11 月下旬,从华北到东南沿海、西南地区,陆续有 25 个省份、100 多座大中城市出现不同程度的雾霾天气,覆盖我国将近一半国土,创 52 年来之最。与此同时,世界上污染最严重的 10

个城市有 7 个在我国。

2013 年 10 月 17 日,国际癌症研究机构正式把大气污染 PM2.5 确定为一级致癌物。《2010 年全球疾病负担评估》由 50 个国家、303 个机构、488 名研究人员共同完成,发表于国际权威医学杂志《柳叶刀》。报告称,2010 年,细颗粒物(PM2.5)形式的室外空气污染居全球 20 个首要致死风险因子第九位,在我国则为第四位。同年,我国由于室外空气污染导致 120 万人过早死亡及超过 2 500万健康生命的损失。

为打好大气污染攻坚战,2013 年,国务院印发了《大气污染防治行动计划》,对能源、产业结构调整,科技支撑、地方政府考核等都出台了明确规定;并对到 2017 年,全国地级及以上城市,以及京津冀、长三角、珠三角等区域可吸入颗粒物、细颗粒物浓度下降目标都做了硬性规定。

据中国工程院组织的中期评估显示,“大气十条”确定的治污思路和方向正确,执行和保障措施得力,空气质量改善成效已经显现。

“大气十条”执行时间是 2013 ~ 2017 年,在“大气十条”确定的目标如期实现后,2018 年,国务院发布了《打赢蓝天保卫战三年行动计划》,要求经过 3 年努力,大幅减少主要大气污染物排放总量,协同减少温室气体排放,进一步明显降低 PM2.5 浓度,明显减少重污染天数,明显改善环境空气质量,明显增强人民的蓝天幸福感。

阴影中潜藏的危机——土壤污染之殇

杨 仑

摘 要 无论是危害性、严峻性还是治理难度,土地污染是各类污染中最为棘手的一种。然而,相对于空气污染、水体污染,由于土地污染相对隐蔽、潜伏期长等特点,往往不为舆论及普通群众所熟知。我国土地污染点多、量大、面较广。工矿企业周边农区、污水灌区、大中城市郊区和南方酸性土水稻种植区等,都是土地污染的重灾区。

土地是农民生活的根本,是国家工业化稳定发展的保证。在土地污染加剧的过程中,农作物的食用质量安全让人担忧,可持续化的农业发展项目受到阻碍。为了减少土地的污染加剧,提高农业的生态化利用,《土地污染防治法》随之颁布。

关键词 土地污染防治法 舆论重视

发源于黄河流域的中华民族,自古以来便知道土地的重要性。在封建时代,每年春耕时节,帝王将相等统治者为了祈求国事太平、五谷丰登,都要去祭拜社稷。社稷者,土神、谷神也。在太庙中,左侧供奉祖先、右侧供奉社稷的格局延续了两千多年,社稷也由此成为国家的代名词。

历朝历代的兴衰荣辱,都与土地、土地政策和土地上的人民紧密联系在一切,以至于整个中国历史,都可以被看成一部土地政治史。从大泽乡陈胜、吴广两人揭竿而起,喊出"王侯将相宁有种乎"的口号,到黄巾军、瓦岗寨乃至洪秀全的太平天国,从"耕者有其田"到"均田免赋"再到"打土豪,分田地",土地是中国人祖祖辈辈最看重的财产、最为依赖的生产资料。可以说,土地是搅动中国数千年文明史、让历史车轮运转不息的核心动力。

杨仑,《科技日报》记者。

俗语说,土生万物。土壤、水、阳光和空气是大自然赋予人类及其他生物生存的四大要素,土壤为社会经济可持续发展提供了物质基础,而土壤污染防治则是关乎食品安全、公众健康和环境保护的大事。

但在提及环境保护话题时,人们更多想到的是大气污染、水污染。其实土壤污染同样能够对我们赖以生存的环境、大自然的生态系统和人类生命健康构成巨大的威胁,从某种程度上看,这种威胁甚至高于大气、水资源污染。

与后两者不同,长期以来,土壤污染似乎都隐藏在雾霾、水污染的背后,被业内人士称为“看不见的污染”,也很少引起公众舆论的特别关注和讨论。由于土壤污染具有缓慢性和隐蔽性的特征,从产生污染到出现问题通常会滞后较长的时间,在个别极端的案例中,被重金属污染的土壤可能要数百年时间才能恢复。

从事实来看,土壤污染的关注度的确远低于它所造成的危害程度。在主流舆论、公共论坛上,关于土壤污染话题的关注度始终不高。2017 年 1 月 18 日,“环保之家”《环保部发布〈污染地块土壤环境管理办法〉(实行终身责任制,2017 年 7 月 1 日起施行)》获得超过 26 000 次阅读,已经是关于土壤污染话题阅读率较高的文章,却与明星出轨、市井八卦动辄 10 万 + 相去甚远;“北极星环保网”9 月 9 日发布的文章《天天喊雾霾! 脚下的土壤已成“毒地”,却无人问津!》还得在标题中“蹭”雾霾的热点。2019 年 1 月 1 日,中国首部土壤污染防治法即将开始正式实施,其关注度比起当天的新闻也只能屈居末位,甚至没有提到公众议题的日程上。

土壤污染仿佛是藏在阁楼上某个角落里的小猫,根本不为公众所熟知,然而它所造成的危害以及对公众健康的长远影响,却需要十几年、几十年甚至上百年才能消弭……

蹭热点才能引发关注:土壤污染的尴尬现状

2018 年 3 月开始,在社交媒体、短视频 APP 等平台上,一段“红水浇地”的视频引发网友关注。视频画面清晰,背景是农村常见的田间地头,一口水井里,水的颜色迥异于寻常可见的饮用水,红褐色的水源源不断地从灌溉水井中被抽出,沿着水渠流向农田。这口水井就位于河北邢台宁晋县东汪镇南丁曹一村,毗邻 308 国道,村子周边有不少化工企业。

调查记者使用了航空拍摄器，红色的灌溉水渠和绿油油的麦田，形成了鲜明对比。当时正值春耕时节，不少村民使用“红水”灌溉农田，而附近不足百米的距离，就是一座生产染料和染料中间体的化工厂。

引发关注后，当地相关部门协同警方立即前往邢台市宁晋县调查。3 月 31 日，环保部门勒令涉嫌排污的企业停产，并由警方将这家公司 3 名犯罪嫌疑人带走调查，并对其他责任人进行网上追逃。随后，在上级部门的强力介入下，当地成立了多部门组成的联合调查组，对污染事件进行善后。

当地政府部门迅速公布了这起土壤污染事件的善后方案：暂时没有受污染影响的麦田，由邻近水源地抽调合格用水进行浇灌，保障春耕正常生产；环保部门对污染水井周边 300 m 范围内的 4 眼水井灌溉用水进行多次检测，实时反馈检测数据，取样的频率被提升到每天两次，并排查周边 1 km 范围内的水井情况。另外，当地政府还采取集中供水、定点检测等方式，确保饮用水水质达标，保障普通居民的日常生活不受影响。最后，官方还发布了公告，表示将依法依纪严肃惩处非法排污企业和相关责任人，认真、科学地选择修复治理方案，对受到污染的地下水和土壤进行全面修复治理，确保生态环境安全。

得益于政府部门反应及时，事态很快平息了下去，一件严重的灌溉水源污染导致土壤污染的案件，看似已经消弭无形。然而，在实际治理的过程中，污染地块究竟能否修复？周边化工企业是否存在类似的污染状况？污染企业在当地连续排污达数年之久，为何现有机制没能及时发现问题？公众期待这些问题的答案。

更令人忧心的是，红水浇地事件之所以广受关注，完全是一个意外事件。如果仅仅是用红色的水灌溉土地，难以形成裂变式传播，从而引起媒体重视进行实地调查、集中曝光。

真正引起病毒式传播的，是视频中一位农民“朴实”而真诚的话：这样种出来的麦子，我们是不吃的，都卖出去了。

不得不说，人们对于食品安全，尤其是能够危及自身的食品安全问题是非常敏感的。卖到哪？被谁买走？有何风险？如何理赔？如何化解？在最初新闻媒体的报道中，也罕有声音从土壤污染的角度对事件进行关注，仅是将其当成普通的环保责任事故，对土壤污染的危害认知显然不足。

媒体尚且如此，更何况普通的居民百姓？在涉及土壤污染的问题上，公共舆论尤其显得缺乏常识,以至于闹出过不少笑话。2018 年 11 月,安徽省芜湖市一名市民上传的短视频得到数百万人关注,原视频配上的标题是:“绝美蓝宝石湖! 这不是在国外,这是在安徽芜湖!”视频中,在群山环绕间,宝蓝色的水面波光闪耀,风景美不胜收。网友们纷纷猜测这是哪里,有希望马上能去旅游拍照的;有呼吁当地加快开发的,甚至有自媒体用标题党的形式,夸张地宣称中国有了自己的马尔代夫……

但真相是最残酷的。这是安徽芜湖一处废弃的矿坑,美丽的外表之下危机四伏。由于多年的开采及工业活动,矿坑的土壤已经被重金属严重污染,因此在积水之后才呈现出“美丽”的宝石蓝色! 如果不是这样的意外,没有人知道这个废弃矿坑的土壤污染严重到了何种程度。

不得不说,对土壤污染问题认知的迟缓、缺失,既有缺乏公众舆论引导、常识普及等主观原因,也有土壤污染本身特质导致的客观原因。相对于肉眼可见的雾霾、水污染,土地污染拥有隐蔽性强、累积性大等问题,一块田地被污染多数情况意味着也只有它受到污染。它不会像污水向下游流,也不会像雾霾那样往四处扩散。所以,这种看似“稳定”的污染,很容易被人忽视。而且,土壤与作物之间重金属等污染的传输机制非常复杂,环境污染造成的健康危害需要长期积累才会显现,在时间上具有滞后性,必须积极控制和消除。“土壤污染了,完全清除干净是很困难的。为什么一直在强调要实行风险管控,要考虑暴露途径、保护对象,根据用途不同来确定不同修复目标,都是这个原因。”生态环境部土壤环境管理司司长邱启文说。

在过去相当长的一段时间里,相关部门一直认为在缺水地区用污水灌溉农作物是资源循环利用的好方式。据 2014 年发布的《全国土壤污染状况调查公报》(简称《公报》),在调查的 55 个污水灌溉区中,有 39 个存在土壤污染。在 1 378个土壤点位中,超标点位占 26.4%,主要污染物为镉、砷和多环芳烃。

这份由当时的环境保护部和国土资源部联合发布的公报来之不易。从决定立项调查到最终发布,一共走过了 8 年时间,其间来自各方的压力、阻碍一言难尽。《公报》的调查触目惊心:实地调查的 630 万 km^2 土壤显示,全国土壤环境状况总体不容乐观,部分地区土壤污染较重,耕地土壤环境质量堪忧,工矿业废弃地土壤环境问题突出。全国土壤总的点位超标率为 16.1%,耕地、林地土壤点位超标率都上了两位数。超出林地、草地超标率近一倍。在部分地区,实际状况可能比调查结果更为严重。这说明我国土壤污染的形势十分严峻,严重影响食品安全和人民身体健康,对经济和社会的可持续发展的负面效应不容忽视。

从污染分布情况看,南方土壤污染重于北方;长江三角洲、珠江三角洲、东北老工业基地等部分区域土壤污染问题较为突出,西南、中南地区土壤重金属超标范围较大;镉、汞、砷、铅4种无机污染物含量分布呈现从西北到东南、从东北到西南方向逐渐升高的态势,土地污染已经成为全国性的不得不面对的问题。

土壤危机迫在眉睫

导致土壤被污染的原因里,个别企业主利欲熏心、铤而走险,偷排漏排,非法转移处置危险废物等行为占据相当大的比重。其中,村企勾结、大肆填埋危险化工废料的行为屡见不鲜。

江苏泰兴一化工企业将单氰胺废渣偷埋在当地多个村庄,使农地受到严重污染,就是一个典型案例。目前,当地公安部门已经以涉嫌污染环境罪将涉案的30个犯罪嫌疑人移送检察机关审查起诉。

尽管已经进入法律程序,破坏环境、污染土壤的犯罪嫌疑人最终将得到法律的审判,但造成的后果需要长久的时间与巨额的金钱才能弥补。

2017年底,江苏省泰兴市公安部门接到群众举报,反映有人借农地复垦的名义偷埋化工废料。据当地村民介绍,从数年前,就开始有人偷偷往村里拉来黑土。根据相关法律要求,复垦取土不允许使用化工废料等危险废物,但依然有人铤而走险。在一户农民的鱼塘里,卡车刚刚把黑土填入其中,鱼塘的水就像煮沸了一般冒出大量气泡,尚未来得及打捞的鱼立即死亡,浮上水面。

事后调查发现,这些用于填埋的黑土是单氰胺废渣。根据《危险废物鉴别技术规范和危险废物鉴别标准》规定,单氰胺废渣属于危险废物。据业内人士介绍,单氰胺属于氰化物系列,属于剧毒性物质,在土壤污染中属于比较严重的污染物。当地村民反映,曾在污染地块上种植树木,但这种尝试均以失败告终,没有树木能在这种土壤环境中存活。

据当地警方调查,此次长达一年的废料填埋事件中,存在村企勾结的现象。按照废物处理的正规流程,1 t单氰胺废渣的处置成本为数千元,而涉事企业委托的第三方报价仅仅为每吨 11.5 元和 13.5 元，远远低于正常流程，两者成本相差几百倍，仅以查实的 7 997.6 t 计算，仅处置成本一项，就能省去两三千万元人民币。

明显亏本的买卖，肯定不会有人做。面对数千万元甚至更多的处置成本，涉事企业、第三方企业选择了另一种途径：直接与村干部勾结。该村原党总支书记与中间人达成了口头协议，默许对方将单氰胺废料拉到村里进行填埋。一方面，企业表示只要村里同意填埋危废就可出钱，既处理了废物，还完成了复垦工作；另一方面，村干部唯利是图，不顾复垦项目要求必须回填良土的规定，双方一拍即合。就这样，接近 8 000 t 剧毒、危险、遗祸子孙的工业固废，完成了下乡的全过程。

而在治理方面将要付出的成本，当地镇一级政府的财政根本无力承担，向涉事企业追溯也需要大量的时间，只能由上一级市政府代为申请环保公益基金。

工业固废下乡并非孤立案件。2017 年 7 月，有居民举报江苏金坛一工业园内有企业偷埋大量化工废料，哪怕是在空旷地带，检测仪器也已经爆表，人们很直接地会闻到刺鼻的气味。在媒体报道后，当地成立多部门联合调查组，开展全面调查。

今年，中央第四环保督察组在江苏徐州市、宿迁市等地下沉督察时，对 2016 年首轮中央环保督察期间举报问题整改情况进行抽查，发现部分问题整改不彻底、不到位，其中泰兴市更是两次被生态环境部点名：一是由于长江边倾倒数万吨污泥两年未整改，泰兴市变本加厉、敷衍塞责；二是由于数万吨化工废料非法填埋在长江岸边，泰兴市面对污染无动于衷，面对督察百般隐瞒。

早在 2016 年，徐州新沂市阿湖镇石英砂加工厂酸洗作业污染问题就引起了督察组和环保部门的注意。根据徐州市政府的整改报告，两年间当地政府取缔了多家违法企业，但因为石英砂加工属于当地传统产业，因此保留了两个酸洗集中点，完善环保配套设施，做到集中管理、规范化建设和达标排放，并由当地政府负责监管。

但令人震惊的是，在这个政府重点监管、保留的企业，依然发现了严重污染土地的违法行为。督察人员现场检查时发现，该厂墙北侧有多个污水渗坑，酸性废水随意排入其中，没有任何防渗措施，土壤已被污染。该公司附近都是农田,这种做法明显给周边环境带来了污染隐患。更为恶劣的是,次日督察组再到现场检查时发现,酸性废水没有做任何处理,挖掘机和铲车却正在对污水渗坑进行掩埋。

由此可见,土壤污染在预防、治理的过程中,面对的阻力有多大,即便是在中央督察、当地重点整治的情况下,企业仍然未能做到规范运行、达标排放,反而肆意排污。在发现问题后,企业也没有选择积极整改,而是企图掩盖违法事实。

对于企业各种超标排污行为的放任,短期内或许会让财政数字更好看,但透支的是地方未来的绿色生产力,而且这笔欠账要花更高的代价来偿还,这笔账究竟什么时候能算清?无论是从政绩考核来衡量,还是从治理主体的责任担当来审视,抑或是考量问题解决的难易程度,在环境污染防治上敢于动真碰硬、一抓到底,争取不留后患,都是最理性、最合乎民心,也是最“经济”的选择。

无论是通过绩效考核来衡量,还是通过治理机构的责任来权衡,或者通过解决问题的难易程度来计算,在环境污染防治工作中敢于直面事实、把握底线、争取不出问题,都是最合理、最受欢迎、最“经济”的选择。

稻米挥之不去的梦魇:镉污染

土壤污染给人类带来的最危险的后果之一,就是大米之殇。据《公报》显示,我国重金属镉污染,点位超标率已达7.0%。

在重庆市秀山县溶溪镇柳水村,当地的居民已经放弃了对自家种出大米的热爱,只能选择到超市购买大米。这个风景秀美的小村庄原本以大米粒白质优著称。但近几年来,他们种出的稻米颜色逐渐发黑,煮熟之后,颜色偏灰褐色。不仅如此,这种稻米还“煮不熟”,火再旺,吃起来都有夹生的感觉。

2018年6月27日,村民发现灌溉堰渠中突然开始流出纯黑色的污水,足足绵延一二千米。堰渠通向的,正是村民们赖以生存的农田。当天发生泄漏的是电解锰生产中的电解液,经勘查,当地环保部门发现液体从厂区三个泄漏点位外泄,以锰原料和硫酸成分为主的电解液的确已泄漏至灌溉用的堰渠中,顺着水流流动距离有一二千米。不过,当地宣布由于采取应急措施,从实际情况来看,大部分污水并未到达农田。

从2004年开始,柳水村已经使用百年的引水渠上游,一家矿业有限公司建厂开工,从那时起,渠里的水、村里的地,就不再令村民放心。2004 年建厂后,该工厂就发生过多次"污染事件"。经过相关部门检测,的确对当地土质造成影响。2005 年开始,该公司对当地部分村民按照每亩 1 200 元进行赔偿。

尽管多年来企业采取了各种环保措施,但依然没有改变一个事实:当地村民已经不再信任自己种的大米,而且当地的大米在周围乡镇名声不佳,销路也很差,即使再便宜,也很少有人购买。

镉污染,无疑已经成为迫在眉睫、危及安全的问题。

广东省科学院研究员陈能场在一次演讲中指出,中国人体镉摄取量已经是欧日美的 2 倍多,凸显中国镉污染的严重性和镉控制的紧迫性,土壤污染防治成为中国的战略安全问题。据他介绍,2012 年,山东半岛的镉排放量是每平方千米在 0.11 ~0.20 kg。从空气中进入到土壤中的重金属镉高达 1 417 t,从土壤中跑出来的重金属镉是 178 t,所以每年在土壤里面沉积的重金属,单单镉就有 1 239 t。

镉是一种银白色有光泽的金属,有韧性和延展性。镉主要用于钢、铁、铜、黄铜和其他金属的电镀,对碱性物质的防腐蚀能力强。镉也可用于制造体积小和电容量大的电池。镉的化合物还大量用于生产颜料和荧光粉。硫化镉、硒化镉、碲化镉用于制造光电池。

在环境保护的历史上,镉曾经是震惊世界的日本污染案中的主角——痛痛病。

痛痛病不是医学界的标准命名,而是由患者发病、致死时不断喊"痛啊""痛啊"得名,听起来就令人毛骨悚然。这种病最早于 20 世纪初发生于日本富士县,日本一家金属矿业公司在神通川上游发现了一个铅锌矿,于是在那里建了一个铅锌矿厂。在洗矿石的时候,大量含有镉的废水直接排入河流中,河水很快被灌溉进两岸的稻田,有毒的镉经过生物富集作用很快残留在大米当中。由于长年累月地食用被镉污染的大米、喝被镉污染的废水,导致在 20 世纪 50 年代初期,神通川沿岸居民集体发病。

镉在人体中的大量残留,导致骨骼中的钙大量流失,使病人骨质疏松、骨骼萎缩、关节疼痛。曾有一名患者,打了一个喷嚏,竟使全身多处发生骨折。另一名患者最后全身骨折达 73 处,身长为此缩短了 30 cm,患者最终在极度疼痛中死去,病态十分凄惨。

我国的镉污染情况同样不乐观。尽管暂时没有发生日本痛痛病这样重大公害的风险,但依然要重视食用镉含量超标的粮食对人群健康的影响。

2011 年,有媒体刊发题为《镉米杀机》的文章;2013 年,湖南万吨镉超标大米流向广东的新闻引发滔天舆论,2013 年 4 月广州食药监局公布 18 批次检测,镉大米超标率达 44%。经由媒体报道和监管机构跟进,我国土壤的重金属含量问题终于得到政府高度重视,同时我国稻米和矿产主要产区的湖南也成了关注重点。

在全国许多地区,尤其是老工业城市,都不同程度发生了镉大米问题。作为共和国长子,镉等重金属超标给沈阳留下深刻的记忆。细河是沈阳市的一条主要河流,从 20 世纪 50 年代开始长期接纳沈阳西部的工业废水,水中镉、铅、汞等重金属污染物进入农田后蓄积起来。沿细河两岸,从于洪区到辽中县都存有不同程度的污染。

沈阳张士经济开发区,曾经是土壤污染尤其是镉污染的典型地区,早在 20 世纪 80 年代就引起学术界的重视,并针对该地区进行长达 30 年的持续研究。这里曾经拥有大面积农田、土地,从新中国成立后,就是重工业基地沈阳市的主要污灌区。20 世纪 60 年代到 80 年代,该地区在每年的 5 ~9 月灌溉季节,都会使用沈阳西部工业区工厂排放的污水灌溉农田,导致产出稻米中的镉含量相当高,明显超出世界稻米的正常含量,灌区上中游的个别地区已达到甚至超过了日本"痛痛病"地区的镉污染水平;灌区居民血液及尿液中的镉含量严重超标。1989 年的一份调查认为,张士灌区的上、中游 30 岁以上的受检妇女约有 20%,可诊断为慢性镉中毒或初期骨痛病患者。

2004 年,沈阳市环保局两年的监测结果显示,细河流域已不适于种植食用性农作物。鉴于土地被重金属污染后难以恢复原有土壤功能,目前尚没有"价廉物美"的技术方法可以修复被重金属污染的土壤,环保部门已申请上级部门通过改种非食用性作物,或转换土地使用性质变为开发用地等方式对细河流域进行整体开发建设。

最终,张士地区大量农田被废弃,农民虽然拿到了补偿,但却丧失了种植土地的权利。

令人痛心的是,尽管沈阳镉污染地区殷鉴不远,我国仍然有相当多的地区为了金钱利益、经济发展,而选择伤害土地,甚至在中央环保督察组屡次警告后依然置若罔闻。

江西九江镉大米事件,就是一个典型案例。2017 年底,随着环保志愿者的一封举报信和随后的网络曝光,镉大米像幽灵一样,再次出现在人们的视线当中。

根据举报,2017 年 10 月中旬,临近晚稻收割期,志愿者在江西省九江县港口街镇两位村民种植的稻谷中发现,重金属镉存在不同程度超标。村民认为,此事罪魁祸首是九江矿冶有限公司的铜硫矿,该矿常年排放红色废水。

早在环保志愿者发出举报信的两年前,当地村民曾经连续多年举报当地大米镉超标问题,村民将问题投诉给当地环保局后,明确指出他所在的丁家山村土地,很可能已经遭到村子附近两处矿山的重金属污染。然而,当地环保机构却以"该村民不能证明被检测出镉超标的大米是他所种""不能证明镉污染与矿山污染有关"等理由,把整个案子挡了回来。

事实上,早在镉大米问题出现之前,当地村民就受到了矿山污染的严重影响。2011 年,当地政府对丁家山村附近的矿山污染情况进行检查,确定这两个矿山污染了周边环境。之后,政府关闭了附近的两个矿井,并对村民进行一定金额的补偿,由此可见,政府早已充分了解矿山污染环境的事实。

接到举报信后,当地政府在官方微博上对镉大米问题进行回应,介绍丁家山金铜硫矿区的历史背景,组织对疑似污染大米进行检验、无害化处理,并责令污染单位停产整顿。上级纪委部门也对相关责任部门和 11 名责任人启动问责程序。

2018 年 11 月 1 日上午,九江市中级人民法院对镉大米公益诉讼案进行开庭审理。起诉书提到,被告九江矿冶有限公司及其前身所属的九江铜硫矿,自 20 世纪 70 年代以来,一直在九江市柴桑区的丁家山周边从事金铜硫矿的采矿及选矿作业,生产过程中的有害污水长期流经村庄农田,往南最终流入东湖。

庭审时,双方聚焦于被起诉单位是否为镉大米的真正污染者。辩方认为,本次污染事件是历史遗留问题,不应该由该公司承担侵权责任。原告则认为,九江矿冶近年多次接到九江市环保局等部门的整改意见,应该对污染负责。

最终,原被告双方达成了调解协议。初步方案为:被告承担污染治理费用 3 000万元,承担原告相关调查、检测和律师费用。原告方代理律师曾祥斌就此事向媒体表示,这一诉讼只是"镉大米"污染事件的起点而不是终点,此次公益诉讼的目的是推动企业和地方政府尽快治理污染,并对最终结果形成监督机制,他们还将继续监督相关治理措施是否执行到位。

首部土壤污染防治法2019年施行

回顾我国环境保护的历史,不得不承认在土壤污染方面,即便是立法,依然具有相当的迟滞性。

在1984年,我国出台最早的环境污染防治领域的专门法律——水污染防治法。此后陆续又出台了环境保护法、大气污染防治法、固体废物污染环境防治法等专门法律,但时至今日,土壤污染防治法才正式出台。

2018年8月31日,十三届全国人大常委会第五次会议全票通过了《中华人民共和国土壤污染防治法》。土壤污染防治法共七章九十九条,于2019年1月1日起施行。这是我国首次制定专门的法律来规范防治土壤污染。该法的出台实施,是贯彻落实党中央有关土壤污染防治的决策部署,也有助于完善中国特色法律体系,尤其是生态环境保护、污染防治的法律制度体系,更为开展土壤污染防治工作,扎实推进"净土保卫战"提供法治保障。

《土壤污染防治法》明确了企业防止土壤受到污染的主体责任,强化污染者的治理责任,明确政府和相关部门的监管责任,建立农用地分类管理和建设用地准入管理制度,加大环境违法行为处罚力度,为扎实推进"净土保卫战"提供了坚强有力的法治保障。

"我们立这部法,就是为了保障和实现人民群众吃得放心、住得安心。"全国人大常委会法工委行政法室副主任张桂龙说。

这部被称为史上最强的土壤保护法,主要体现在惩罚原则方面。《土壤污染防治法》明确了企业的主题,规定了污染责任人的风险管控和修复的义务,对污染土地、土壤的行为设定了严格的法律责任。一旦企业违规向农业用地进行排污,或者不按照规定实施风险防控、管制措施的,将实行双罚制,既对违法企业给予处罚,也对企业有关责任人员给予罚款。

"从污染形成过程和环境法发展过程来看,这是比较正常的。"谈及为何土壤污染保护法姗姗来迟,全国人大环资委法案室副主任王凤春指出,主要有以下几个原因:一是土壤污染是大气、水污染等污染物排放造成的,是这些污染物在特定地块长期累积形成的,由产生到出现问题通常会滞后较长时间;二是土壤污染具有隐蔽性、滞后性、累积性、不均匀性、不可逆转性和长期性等，常被称作“看不见的污染”，科学认识也要有个过程；三是大气、水污染等是源头，土壤污染是后果，要先防治好大气、水污染等，才能有效预防和控制土壤污染的恶化；四是土壤污染的调查、监测、防治等技术、管理都比较复杂，并且是要建立在大气、水、固体废物等污染防治的技术和管理手段基础上。

据王凤春介绍，从法律制度设计的角度看，土壤污染防治法的立法难点主要集中在两个方面：一是如何有效认定土壤污染责任人，从而建立起有效的污染防治责任体系；二是如何根据污染防治的责任体系建立起有效的风险管控和修复体系。“可以说，这两个问题不但是这部法律最核心的问题，也是最难的问题。立法中许多争议都是围绕这两个方面展开的。”王凤春说。

科技助力治理土壤污染任重道远

为了控制和消除土壤污染，科学家们提出了许多解决办法：首先要控制和消除污染源，加强对工业“三废”的治理；其次是采用生物降解、净化土壤等办法恢复土壤活性；再次可以通过增施有机肥、换土和深翻等手段治理土壤污染。

世界各国的很多环保专家和生物学家提出让植物来净化土壤的新方案。他们培养出各种转基因植物，让它们吸收土壤中的有害物质，然后集中起来焚烧处理。日本在土壤重金属去除方面，采用了置换土壤和植物修复的试验。在植物修复方面，评估了各种植物带出重金属的数量，来降低土壤镉含量的可能性。例如，利用大豆、腺柳、加拿大一枝黄花等植物在福岛县、群马县、福冈县的镉污染地进行植物修复试验。结果表明，要将土壤镉含量从 5 ~ 19 mg/kg 下降到 3 mg/kg，需要的时间是 9 ~ 15 年。

今年 7 月，中国科学院亚热带农业生态研究所研究员黄道友带着团队的研究成果飞赴云南，在一个学术交流会议上讲解如何利用“VIP + N 技术”模式，实现在重金属超标农田里安全生产大米的愿景，被通俗地称为培植“出淤泥而不染”的大米。

所谓 VIP + N 技术，是由多家科研单位联手，研究污染稻田镉形态变化的特点，构建“低镉品种（Variety）+ 全生育期淹水灌溉（Irrigation）+ 施加生石灰调节土壤酸碱度（pH）+ 辅助措施（N）”的稻米镉污染控制技术体系。

“最开始是小区试验，我们这些专家自己下田去做，管控效果。”黄道友说，

2015 年,这一项目开始推广到长株潭的 19 个县(市、区),建立 50 个百亩示范田,总面积超过 60 万亩。2016 年,湖南省农业委员会、湖南省财政厅发文全省推广该类标准化示范片,26 个县(市、区)共安排 180 万亩,其中 26 个千亩示范片 +1 个万亩示范片。

他表示,多年实践效果表明,使用该技术可以使米镉含量平均降低 60% 以上,尤其在酸性轻度镉污染稻田上的应用效果较为理想,稻米达标率达到 90% 以上。有研究人员指出,国家标准中稻米含镉小于 0.2 mg/kg,其要求远高于欧盟标准 0.4 mg/kg,也强于邻国日本。这项技术对于水稻镉污染治理相对成熟有效。但在农田广泛实施,大的试验样本显示,效果如何还要取决于“责任主体”农民的能力和积极性。

土壤重金属污染事关国民健康,土壤重金属污染治理是个庞大的系统工程,需要时间、技术和资金的投入。当务之急,是加强人们对于土壤污染危害性的认知,形成公共舆论对土壤污染话题的持续关注,内外结合,扭转我国土地污染问题的局面。此外,有关部门还应加强土壤和环境质量的宣传与科普工作,增强人民群众对土壤污染的严重性和危害性的认识,从而进一步提高全民生态环保意识。

记者手记:

哲学上讲,不要把客观存在的事物当成问题。土壤污染治理也应该如此看待。长久以来,在中国文化中有着浓郁的管理思维色彩。《老子》曰:圣人执一,以为天下牧。其中,“牧”字用得最妙。人们把治理天下看成一个个需要问题,如果处理不当,容易“按倒葫芦瓢又起”,老子才说“治大国如烹小鲜”,讲求的是清静无为。

集中力量办大事就是这种思维延伸出的口号之一。不可否认,管理思维在绝大多数问题上具有鲜明的优越性,比如执行力强,从中央到地方乃至基层的末梢如臂使指,组织得以高效运转,进而解决问题。以雾霾为例,当空气污染问题不得不解决时,几千年的烧煤史可以在短短数月间改变;关键时间节点可以勒令工厂停工,保障天空呈现蓝色;西安还不惜巨资建造了除霾塔,成就了建筑史上的一个奇观。

不过在治理土壤污染问题上,管理思维药量足、见效快的特点却如同束缚了手脚，不得施展。因为土壤问题具有显著的滞后性，日本作为深受其害的国家，耗费接近50年才确认了镉污染的源头，等到立法治理，又耗去了12年。如果按照我国制度，至少已经轮换12届政府；同时，土壤污染传播性差的特点，导致“家丑”不至于外扬，即便严重的危害，也只能由当地百姓“冷暖自知”，比起快速发展龙头产业、带动GDP，治理土壤污染的重要性难以得到上层重视。

然而，养育华夏文明的土地不能再等了。在迈出了土地污染立法这第一步之后，接下来必须将认知提升到国家民族危急存亡的高度上去认知，或许能挽狂澜于既倒，为子孙留下一片干干净净的土地。

全国地表水环境向“一盘棋”管理迈进

郑金武

摘　要　2017年8月发布《重点流域水污染防治规划(2016~2020年)》,对于促进“水十条”实施、形成全国地表水环境“一盘棋”管理具有重要意义。不过,虽然经过多年的治理,目前我国的水环境局部有所改善,但总体仍继续在恶化,水污染形势严峻。“水十条”的实施,是铁腕治污,向水污染宣战的行动纲领。规划的出台,既是对“水十条”等水治理政策的接力延续,也是对依然存在的水治理难题发起的再一次总攻。面对水污染严峻形势和监管难题,只有多管齐下、综合施治,强化政策规划落实,严格加大水污染惩罚力度等,才是解决水污染的唯一路径。

关键词　水环境　水污染治理　水十条　重点流域水污染防治规划　一盘棋管理

2017年8月,国务院正式批复《重点流域水污染防治规划(2016~2020年)》(以下简称《规划》),为各地水污染防治工作提供了指南。这是第一次形成全国地表水环境“一盘棋”管理,对于促进“水十条”实施、夯实全面建成小康社会的水环境基础具有十分重要的意义。

《规划》要求,到2020年,全国地表水环境质量得到阶段性改善,水质优良水体有所增加,污染严重水体较大幅度减少,饮用水安全保障水平持续提升。

但在《规划》的现实执行中,基于我国复杂的水资源情况,水污染治理仍有许多工作亟待加强,全国地表水环境实现“一盘棋”管理宏图已经描绘,但实现

郑金武,《中国科学报》资深记者。长期从事能源、环境、科技政策、创新创业等方面的报道。

尚需时日。

难以回避的现实

高速的发展造就了物质文明的繁盛,短视的利益观也带来了我国环境的急剧恶化。

虽然经过多年的治理,目前我国的水环境局部有所改善,但总体仍继续在恶化,水污染形势严峻,国内总体水污染尤其是地下水污染问题,目前还没有得到有效控制。

工业废水、农业施肥、生活用水等,成为水污染问题的主要来源,呈现体量大、成分复杂、危害严重等特点。以"十大水污染事件"为代表,以及全国各地耕地污染与儿童血铅中毒等污染恶性事件频频曝光,更是不断引发社会对于污染问题的强烈关注。

党中央、国务院高度重视水环境保护工作。自"九五"开始,就集中力量对"三河三湖"等重点流域进行综合整治。"十一五"以来,国家大力推进污染减排,水环境保护取得积极成效。

但是,我国水污染严重的状况一直未得到根本性遏制,区域型、复合型、压缩型水污染日益凸显,已经成为影响我国水安全的最突出因素,防治形势十分严峻。

"水环境质量差、水资源保障能力脆弱、水生态受损严重、水环境隐患多",是中国科学院院士、中科院水问题联合研究中心主任刘昌明在做中国水资源现状评价和发展趋势分析时给出的结论。

一系列数据可以佐证这些结论。《2015 中国环境状况公报》显示,我国七大水系中四类以下水质就占 27.9%;作为北方重要水源的黄河,有 38.7% 基本丧失使用功能。与江河同呼吸的湖泊自然无法独善其身,三大湖泊太湖、巢湖和滇池都受到了不同程度的污染。

公报数据显示,2015 年,全国地表水总体水质为轻度污染。1 940 个监测断面(点位)中,达到或优于Ⅲ类的断面占 66.0%,劣Ⅴ类断面占 9.7%,主要污染指标为氨氮、总磷和化学需氧量。1 483 个河流断面中,各流域干流总体水质为良好,达到或优于Ⅲ类的断面比例为81.9%,劣Ⅴ类断面比例为2.1%;支流总体水质为轻度污染,达到或优于Ⅲ类的断面比例为68.3%,劣Ⅴ类断面比例为12.2%。

目前,我国工业、农业和生活污染排放负荷大,全国化学需氧量排放总量和氨氮排放总量都远超环境容量,导致我国水环境质量差。因此,近年来我国水污染防治虽有成效,但现实依然严峻。

国家生态环境部《2017年中国生态环境状况公报》显示,2017年,全国地表水1 940个水质断面(点位)中,Ⅰ~Ⅲ类水质断面(点位)1 317个,占67.9%;Ⅳ、Ⅴ类462个,占23.8%;劣Ⅴ类161个,占8.3%。

公报数据显示,2017年,长江、黄河、珠江、松花江、淮河、海河、辽河七大流域和浙闽片河流、西北诸河、西南诸河的1 617个水质断面中,Ⅰ类水质断面35个,占2.2%;Ⅱ类594个,占36.7%;Ⅲ类532个,占32.9%;Ⅳ类236个,占14.6%;Ⅴ类84个,占5.2%;劣Ⅴ类136个,占8.4%。与2016年相比,Ⅰ类水质断面比例上升0.1个百分点,Ⅱ类下降5.1个百分点,Ⅲ类上升5.6个百分点,Ⅳ类上升1.2个百分点,Ⅴ类下降1.1个百分点,劣Ⅴ类下降0.7个百分点。

也就是说,全国地表水监测断面中,仍有近十分之一丧失水体使用功能(Ⅴ类和劣Ⅴ类)。

与水污染相对的是,我国人均水资源量少,时空分布严重不均;用水效率低下,水资源浪费严重。原环境保护部(现为生态环境部)公布的数据显示,2015年,我国万元工业增加值用水量为世界先进水平的2~3倍;农田灌溉水有效利用系数0.52,远低于0.7~0.8的世界先进水平。

局部水资源过度开发,超过水资源可再生能力。2015年,海河、黄河、辽河流域水资源开发利用率分别高达106%、82%、76%,远远超过国际公认40%的水资源开发生态警戒线,严重挤占生态流量,水环境自净能力锐减。全国地下水超采区面积达23万km^2,引发地面沉降、海水入侵等严重生态环境问题。

此外,我国水生态受损严重,湿地、海岸带、湖滨、河滨等自然生态空间不断减少,导致水源涵养能力下降。原环境保护部2015年公布的数据显示,三江平原湿地面积已由新中国成立的5万km^2减少至0.91万km^2,海河流域主要湿地面积减少 83% 。长江中下游的通江湖泊由 100 多个减少至仅剩洞庭湖和鄱阳湖,且持续萎缩。沿海湿地面积大幅度减少,近岸海域生物多样性降低,渔业资源衰退严重,自然岸线保有率不足 35% 。

水环境严峻的现状,给社会生活带来极大的隐患。全国近 80% 的化工、石化项目布设在江河沿岸、人口密集区等敏感区域;部分饮用水水源保护区内仍有违法排污、交通线路穿越等现象,对饮水安全构成潜在威胁。突发环境事件频发,1995 年以来,全国共发生 1.1 万起突发水环境事件,仅 2014 年环境保护部调度处理并上报的 98 起重大及敏感突发环境事件中,就有 60 起涉及水污染,严重影响人民群众生产生活,因水环境问题引发的群体性事件呈显著上升趋势,国内外反映强烈。

“水环境污染可以造成污染型和水质型缺水,进一步加剧水资源短缺的局面,并直接威胁公众生命健康和生活质量,造成巨大的经济损失。”刘昌明说。

向水污染宣战

国家将水环境保护作为生态文明建设的重要内容。党的十八大和十八届二中、三中、四中全会对生态文明建设战略部署。习近平总书记关于生态文明建设和生态环境保护做出一系列重要指示,强调要大力增强水忧患意识、水危机意识,从全面建成小康社会、实现中华民族永续发展的战略高度,重视解决好水安全问题。

李克强总理强调指出,水污染直接关系人们每天的生活,直接关系人们的健康,也关系食品安全,政府必须负起责任,向水污染宣战,拿出硬措施,打好水污染防治“攻坚战”,建立防止“反弹”的机制,以看得见的成效回应群众关切,推进绿色生态发展。

2015 年,国务院《政府工作报告》提出实施水污染防治行动计划,加强江河湖海水污染、水污染源和农业面源污染治理,实行从水源地到水龙头全过程监管的工作任务。

事实上,早在 2014 年初,原环境保护部已经完成《水污染防治行动计划(送审稿)》。为进一步完善该计划,由原环境保护部污防司牵头,组织专家赴北京市、浙江省等地进行调研。

2015年4月，国务院正式印发《水污染防治行动计划》。该计划按照党中央、国务院的统一部署，由原环境保护部、发展改革委、科技部、工业和信息化部、财政部、原国土资源部、住房城乡建设部、交通运输部、水利部、原农业部、原卫生计生委、原海洋局等部门共同编制。这就是被社会寄予厚望的“水十条”。

“水十条”提出，水的环境保护事关人民群众切身利益，事关全面建成小康社会，事关实现中华民族伟大复兴中国梦。当前，我国一些地区水环境质量差、水生态受损重、环境隐患多等问题十分突出，影响和损害群众健康，不利于经济社会持续发展。“水十条”旨在切实加大水污染防治力度，保障国家水安全。

“水十条”勾勒了我国未来水污染治理的宏伟蓝图：到2020年，全国水环境质量得到阶段性改善，污染严重水体较大幅度减少；到2030年，力争全国水环境质量总体改善，水生态系统功能初步恢复；到本世纪中叶，生态环境质量全面改善，生态系统实现良性循环。

广大业界专家评论指出，“水十条”虽然来得有些迟，但水污染现在已经和空气污染问题一样，受到上至党中央、下至普通老百姓的高度重视。

北京林业大学生态法研究中心副主任杨朝霞表示，“水十条”的最大亮点是突出生态系统管理的理念。规划中“强化源头控制，水陆统筹、河海兼顾，对江河湖海实施分流域、分区域、分阶段科学治理，系统推进水污染防治、水生态保护和水资源管理”的理念，与生态文明理念一脉相承。“陆海统筹如果分开治理，单独治理某一项效果不好。江河湖海是一个整体，不可能分而治之，分散化治理是治不好的”。

同时，“水十条”也将带动相关环保产业的发展。在中国经济进入新常态的背景下，经济提质增效、促转型一直是政府的期望。治理“水”的问题，将会直接利好环保产业。作为一个新兴产业，此前环保产业并不受到重视，欠账很多。政府此时大力推动包括污水治理在内的环保政策，毫无疑问，“水十条”将为水环境保护产业高速发展提供新动力，为相关工程设计、设备制造、设施建设和运营维护等产业带来机遇，行业发展有望拉开历史新篇章。

国务院发展研究中心资环所副所长常纪文指出，“水十条”比“大气十条”

更现实，作为一个行动计划，它提出了2020年、2030年和2050年不同阶段的目标。“水十条”提出“强化公众参与和社会监督”，较之“大气十条”的“明确政府、企业和社会的责任，动员全民参与环境保护”更进一步。

专家表示，相较于以往中央关于“水”的文件，“水十条”的最大看点是可终身追责的严格考核制度：一是“水十条”在历史上首次对签订责任书和约谈省长进行明确，这种严格的考核机制威慑力极大，保障“水十条”行动顺利落实。二是从工业废水、市政污水到水环境，“水十条”均规定截止时间和明确量化指标，并采取对地方政府排名和落后惩罚制度，来倒逼从效果出发的环境治理需求的落实。

铁腕治污

面对水污染严峻形势，只有多管齐下、综合施治，严格加大惩罚力度等，才是解决水污染的唯一路径。

国务院相关部门发布的“水十条”解读文件中指出，印发“水十条”，是我国环境保护领域的又一重大举措，充分彰显国家全面实施大气、水、土壤治理三大战略的决心和信心。制定“水十条”，是党中央、国务院实施全面建成小康社会、全面深化改革、全面依法治国重要战略，推进环境治理体系和治理能力现代化的重要内容，体现民意、顺应民心，必将对我国的环境保护、生态文明建设和美丽中国建设，乃至整个经济社会发展方式的转变产生重要而深远的影响，意义十分重大。

党的十八大把生态文明建设纳入中国特色社会主义事业“五位一体”的总体布局，提出努力建设美丽中国，实现中华民族永续发展。生态环境优美宜居是美丽中国的重要内容，有利于增强人民群众幸福感，增加社会和谐度，拓展发展空间，提升发展质量，对建设生态文明和美丽中国至关重要。

解读文件指出，“水十条”充分发挥环境保护作为生态文明建设主战场、主阵地的作用，以改善水环境质量为出发点和落脚点，提出到2020年全国水环境质量得到阶段性改善的近期目标，为实现中国梦保驾护航。

同时，“水十条”也是落实依法治国，推进依法治水的具体方略。十八届四中全会做出全面推进依法治国的战略部署,明确要求用严格的法律制度保护生态环境。新修订实施的《环境保护法》及其配套法规规范,全方位解决法治偏软、制度偏松等问题。贯彻依法治国战略,依法保护水环境成为当务之急。

“水十条”按照依法治国要求,严格执行《环境保护法》《水污染防治法》等法律法规,将环评、监测、联合防治、总量控制、区域限批、排污许可等环境保护基本制度落到实处,明确法律规定的环保“高压线”、开发利用的“基线”和限期完成的“底线”,形成依法治水的崭新格局。

此外,“水十条”也是适应经济发展新常态的迫切需要。中央在深刻认识我国经济发展呈现增长速度换挡期、结构调整阵痛期、前期刺激政策消化期“三期叠加”的阶段性特征后,做出“经济进入新常态”的重大判断。全国主要污染物控制指标开始呈下降趋势,总量却仍保持高位;人民群众对环境质量改善新期待越来越高,环境保护工作也面临机遇和挑战并存的新常态,处于重要的战略抉择期。

出台“水十条”,明确了水污染防治的新方略,以水环境保护倒逼经济结构调整,以环保产业发展腾出环境容量,以水资源节约拓展生态空间,以水生态保护创造绿色财富,为协同推进新型工业化、信息化、城镇化、农业现代化和绿色化,实施“一带一路”、京津冀协同发展、长江经济带等国家重大战略,为经济社会可持续发展保驾护航,打造中国经济升级版。

“水十条”也是实施铁腕治污,向水污染宣战的行动纲领。中央提出,要像对贫困宣战一样,坚决向污染宣战,紧紧依靠制度创新、科技进步、严格执法,铁腕治污加铁规治污,用硬措施完成硬任务。

“水十条”坚持问题导向,重拳出击、重典治污,确保各项措施稳、准、狠,并力求取得实效。“水十条”共提出6类主要指标,26项具体要求,并进一步明确38项措施的完成时限。为确保任务目标的落实,“水十条”提出取缔“十小”企业、整治“十大”行业、治理工业集聚区污染、“红黄牌”管理超标企业、环境质量不达标区域限批等238项强有力的硬措施。

而“水十条”更要解决的一个老大难问题,就是“九龙治水”的混局。此前,各自为政、互不协同的治水模式,使得我国流域的生态环境保护工作因此面临滞后问题，流域缺水风险和生态污染风险居高不下。“水十条”统筹兼顾各部门职责、各类水体保护要求，搭建平台、凝聚共识，充分调动发挥环保、发改、科技、工业、财政、国土、交通、住建、水利、农业、卫生、海洋等部门的力量，开创“九龙”合力、系统治理的新气象。

任重道远

近年来，我国水污染防治成效不可谓不显著。以“十二五”期间为例，我国重点流域达到或优于Ⅲ类的断面比例增加 18.9 个百分点，劣Ⅴ类断面比例降低 8 个百分点，实现《重点流域水污染防治规划（2011～2015 年）》水质目标要求。完成水治理项目 4 985 个，占项目总数的 72.8%。到 2015 年底，我国城镇污水日处理能力达到 1.82 亿 t，城市污水处理率达 91.97%，已成为全世界污水处理能力最大的国家之一。

2015 年，全国 338 个地级以上城市的集中式饮用水水源地中，地表水饮用水水源地 557 个，达标水源地占 92.6%，主要污染指标为总磷、溶解氧和五日生化需氧量；地下水饮用水水源地 358 个，达标水源地占 86.6%，主要污染指标为锰、铁和氨氮。

但是，数十年来，我国水环境的质量依然与老百姓的愿望相差甚远，与美丽中国的发展目标相去甚远，有不少地方老百姓甚至没有可供饮用的水源。

2017 年 8 月，原环境保护部通报当年上半年“水十条”进展情况时指出，就全国范围来看，水污染防治工作总体取得明显进展。不过，部分地区、行业进展滞后，完成年度重点任务形势严峻。

根据 2017 年上半年各省（区、市）报送的《水污染防治行动计划》重点任务进展情况，全国地级及以上城市 2 100 个黑臭水体中，完成整治工程的 927 个，占 44.1%；河北、山西、辽宁、安徽 4 省的城市黑臭水体尚未开工整治比例超过 30%。重点城市（直辖市、省会城市、计划单列市）681 个黑臭水体中，完成整治工程的 348 个，占 51.1%；济南、青岛有 3 个黑臭水体整治项目尚未开工。

原环境保护部水环境管理司有关负责人指出，虽然重点流域水污染防治工作取得明显成效，但部分区域仍存在排放不达标、处理设施不完善、管网配套不足、排污布局与水环境承载能力不匹配等现象,部分水体水环境质量差、水资源供需不平衡、水生态受损严重、水环境隐患多等问题依然十分突出,与2020年全面建成小康社会的环境要求和人民群众不断增长的环境需求相比,仍有不小差距。

因此,“水十条”落实也面临不小的难题。复旦大学环境科学与工程系教授戴星翼指出:“人类社会、经济、生活中的问题越大,水环境的治理难度也就越大。可见我国水环境形势复杂和治理之艰难。”

“水十条”明确要求,“所有排污单位必须依法实现全面达标排放。逐一排查工业企业排污情况,达标企业应采取措施确保稳定达标”。这实际上提出三个要求:一是所有企业达标排放的目标;二是对工业污染的信息收集;三是污染控制的常态化。

戴星翼表示,我国工业呈现分布散、规模小、技术工艺水平低的散、小、低特点。这就意味着,同样控制工业污染,与国外相比,我国需要投入更多的人力和资金。“这些要求是针对企业的,事实上也是环保等职能部门的责任。我们不能将污染控制的希望完全寄托于企业的环境良知。离开政府的有效监管,总会有一些企业试图通过免费排污以转嫁生产成本。”

尤其是近年来我国大多数行业陷入产能过剩困境,导致地区和企业之间往往通过价格战来谋图生存空间,以至于企业利润变得微薄。在此背景下,企业污染控制的动力会进一步弱化。

完善、系统的环境数据采集和严格监管是“水十条”落地的前提,需要大量人力、物力的投入以及进行相关制度建设。对于大型重点污染企业,应该派驻专员;对于中小企业或园区,应该建立巡视制度,并在县和镇配备足够力量;在技术手段上,可以发展在线监测和自动取样化验系统。也可以在政府监管下,吸收环保NGO乃至环境服务类企业进入,提供数据采集和检测服务。但是,与“水十条”要求达到的高度相比,我国现有监管能力远远不够。

此外,水环境问题通常具有区域性,尤其是那些较小的污染源,受到直接损害的群体往往同在一个社区。各国经验也表明,居民的环境权是环境保护中公众参与的核心。水环境治理架构中的“社会”应该以社区环保机制为基础。具体地说,在农村,应将环境治理的社会机制落实到村一级。在城市,应落实于居民区和居民小区。结合村民和居民自治,村民委员会、居民委员会和业主委员会可以成为维护群众环境权益、组织人们参与水环境保护的基本社区机制。但我国的现实是,这样的自治组织和基本机制,没有成功的样板。

戴星翼指出,"水十条"中对利用市场机制的阐述主要集中在税费、水价、PPP、信贷等方面。通过与水质、水量相关的税收和收费,力求让水价发出稀缺性信号,从而使企业和消费者产生节水动机,并且拓宽节水的产业化空间。而PPP和绿色信贷等则致力于为水环境治理引入投资。虽然这些措施在国际上常见,也在我国有了较长时间的实践,但还需要克服一些难点。例如,提高水价在任何国家都是社会问题,中低收入人群在总人口中比重较高时尤其如此。在鼓励社会资本加大水环境保护投入方面,核心问题是政府如何设计出既不损害公共利益,又对社会资本有着足够吸引力的特许经营盈利模式来。

延续治水政策

为强化重典治污、力求实效,确保水污染治理能持续取得成就,落实"水十条"中关于"编制实施七大重点流域水污染防治规划"的要求,2017年8月,国务院正式批复《重点流域水污染防治规划(2016~2020年)》,为各地水污染防治工作提供指南。该《规划》的出台,就是为了进一步解决水治理面临的现实问题,促进"水十条"实施,形成全国地表水环境"一盘棋"管理,夯实全面建成小康社会的水环境基础。

此次《规划》的范围,主要包括长江、黄河、珠江、松花江、淮河、海河、辽河等七大重点流域,并兼顾浙闽片河流、西南诸河、西北诸河,第一次形成覆盖全国范围的重点流域水污染防治规划。与"十二五"相比,珠江流域首次纳入重点流域范围;三峡库区及其上游、丹江口库区及其上游、长江中下游、太湖、巢湖、滇池等流域均纳入长江流域范围;流域边界与全国水资源一级区及行政区划边界统筹衔接,黄河、松花江、淮河、辽河等流域范围均较"十二五"有所增加,海河流域范围也有所调整。

原环境保护部水环境管理司有关负责人在解读文件中介绍,《规划》编制过程与"水十条"实施过程有机融合。编制实施《规划》是"水十条"明确要求的一项重要任务,《规划》编制过程就是实施"水十条"过程的一部分。往期重点流域专项规划一般在批复规划时统一发布各项规划成果,而本期规划编制过程中形成的重要成果及时发布,对于"水十条"实施起到重要的推动作用。

此次的《规划》,也充分贯彻中央决策部署并衔接了国务院相关部门专项规划。事实上,自"水十条"发布以来,党中央、国务院及相关部门又陆续出台一系列重要文件,各地"水十条"实施也取得新进展。《规划》编制及时把握水污染防治工作动态,与相关文件进行充分衔接。

《规划》要求,到2020年,全国地表水环境质量得到阶段性改善,水质优良水体有所增加,污染严重水体较大幅度减少,饮用水安全保障水平持续提升。长江流域总体水质由轻度污染改善到良好,其他流域总体水质在现状基础上进一步改善。具体目标是到2020年,长江、黄河、珠江、松花江、淮河、海河、辽河等七大重点流域水质优良(达到或优于Ⅲ类)比例总体达到70%以上,劣Ⅴ类比例控制在5%以下。

而此次《规划》涉及的国土面积之大,也是前所未有的。根据《规划》明确的重点流域水污染防治规划范围可以看出,七大流域共涉及30个省(区、市),287个市(州、盟),2 426个县(市、区、旗),总面积约509.8万km^2,占全国的53.1%。

"一盘棋"管理

《规划》的编制实施,有助于巩固和发展我国以重点流域为主战场统筹推进水污染防治的成功经验,夯实全面建成小康社会的水环境基础,完成"十三五"重点流域水污染防治历史使命。

刘昌明、戴星翼等专家表示,《规划》的一大亮点,就是全国地表水环境第一次形成"一盘棋"管理。之所以说"第一次形成覆盖全国范围的重点流域水污染防治规划",是因为《规划》范围除长江、黄河等七大重点流域外,还兼顾浙闽片河流、西南诸河、西北诸河,同时黄河、松花江、淮河、辽河等流域范围均较"十二五"有所增加,海河流域范围也有所调整。

同时,《规划》对精细化管理水平也进一步提升。我国自"九五"治理"三河三湖"以来就确立分区管理的思想,经过四期重点流域水污染防治,五年专项规划不断发展完善。"十二五"期间,重点流域共划分37个控制区、315个控制单元,控制单元划分精确到区县边界,确定118个优先控制单元,分水质维护型、水质改善型和风险防范型3种类型制订水污染防治综合治理方案,实施分类指导。

"十三五"期间,按照"水十条"中有关"研究建立流域水生态环境功能分区管理体系"的要求,全国共划分341个水生态控制区、1 784个控制单元,控制单元划分精确到乡镇边界;确定580个优先控制单元,进一步细分为283个水质改善型和297个防止退化型单元。与"十二五"相比,控制单元数量和单元边界的分辨率显著增加,流域分区、分级、分类管理进一步深化,精细化水平大幅提升。

此外,根据管理需求及水质反退化等原则,在全国7 000余个县控以上断面中,筛选出1 940个控制断面并确定分年度目标,纳入国务院与各省签订的"水污染防治目标责任书"。

按照水环境、水资源、水生态系统保护的思想,《规划》对工业、城镇生活、农业农村等污染防治,流域水生态保护,饮用水水源安全保障等任务进行细化分解,为各地突出重点、精准治污提供了指导。

重在落地实施

在解读《规划》相关亮点内容时,原环境保护部水环境管理司有关负责人也强调,《规划》将重在实施,并做了多方面的部署。

例如,《规划》将实施基于控制单元的水环境质量目标管理。按照流域、水生态控制区、水环境控制单元三级分区体系,以全国划定的1 784个控制单元为空间基础,以断面水质为管理目标,以排污许可制为核心,推进网格化、精细化管理。

同时,《规划》强化控制单元限期达标规划编制实施。落实新修正的《水污染防治法》,按照"水污染防治目标责任书"确定的水环境质量改善目标的要求,以控制单元为基本空间单位,“山水林田湖草是一个生命共同体”理念,统筹饮用水、地表水、地下水、城市水体、近岸海域,优化水质断面监测网络,建立水环境承载能力监测评价和预警体系,厘清控制单元产排污与断面水质响应反馈机制,划定并严守水资源利用上线、生态保护红线和环境质量底线,因地制宜强化水污染物排放总量控制,编制实施控制单元限期达标规划,合理制定并逐一落实控制单元内各排污单位的任务及完成时限,从减少污染物排放和提高水体自净能力两方面梳理水环境治理项目,加强项目储备库建设,“减排”“增容”两手抓、两手都要硬,促进水污染防治有机融入经济社会发展整体布局。

此外,《规划》将进一步健全流域水生态环境保护机制。例如,将探索完善流域水污染物排放管控机制。以排污许可制为核心建立固定源排放管控机制,推进建立并完善流域综合排放标准、行业排放标准各有侧重、相互配合的排放标准体系,并通过排污许可证落实到每个排污单位,推动固定源排放管控更好衔接水环境质量改善目标。

探索完善流域生态保护管控机制。研究以水环境质量为导向的水生态环境承载力评价方法,根据流域生态环境功能需要,明确流域生态环境保护要求,在京津冀、长三角、珠三角等重点区域开展水环境承载能力评价试点。

探索建立将流域生态环境保护与领导干部自然资源离任审计、中央环保督察、生态补偿等生态文明体制改革制度相衔接的工作机制,落实地方政府、部门、企业“守、退、补”主体责任。守,就是划定并严守生态保护红线,依法打击各类生态破坏行为;退,就是积极推动退耕还湿、退渔还水、退耕还林、退养还滩,努力把由于人类活动侵占的高价值生态区域退出来;补,就是大力开展流域生态保护与修复,因地制宜建设人工湿地水质净化工程,提高流域环境承载力。

推进水环境管理体制改革。按照《生态文明体制改革总体方案》要求,开展环境保护管理体制创新试点,实现流域环境保护统一规划、统一标准、统一环评、统一监测、统一执法,提高环境保护整体成效。

《规划》坚持以满足人民对良好水环境的需求为核心,统筹“山水林田湖草”系统治理,着力解决突出环境问题,构建政府为主导、企业为主体、社会组织和公众共同参与的环境治理体系。

为此,《规划》提出五项重点任务。一是从促进产业转型发展、提升工业清洁生产水平、实施工业污染源全面达标排放计划等方面,推进工业污染防治;二是推进城镇化绿色发展,完善污水处理厂配套管网建设,继续推进污水处理设施建设,强化污泥安全处理处置,综合整治城市黑臭水体,强化城镇生活污染防治;三是加强养殖污染防治,推进农业面源污染治理,开展农村环境综合整治,推进农业农村污染防治;四是严格水资源保护,防治地下水污染,保护河湖湿地,防治富营养化,推进流域水生态保护;五是加快推进饮用水水源规范化建设,加强监测能力建设和信息公开,加大饮用水水源保护与治理力度,保障饮用水水源环境安全。通过上述措施,实现"溪边照影行,天在清溪底"的美丽山川景象。

为了更好地落实,《规划》强调项目实施采取动态管理方式。考虑到水污染防治进程的动态性和不确定性,结合"十二五"规划实施经验,《规划》中不列具体项目清单,而采取动态管理的方式,衔接重点流域水环境综合治理项目储备库与水污染防治行动计划项目储备库等已有工作,建设中央和省级重点流域水污染防治规划项目储备库。

重点流域水污染防治规划项目由各地自主推进实施。各省(区、市)有关部门根据本行政区重点流域水污染防治工作的需要,组织设计和筛选工程项目,建立省级项目库,提前谋划并做好项目可行性研究等前期准备工作,加强项目储备并定期更新,根据水质改善需求有选择地实施,提升项目的针对性和效益。

多措并举　多管齐下

自2017年以来,原环境保护部针对水污染防治工作持续推进,防治政策不断加码。2017年3月,计划在2017年底前,核发造纸、印染等行业排污许可证,建成全国排污许可证管理信息平台。

2017年4月19日,财政部、原环境保护部联合印发《水污染防治专项资金绩效评价办法》,明确水污染防治专项工作程序,同时提出优化专项资金管理,提高水污染防治专项资金使用效益,推动水污染防治行动计划目标实现。

当年7月6日,《2017年度水污染防治中央项目储备库项目清单》印发,甘肃省兰州市、广西壮族自治区柳州市等228个地市水污染防治总体实施方案纳入水污染防治中央项目储备库，涉及具体工程项目3 300多个，总投资约3 000亿元。

此外，为推进国家“十三五”环境保护相关规划重大项目实施，2016年，环境保护部、财政部启动水污染防治储备库建设。2017年以来，为进一步提高中央储备库项目质量，加快项目建设进度等，原环境保护部将228个符合条件的地市水污染防治总体实施方案入库，内容涵盖水质较好的湖泊生态环境保护、城市集中式饮用水水源地保护、重点流域水污染防治、地下水污染防治等。

2017年9月6日，针对工业园区的水污染防治工作，《工业集聚区水污染治理任务推进方案》印发，要求各地方人民政府和园区管理机构指导存在问题的园区制定整改措施。

2018年11月，生态环境部、农业农村部、住房城乡建设部、水利部会同有关部门制定《关于加快推进长江经济带农业面源污染治理的指导意见》，对农业农村面源污染治理进行全面部署。按照要求，到2020年，农业农村面源污染得到有效治理，种养业布局进一步优化，农业农村废弃物资源化利用水平明显提高，绿色发展取得积极成效，对流域水质的污染显著降低。

“重点流域水污染防治规划及系列政策的出台，是立足水污染长期防治。”专家表示，全国范围的水污染防治工作将“多措并举、多管齐下、加速推进”。

记者手记：

有河皆污，有水皆臭——曾几何时，这是国人对我国流域水环境的最直观感受。

儿时记忆中溪水潺潺、清澈见底，变成了如今的水污味臭、鱼虾绝迹。遗憾的是，这样的感观至今依然在我国许多地方和河流存在。

中央对生态文明建设出了战略部署，提出要努力建设美丽中国，实现中华民族永续发展。生态环境优美宜居是美丽中国的重要内容，水环境是生态环境的重要组成部分。水不美，生态环境无从谈优美，我们的处所也就谈不上宜居。

我国自1994年，以淮河流域治理为肇始，开始大规模的水污染治理事业。

经过20多年的水治理,城镇污水处理率虽然有了大幅度提高,主要流域干流的水质也有了一定改善,“水十条”的出台,更是在水污染治理与预防方面打出了重拳,但复杂的社会生产生活环境,导致了我国水污染治理的复杂性和艰巨性。而部门分而治之的行政机制,也导致我们的治水政策规划落实效果打了折扣。

《重点流域水污染防治规划(2016~2020年)》将我国七大重点流域统筹考虑,有助于形成覆盖全国范围的重点流域水污染防治规划,这既是对以往治水政策规划的接续,也是对“九龙治水”等症结的破解。

而环境治理,也是经济发展和生态文明的应有之义。在生态文明建设的总体战略下,水、气、土的治理,也必将走向一盘棋考虑的决策中。只有多管齐下、多措并举,才能真正做好环境保护工作,才能彻底营造一个环境优美、生态多样、宜居宜业的环境!

热　点

冲破重霾　京津冀发起秋冬季大气污染防治攻坚战

邓　琦

摘　要　2017年是《大气污染防治行动计划》（“大气十条”）收官之年。“大气十条”实施5年来，全国空气质量总体改善，重点区域明显好转，其确定的各项空气质量改善目标均已实现，完美收官。

不过，大气环境形势依然严峻，尤其是京津冀等重点区域，末端治理减排空间越来越小，环境压力居高不下，产业、能源、交通运输等结构调整，以及生产、生活方式的转变更加迫切，我国大气污染防治进入攻坚期。作为空气污染的重灾区，京津冀成为主攻阵地之一。

2017年9月，《京津冀及周边地区2017～2018年秋冬季大气污染综合治理攻坚行动方案》及6个配套方案发布，是我国首次针对京津冀秋冬季污染制订专门方案。其中，“1＋6”方案首提“双降”目标，并设“量化问责”。京津冀正式开始秋冬季治污攻坚战。

关键词　京津冀　大气污染　PM2.5　攻坚战

霾锁秋冬

近年来，在京津冀区域生活的人们，有些担心秋冬季的到来，因为那只占头

邓琦，《新京报》时政新闻部资深记者，从2012年开始从事环境领域报道。

发丝直径约 1/20 的 PM2.5,总有些猝不及防。尤其到了采暖季,有人说,只要开始供暖,压根儿就看不见蓝天。

然而,这个成片的污染区,不止北京,还有天津和河北。大气污染已从京津冀辐射到周边区域,形成“2 +26”个城市。

为什么大气污染远远超过京津冀范围?专家对历次重污染天气过程分析显示,在污染天气发生时,污染团在这些城市互相传输叠加,导致区域性的重污染。比如南边的德州等地发生重污染天,没几天,京津以及沧州等地的空气就跟着变差。因此,区域中这些城市联防联控,对改善区域及通道城市本身的空气质量非常有意义。

京津冀及周边区域的空气有多差?2013 年开始,原环境保护部每月度和年度,都会发布重点区域和重点城市的空气质量状况。在当时环境保护部的通报中,多次用“最重”来形容京津冀区域的空气污染程度。

从 2013 年全年来看,京津冀区域污染最重,有 7 个城市排在空气质量相对较差的前 10 位。京津冀区域城市 PM2.5 超标倍数为 0.14 ~3.6 倍。

2013 年 1 月和 12 月,京津冀发生了两次大范围空气重污染过程,污染程度重、持续时间长,重污染天数占全年重污染总天数的 53.4% 。

2014 年,京津冀区域 13 个地级及以上城市,空气质量平均达标天数为 156 天,比 74 个城市平均达标天数少 85 天。重度及以上污染天数比例为 17%,高于 74 个城市 11.4 个百分点,与 2013 年相比下降 3.7 个百分点。京津冀区域 PM2.5 年均浓度为 93 $\mu g/m^3$,12 个城市超标;PM10 年均浓度为 158 $\mu g/m^3$,13 个城市均超标。

2015 年,京津冀区域 13 个城市平均达标天数比例为 52.4%。京津冀区域进入冬季采暖期,受污染物排放量大和不利气象条件影响,发生多次污染程度重、影响范围广、持续时间长的空气重污染过程,12 月该区域先后出现 5 次明显重污染过程,保定、衡水市一度出现连续 8 天的重度及以上污染天气。连续的空气重污染过程大幅拉升全年颗粒物浓度,京津冀区域冬季采暖季期间 PM2.5 浓度同比上升了 9.6% 。

2016 年的全年空气质量通报中直接指出,京津冀及周边地区仍是全国大气污染最重区域。

当年的通报分析直指京津冀秋冬季污染。分析称,我国北方地区冬季污染依然较重，从监测数据分析，3～10 月空气质量相对较好，重污染天气多出现在冬季，特别是北方地区进入采暖期后的时段。2016 年，京津冀区域 11 月 15 日至 12 月31 日供暖期期间，PM2.5 浓度为 135 μg/m^3，是非供暖期浓度的 2.4倍，仅 12 月就发生 5 次大范围空气重污染过程。京津冀及周边地区大气环境质量同比有所改善，但仍是我国大气污染最重的区域。

首提“双降 15%”目标

看准了重点区域，就需要挑准时段来精准治霾。

2017 年 9 月，《京津冀及周边地区 2017～2018 年秋冬季大气污染综合治理攻坚行动方案》（简称《攻坚方案》）及 6 个配套方案发布。

在这次发布会上，原环境保护部大气司司长刘炳江说，首次针对秋冬季制订方案，是因为秋冬季京津冀及周边地区雾霾依旧频发。过去 4 年多来，PM2.5 下降的浓度有限，重污染天数基本保持不变。制订秋冬季方案，最关键是要解决秋冬季污染的问题。这不仅仅是改善空气质量，也是供给侧改革和企业转型升级的攻坚战。

《攻坚方案》首次提出“双降 15%”的目标，即 2017 年 10 月至 2018 年 3 月，用 6 个月时间使京津冀大气污染传输通道“2＋26”个城市的 PM2.5 平均浓度同比下降 15% 以上，重污染天数同比下降 15% 以上；并同时出台强化督察、巡查、专项督察、量化问责、信息公开和宣传报道 6 个方面的配套方案。

目标的制定并不是“一刀切”。刘炳江说，环境保护部专门组织专家和地方一起研究，结合相关城市的空气质量现状等，设定有所区别的采暖季改善目标。

刘炳江介绍，以往的大气治理行动方案原则性设定较多，大尺度设置的目标较多，这次行动方案把具体任务细化到市、县、镇、乡，精准定位是这次攻坚方案的一个明显特点。

“以往大家说顶层设计不到位，下面落实也不到位。这次我们除了行动方案，后面还跟着 6 个配套文件，创新地提出量化问责、专项督察和强化督察等，文件很精细化，也体现了减排措施和监管问责的精细化。”刘炳江在发布会上说。

11 项任务专攻薄弱环节

针对京津冀区域大气治理的薄弱环节，《攻坚方案》提出 11 项主要任务，包括建设完善空气质量监测网络体系、推进“散乱污”企业及集群综合整治、加快散煤污染综合治理以及燃煤锅炉治理、加强工业企业无组织排放管理、严格管控移动源污染排放、推进工业企业错峰生产与运输等。

在工业企业错峰生产与运输方面，方案提出，钢铁焦化铸造行业实施部分错峰生产。

“2+26”城市要实施钢铁企业分类管理，按照污染排放绩效水平，2017年9月底前制订错峰限停产方案。石家庄、唐山、邯郸、安阳等重点城市，采暖季钢铁产能限产50%，以高炉生产能力计，采用企业实际用电量核实。

值得一提的是，方案提出，要设立京津冀及周边地区大气环境管理相关机构。2017年9月底前要初步完成京津冀及周边地区大气环境管理相关机构组建筹备和试运行，提高跨地区环保统筹协调和监督管理能力，推进跨地区污染联防联控，实现统一规划、统一标准、统一环评、统一监测、统一执法，形成系统完备的法规政策和标准体系、多主体互利互助的协同治理体系，有效促进区域空气质量改善。

方案还提出，要启动大气重污染成因与治理攻关项目。要汇聚跨部门科研资源，组织优秀科研团队，针对京津冀及周边地区秋冬季大气重污染成因、重污染累积与天气过程的双向反馈机制、重点行业和污染物排放管控技术、居民健康防护等难题开展科技攻坚，探索京津冀区域空气质量改善路线图，对于形成的成果和共识，组织专家统一对外发声，切实提升大气污染防治和重污染天气应对的科学化、精准化水平。

2017年8月底，环境保护部在京召开座谈会，贯彻落实《攻坚方案》及6个配套方案。环保部部长李干杰指出，“1+6”是一套组合拳，围绕全面完成“大气十条”考核指标，针对京津冀及周边地区秋冬季大气污染治理存在的薄弱环节，从重点区域、重点时段、重点领域、重点问题入手，提出更加严格的标本兼治措施，并按照清单式、台账式的方式，将空气质量改善目标分解到各个城市，将具体任务一一落实到各个县(市、区)，推动治理措施真正落实到位。6个配套方案进一步细化落实保障措施，从创新督察机制、强化地方党政领导干部责任、建立健全信息公开和宣传报道制度等方面做出系统安排。

“量化问责”重在督政

值得关注的是,《攻坚方案》有6个配套方案。其中,“攻坚行动量化问责规定”创新性地提出量化问责概念,把“散乱污”企业整治不力、电代煤和气代煤工作不实、燃煤小锅炉“清零”不到位、重点行业错峰生产不落实等四方面问题作为量化问责的重点对象,并计划选择8~10个城市进行中央环保专项督察。

此外,根据强化督察、攻坚行动巡查以及专项督察方案,环境保护部计划2017年9月至2018年3月底开展15轮次强化督察,主要任务是督促各地政府及相关部门落实“大气十条”等;2017年9月15日至2018年1月4日开展8轮次巡查,主要目标任务是核查环境问题整改情况,对完成整改问题开展“回头看”。此外,还将在综合性环保督察基础上选择10个左右问题最突出市(区)开展机动式、点穴式专项督察。

原环境保护部环境监察局局长田为勇表示,督察按照执法情况了解企业的违法违规情况,巡查要查企业到底改没改,了解各部门怎么落实,“巡查既查企业,也督政府”。

治污不力哪些领导将担责?此次“1+6”攻坚方案创新性推出“量化问责”措施,将问责事项分为“任务型”和“结果型”。

“任务型”问责中第一种是指未按要求完成交办问题整改的,发现2个、4个、6个问题的将分别问责副县(区)长、县(区)长、县(区)委书记;第二种是通过强化督察或巡查再发现有新问题的,发现5个、10个、15个问题的将分别问责副县(区)长、县(区)长、县(区)委书记。地市级层面,行政区域内被问责的县(区)达到2个、3个、4个的将分别问责副市长、市长、市委书记。

“结果型”问责是指根据大气环境质量改善目标完成情况进行排名,排名后三位且改善目标比例低于60%的问责副市长,低于30%的问责市长,PM2.5平均浓度不降反升的可问责市委书记。

量化问责关注的重点是县区级党委、政府及有关部门的落实情况,同时延伸到地市级党委、政府及有关单位的落实情况,不允许应付,不允许懈怠,不允许不作为、乱作为。也就是说,你不干活,可能就会摊上事情。只要你不落实责任,就会被问责。

量化实际上是促进工作抓实抓细,方案布置下去后,什么问题、什么情形、问责到什么程度,都有明确要求。环境保护部在督察,地方也要举一反三,一层层把任务压下去。

在2018年2月,攻坚行动量化问责首起案件正式向社会公布。1月23日中央电视台财经频道《经济半小时》栏目报道河北省廊坊市文安县部分塑料企业未落实采暖季错峰生产要求违规生产事件,环境保护部紧急派员赶赴文安县对媒体曝光事件进行调查。

随后,廊坊市给予负有领导责任的当时主持文安县县委、县政府工作的县委副书记、县长行政记过处分(该县县委书记空缺),给予文安县当时分管工业生产工作的副县长行政记大过处分。

原环境保护部环境监察局负责人强调,落实政府责任,是确保京津冀及周边地区大气污染综合治理工作取得成效的重要保障,未来将按照"党政同责、一岗双责、终身追责、权责一致"的原则,进一步加大追责问责力度。

大幅超额完成目标

2018年5月,环境保护部通报《京津冀及周边地区2017～2018年秋冬季大气污染综合治理攻坚行动方案》空气质量目标完成情况。

通报指出,2017年10月至2018年3月"2+26"城市PM2.5平均浓度为78 $\mu g/m^3$,同比下降25%,重污染天数为453天,同比下降55.4%,均大幅超额完成《攻坚方案》提出的下降15%的改善目标。

按照《工作细则》规定,考核结果以PM2.5改善目标为基础,重污染天数下降目标作为修正项,综合PM2.5降幅排名和完成率排名,评定考核结果如下:廊坊、保定、北京、德州、石家庄、鹤壁、新乡、衡水、安阳、唐山、天津等11个城市考核结果为优秀,滨州、聊城、济南、长治、淄博、焦作、邢台、沧州、太原等9个城市考核结果为良好,濮阳、郑州、开封、菏泽、济宁等5个城市考核结果为合格,邯郸、阳泉、晋城等3个城市考核结果为不合格。

不过,京津冀秋冬季攻坚之路远未结束。

2018年9月,《京津冀及周边地区2018～2019年秋冬季大气污染综合治理攻坚行动方案》发布。这也是继2017年之后,第二次针对秋冬季专门制订攻坚行动方案。方案提出,2018年10月1日至2019年3月31日,京津冀及周边地区PM2.5平均浓度同比下降3%左右,重度及以上污染天数同比减少3%左右。

同时，充分考虑各地工作重点和管理基础，提出清单式、差异化任务要求。

有人疑问，相比上一年度的15%，新方案似乎在“放水”？在10月新闻发布会上，环境保护部新闻发言人刘友宾回应，这种担心没有必要。认为新一年度目标降低了大气污染防治的力度，这种看法很片面、不准确，是对目标的误读。

他认为，目标的设定是经过专家反复论证、各地方和各部门反复研究过的。2018～2019年秋冬季目标是根据目前产业、能源结构以及空气改善的进程最后确定的，要实现目标压力很大，任务艰巨，是一件并不轻松的事情。

至今，京津冀的重污染天气依旧频发，不同于以往，污染峰值在下降，污染过程在缩短。京津冀治霾的任务也依旧艰巨。

借用李干杰的一句话：重污染天气提醒我们，大气污染防治工作形势依然严峻，仍需付出更多艰苦卓绝的努力，绝不是“吹个号、打个冲锋”就能够一劳永逸的。

记者手记：

时至今日，京津冀的秋冬季依旧重污染天气频发。京津冀及周边区域的人们，一谈秋冬季就色变的情形，也没有根本改变。

不过，仔细分析每次空气重污染过程，会发现一个突出变化。相比前些年，现在的空气重污染过程时间缩短，而且污染物浓度的峰值降低。在一次空气重污染过程中，几乎不会再出现空气质量指数(AQI)“爆表”，即达到500的情况。

确实，PM2.5需要一微克一微克地抠。在目前减排空间有限的前提下，更多需要在结构上调整和释放空间，这并不是短期内能完成的。

京津冀区域，以及长三角、汾渭平原，都是空气污染的重灾区。继京津冀之后，后两者也发起了秋冬季攻坚战。

借用中国工程院院士贺克斌的一段话：要相信监测总站的数据，要肯定污染物下降的趋势，不能因为看不出来目前的成绩就放弃“吃药”、放弃当前的“治疗”。

“洋垃圾”禁令再升级

李　禾

摘　要　我国是世界上最大的垃圾进口国,2017 年 7 月,国务院印发《关于禁止洋垃圾入境推进固体废物进口管理制度改革实施方案》,要求全面禁止洋垃圾入境。我国固体废物进口在不断“瘦身”,固体废物的管理制度在不断加严,这也将改变我国以及全世界废弃资源处理和再利用的格局。

关键词　洋垃圾　固体废物　全面禁止

我国曾被称为“世界垃圾场”,从 2017 年开始,这种局面得到了改变。7 月,我国发布《禁止洋垃圾入境推进固体废物进口管理制度改革实施方案》,明确提出“分批分类调整进口固体废物管理目录”“逐步有序减少固体废物进口种类和数量”。7 月 30 日,我国正式通知世界贸易组织,于 2018 年初停止进口包括废塑料、未分类废纸、废纺织原料和钒渣在内的 24 种“洋垃圾”。

2018 年 6 月,国务院公布《关于全面加强生态环境保护 坚决打好污染防治攻坚战的意见》,明确将全面禁止“洋垃圾”入境,力争 2020 年年底前,基本实现固体废物“零进口”。

大量进口固体废物威胁我国生态环境

作为制造业大国,从 20 世纪七八十年代起,我国就开始进口可以用作原料的固体废弃物,作为发展资源不足的补充。据原环境保护部公布的数据,我国洋垃圾进口规模在 20 世纪 90 年代后迅速扩大,从 90 年代的 450 多万 t/a 增长到 2016 年的 4 500 万 t/a。

然而,大量进口的固体废物对生态环境和人们的健康造成巨大威胁。如电子垃圾和废塑料垃圾等是不可降解的,电子垃圾包含 1 000 多种不同成分,会释放大量有毒有害物质。进口的固体废物还会携带无色无味的放射性污染物质,不易察觉,无害化处理难度更是超过其他污染物质。此外,一些国家通过多种方式,甚至是非法出口的途径,将固体废物转移到其他国家。另外,国内、国外也有少数不法商人,为了实现不法利益,通过非法进口、夹带进口根本无法再利用的“洋垃圾”。

据统计,2013 年以来,海关缉私部门查获以伪报、夹藏等方式走私固体废物案件 338 起,查证涉案废物 125 万 t。2016 年进口固体废物约 4 658 万 t,主要进口废物类别是废纸、废塑料、废五金类,占到 88.9%。按照夹杂物含量要求估算,以上三类进口固体废物夹杂物的总量近 60 万 t,而且基本都是需要无害化处置的不可利用废物,严重挤占我国有限的环境容量,其处理处置也严重威胁我国的生态环境安全。

为何有如此多的走私案例?主要是利益驱动人心。有数据显示,每吨“洋垃圾”买入成本仅约千元人民币,而从中分拣出的废纸、塑料制品、金属等可回收物,每吨收益在 2 700 元左右。而且,近年来我国对禁止入境的洋垃圾名录不断增加,原本属于非限制类的废物被禁后,一些厂商铤而走险,通过走私偷运买入“洋垃圾”。

除大量不合格固体废物、走私进口废物外,以进口废物为原料的再生资源加工利用企业不少为“散乱污”企业,污染治理能力低下,多数甚至没有污染治理设施。加工利用产业,主要依靠人工分拣、手工拆解,其携带的病毒、细菌等有毒有害物质可能直接感染从业人员。如结核杆菌、鼠疫、霍乱等疾病传染源,这些病菌存在引发大面积疫情的严重危害,危及身体健康。由于没有或缺少污染治理设施,在加工利用中的污染排放严重。在近年的环境执法检查中,多次查出部分进口废物加工利用企业规模小、污染严重,污染治理设施不正常运行问题,给个别地区造成严重的环境污染。

而且“洋垃圾”的再利用主要针对低端产品,拉低以优质原料生产的高端产品的价格,恶化经营环境,扰乱市场秩序,也不利于我国产业的转型升级。

2018 年固体废物进口总量同比减少近半

根据《巴塞尔公约》,我国固体废物进口管理制度将进口废物分为非限制类、限制类及禁止进口类。而《固体废物污染环境防治法》第二十五条明确规定,禁止进口列入目录的固体废物,对可以用作原料的固体废物实行限制进口和非限制进口分类管理。

我国对固体废物进口管理一直是动态调整的过程,这体现我国在进口固体废物管理方面持续努力的坚定决心,每一个阶段做出的调整都综合衡量我国经济发展情况、技术水平及监管能力等。

从20世纪90年代开始,我国《禁止进口废物管理目录》就在不断完善和发展。2009年7月,原环境保护部对目录进行增补,详细列举禁止进口的废机电产品和设备类别。2014年底进一步对目录进行细化,调整到12类94种。2017年1月,目录增加糖蜜、云母废料以及含硅废料等7种固体废物。同年7月,国务院办公厅印发《关于禁止洋垃圾入境推进固体废物进口管理制度改革实施方案》,提出我国将在2018年全面禁止废塑料、未分类的废纸、废纺织原料、钒渣等4类24种固体废物,至此,目录增加到了现行的14类125种。

2018年4月调整第二、第三批目录,将废五金、废船、废汽车压件、冶炼渣、工业来源废塑料等16种固体废物调整为禁止进口,自2018年12月31日起执行;将不锈钢废碎料、钛废碎料、木废碎料等16种固体废物调整为禁止进口,自2019年12月31日起执行。

2018年12月,生态环境部、商务部、发展改革委、海关总署联合印发《调整进口废物管理目录》的公告(2018年第68号),将废钢铁、铜废碎料、铝废碎料等8个品种固体废物从《非限制进口类可用作原料的固体废物目录》调入《限制进口类可用作原料的固体废物目录》,自2019年7月1日起执行。

据统计,2018年,全国固体废物进口总量2 263万t,同比减少46.5%,其中限制进口类固体废物进口量同比减少51.5%。

修订并实施更严格的环境保护控制标准

进口固体废物并非就是“洋垃圾”,两者不能一概而论。一般来说,“洋垃圾”是指严重危害环境且价值不大,未经许可擅自进口的固体废物,而进口固体废物指可变废为宝,妥善处理不会给环境增添太大负担的废物。

如何确定进口的是固体废物而不是“洋垃圾”?标准实施和监测能力非常关键。进口可用作原料的固体废物环境保护控制标准是1996年首次发布,2005年第一次修订,第一次修订后的各标准,控制重点是夹杂物和放射性污染。随后的10多年来,标准的实施对加强进口固体废物环境管理,防范进口废物及其夹杂物带来的环境污染风险，构建和维护固体废物进口的正常贸易秩序发挥了重要作用。

不过，随着我国经济社会的快速发展，进口固体废物带来的环境风险凸显，2005 年实行的进口可用作原料的固体废物环境保护控制标准的要求，已无法适应和满足环境管理的新形势、新要求。于是，根据进口废物目录最新调整情况，新修订的标准自 2018 年 3 月 1 日起正式实施。

2005 年实行的进口可用作原料的固体废物环境保护控制标准共有 13 项（GB 16487.1 ~ GB 16487.13—2005），分别包括骨废料、冶炼渣、木、木制品废料、废纸或纸板、废纤维、废钢铁、废有色金属、废电机、废电线电缆、废五金电器、供拆卸的船舶及其他浮动结构体、废塑料、废汽车压件，2018 年实施的新标准为 11 项标准。由于同时废止了 2009 年已明确禁止进口的骨废料、2017 年底禁止进口的与废纤维相关的 2 项标准，因而 2018 年实施的 11 项标准已经涵盖现行所有许可进口的固体废物。

新标准的修订主要体现在 5 个方面，包括对进口废物的放射性污染控制、危险废物控制、加严非危险性废物的夹杂物指标、控制废物自身品质、增加检验原则等。具体来看，新标准保留 2005 年标准中的放射性控制要求，并且增加了外照射贯穿辐射剂量率的要求；明确对《国家危险废物名录》中列出的废物种类以及经过危险废物鉴别方法和标准鉴别的危险废物，控制要求统一定为 0.01%；除废塑料、供拆卸的船舶及其他浮动结构体标准中一般夹杂物指标维持不变外，将废有色金属标准中一般夹杂物控制指标调为 1.0%，其他标准中一般夹杂物限值要求调为 0.5%。

同时，修订标准适当对废物自身品质加以考虑，如废纸标准中严格限制混入被焚烧或部分焚烧的废纸以及被灭火剂污染的废纸，废有色金属和废钢铁 2 项标准中对含有的粉末物质比例进行控制，进口废五金电器中可回收利用金属的含量由不低于废五金电器总重量的 60% 提高到 80% 等；除供拆卸的船舶及其他浮动结构体标准外，其他 10 项标准在检验部分均增加一条检验原则性要求。

海关布设涵盖 18 大类进口固废鉴定实验室

把“洋垃圾”挡在“国门”之外是非常重要的，建设精准打击防线，技术成为关键。

如再生塑料是指通过预处理、融熔造粒、改性等物理或化学的方法，对废旧塑料进行加工处理后重新得到的塑料原料。由于外观与再生塑料近似，为逃避海关监管，有不法分子常以再生塑料的名义报关进口塑料类固体废物。但是与再生塑料不同，未经过有效处理或仅经过简单加工处理后直接进口的塑料类固体废物，一般性能上无法满足塑料加工需求，并且含有的有害物质会对生态环境产生危害。

目前，海关系统已布设涵盖 18 大类进口固体废物的鉴定实验室。实验室运用专业的仪器设备，对样品进行检测分析，测定其中的化学组分和关键的理化指标，以判断来源和使用性能。以塑料类固体废物为例，宁波海关技术中心建立《塑料类进口固体废物属性鉴别操作规程》，实验室依据规程，仅 2018 年 1 ~ 10 月，已鉴定出塑料类固体废物 72 批，近 4 000 t。

近年来，为逃避监管，固体废物被改头换面，不法分子采用伪报、瞒报为外观近似的“影子商品”或夹带在正常货物中，企图非法闯关。实验室出具的鉴定结论，为口岸执法部门查获多宗重大走私案件提供了强有力的技术支撑，如广州海关技术中心协助拱北口岸，查获目前国内最大宗的 2.7 万 t 矿渣类固体废物走私案等。

为提高实验室技术能力，2018 年 7 月，国内长期从事进口固体废物属性鉴定工作的 38 家实验室，成立了“进口固体废物属性鉴定实验室联盟”。通过建立专家会商机制，及时解决打击“洋垃圾”面临的难点、疑点、热点问题。收集整理的 221 个《进口固体废物属性鉴定案例汇编》，则提供了成功处置疑难问题的技术范本。

2019 年固体废物进口管理改革四大任务

据商务部发布的《中国再生资源回收行业发展报告(2018)》，截至 2017 年底，我国废钢铁、废有色金属、废塑料、废轮胎、废纸、废弃电器电子产品、报废机动车、废旧纺织品、废玻璃、废电池十大类别的再生资源回收总量为 2.82 亿 t，同比增长 11%。其中，废电池、废玻璃、废旧纺织品回收量增幅较为明显，分别增长 46.7%、24.4% 和 29.6%。国内废弃资源回收和再利用的比例不断提高，“洋垃圾”禁令升级功不可没。

经过《限制进口类可用作原料的固体废物目录》的多次调整，环控标准和监测能力的不断提高，禁止洋垃圾入境推进固体废物进口管理制度改革已步入“深水区”，面临的形势更加复杂，改革的难度和压力持续加大。2019 年，我国禁止洋垃圾入境推进固体废物进口管理制度改革工作有四大重点工作：

一要积极推动固体废物污染环境防治法修订，力争法律早日修订出台，为全面禁止洋垃圾入境推进固体废物进口管理制度改革提供了坚实的法律保障。

二要强化洋垃圾非法入境管控力度，深入推进各类专项打私行动，持续强化固体废物进口全过程监管力度，开展进口固体废物加工利用企业专项执法行动，对问题突出的地方纳入中央生态环境保护专项督察。

三要提升国内固体废物回收利用水平，加快国内固体废物回收利用体系建设，提高国内固体废物回收利用率。大力推动城乡垃圾分类，继续完善再生资源回收利用基础设施和再生资源综合利用标准体系，加快提升固体废物资源化利用装备技术水平。

四要充分发挥协调小组的机制保障作用，不断研究解决禁止洋垃圾入境，推进固体废物进口管理制度改革过程中的重大问题和事项，指导、协调和督促落实改革任务，调度改革工作进展情况，部署下一步工作，有关情况将及时向党中央、国务院报告。

2018 年 11 月 29 日，禁止洋垃圾入境推进固体废物进口管理制度改革部际协调小组第一次全体会议在北京召开。协调小组成员包括生态环境部、海关总署、中央宣传部、中央网信办、发展改革委、科技部、工业和信息化部、公安部、司法部、财政部、住房城乡建设部、商务部、市场监管总局、中国海警局、邮政局等 15 个单位。协调小组组长、生态环境部部长李干杰在会上强调，要以铁的决心、铁的意志和铁的手段，坚定不移把禁止洋垃圾入境推进固体废物进口管理制度改革各项举措落实到位。

记者手记：

可用作原料的固体废物进口，面临的是环保、资源两个维度的问题。目前制造业依然是我国经济发展的核心动力，还需要大力发展和升级。为保证原料供给，可用作原料的固体废物进口还是需要的。因此，必须“提高进口门槛”，可用作原料的才允许进来，坚决把脏的、差的、有毒有害的“洋垃圾”挡在国门外。

此外,我国还需要提高资源再生行业的门槛,增加准入条件,如企业必须具有一定规模,进入循环产业园区集中管理,保证环保达标等,要“打掉”的是粗放的、污染严重的小作坊。当前,资源再生行业不乏规模化、规范化的大企业或上市公司,他们对废塑料等再利用,不但环保达标,而且生产的多是高端产品,提高了附加值。因此,要以环境保护为衡量标准,考虑其经济性,具体评价进口固体废物的政策,以保证经济和环保的双赢。

祁连山保护区遭遇“最严环保风暴”：百人被问责

汤梓誉

摘　要　2017年7月20日晚的《新闻联播》，把1/6的时间“留给”了祁连山。

这一天，中办、国办就甘肃祁连山国家级自然保护区生态环境问题发出通报，直指祁连山存在违法违规开矿、水电设施违法建设、周边企业偷排偷放、生态环境突出问题整改不力等问题。通报中，甘肃3名副部级领导被问责。

高层批示、央视曝光、中央政治局常委会听取督察汇报、中办和国办通报……对一个地方的生态保护问题，进行如此高规格、大阵仗的监督，近年来实属罕见。

西北生态安全的重要屏障祁连山，正经历一场“最严环保风暴”带来的震动。

关键词　祁连山自然保护区　生态文明　中央环保督察

四大突出问题

中办、国办4 000字出头的通报，用了近600字痛陈祁连山保护区生态环境破坏的4大突出问题。

通过调查核实，违法违规开发矿产资源问题严重。保护区设置的144宗探矿权、采矿权中，有14宗是在2014年10月国务院明确保护区划界后违法违规审批延续的，涉及保护区核心区3宗、缓冲区4宗。长期以来大规模的探矿、采矿活动，造成保护区局部植被破坏、水土流失、地表塌陷。

部分水电设施违法建设、违规运行。当地在祁连山区域黑河、石羊河、疏勒河等流域高强度开发水电项目，共建有水电站150余座，其中42座位于保护区内，存在违规审批、未批先建、手续不全等问题。由于在设计、建设、运行中对生态流量考虑不足，导致下游河段出现减水甚至断流现象，水生态系统遭到严重破坏。

此外，周边企业偷排偷放问题突出。部分企业环保投入严重不足，污染治理设施缺乏，偷排偷放现象屡禁不止。巨龙铁合金公司毗邻保护区，大气污染物排放长期无法稳定达标，当地环保部门多次对其执法，但均未得到执行。石庙二级水电站将废机油、污泥等污染物倾倒河道，造成河道水环境污染。通报还称当地对于生态环境突出问题整改不力。

这不是祁连山第一次被卷入“环保风暴”。

长期以来，祁连山局部生态破坏问题十分突出。习近平总书记多次做出批示，要求抓紧整改，在中央有关部门督促下，甘肃省虽做了一些工作，但情况没有明显改善。

2015年，原环境保护部通过卫星遥感监测对祁连山进行检查时的影像资料显示，祁连山北坡甘肃祁连山国家级自然保护区内违法违规开发矿产资源等活动频繁，破坏生态的问题十分突出。

同年9月，原环境保护部会同国家林业局就保护区生态环境问题，对甘肃省林业厅、张掖市政府进行公开约谈。甘肃省没有引起足够重视，约谈整治方案瞒报、漏报31个探采矿项目，生态修复和整治工作进展缓慢，截至2016年底仍有72处生产设施未按要求清理到位。

约谈时提到的问题，很多没有落实，有些违规的项目依然在运行。为此，在2016年底，中央环保督察组对甘肃省的生态环境进行全方位督察，发现旧的问题没整改好，新的问题又暴露出来。

“第一个问题就是保护区里违规开发矿产资源的活动；第二个问题是部分水电设施的违规建设和违规运行对生态造成的破坏问题；第三个问题是祁连山保护区的周边企业还有一些偷排、偷放污染物，违规运行、违法运行的问题。”中央环保督察组甘肃组成员马国林说。

当年11月30日至12月30日，中央第七环境保护督察组对甘肃省开展环保督察，并形成督察意见，于2017年4月13日向甘肃省委、省政府进行反馈。其中，专门点出“祁连山等自然保护区生态破坏问题严重”，矛头直指大规模无序采探矿、部分流域水电开发强度较大等问题。

当时的督察意见指出，甘肃祁连山国家级自然保护区内已设置采矿、探矿权144宗，2014年国务院批准调整保护区划界后，省国土资源厅仍然违法违规在保护区内审批和延续采矿权9宗、探矿权5宗。大规模无序采探矿活动，造成祁连山地表植被破坏、水土流失加剧、地表塌陷等问题突出。

肃南县凯博煤炭公司马蹄煤矿位于缓冲区和实验区，2008年投产以来共形成煤炭堆场10余处，近2 km^2 地表植被遭到破坏。肃南县青羊铁矿2014年5月获得省国土资源厅延续探矿权后，在实验区内进行探矿活动，破坏植被面积3.34 hm^2。

此外，祁连山区域黑河、石羊河、疏勒河等流域水电开发强度较大，该区域现有水电站150余座，其中42座位于保护区内，带来的水生态碎片化问题较为突出。仅黑河上游100 km河段上就有8座引水式电站，在设计、建设和运行中对生态流量考虑不足，导致部分河段出现减水甚至断流现象。大孤山、寺大隆一级水电站设计引水量远高于所在河流多年平均径流量，宝瓶河水电站未按要求建设保证下泄流量设施。

中央环保督察组刚走两个月，另一个督察组来了。2017年2月12日至3月3日，由党中央、国务院有关部门组成中央督察组，就祁连山生态环境破坏问题开展专项督察。

中央政治局常委会会议听取督察情况汇报，并对甘肃祁连山国家级自然保护区生态环境破坏典型案例进行深刻剖析。之后，有了中办、国办的通报。

乱象由来已久

祁连山的生态破坏问题由来已久。

作为我国西部重要的生态安全屏障，祁连山还是黄河流域重要的水源产流地，是我国生物多样性保护优先区域，国家早在1988年就批准设立甘肃祁连山国家级自然保护区。目前，祁连山国家级自然保护区总面积265.3万 hm^2，其中，核心区面积为802 261.6 hm^2。该自然保护区地跨武威、金昌、张掖3市的凉州等8县（区）。

由于开矿、过度开发等掠夺式开发，使得祁连山满目疮痍，生态环境遭受严重破坏。

祁连山的“破坏史”要追溯到20世纪60年代，距今已近半个世纪。

在2017年1月广为流传的一篇《两位生态学博导四问祁连山生态保护》的文章中，该文作者——中科院西北生态环境资源研究院副院长冯起、甘肃省祁连山水源涵养林研究院院长刘贤德这样写道：“祁连山的生态破坏开始于20世纪60年代末70年代初，初期以森林砍伐、盗伐为主，当年有‘吃得苦中苦，为了两万五（每年要完成2.5万 m^3 的森林采伐任务）’的说法，20世纪80年代以矿山开采为主，90年代后以小水电开发为主，据地方政府提供的资料，到本世纪初，祁连山保护区范围内仅肃南县就有532家大小矿山企业，在张掖境内的干支流上先后建成46座水电站。”

文中提到，尽管大规模的掠夺式开发基本停止，但祁连山经历近40年的大规模开发，加之气候等大环境变化，历史性破坏和现实威胁依然突出。因为矿山开采、水电开发造成的破坏仍未完全恢复，急需进行平整、覆土、种草为主的生态修复，草原过度放牧仍然比较普遍，仅张掖市在保护区内就有各类牲畜106万羊单位，超载20.62万羊单位，部分区域生态退化的威胁现实存在。

同时，气候变暖造成的生态退化正在加剧。气温上升导致的冰川加速消融，雪线上升使祁连山生态保护面临严峻的局面。根据中科院卫星遥感资料，对比分析2007年1月29日与2006年1月31日祁连山区积雪面积，结果表明，祁连山东段积雪面积减少6.5%、中段减少8.7%、西段减少18.6%。

2015年10月，甘肃当地记者曾深入祁连山脉，实地踏访祁连山自然保护区的生态破坏状况。报道称，近几年，受经济利益驱动，保护区核心区内的水源涵养地出现大规模无序探矿采矿，造成大面积永久性冻土层剥离，生态植被遭到不可逆转的严重破坏。大规模施工和探矿采矿产生的粉尘、矿渣还加速了积雪融化和冰川萎缩，造成水质恶化和水源污染，已严重危及下游地区的生存发展和饮水安全。

此外，保护区境内的肃南县大河乡纳木沟一带，采矿造成的植被破坏已不可逆转。在保护区核心区海拔3 700多m的一处矿业开矿点，大量废石掩埋地表植被，山沟中建起矿点管理人员居住的活动板房，挖掘机、推土机等重型机械停放在门外，离板房不远处堆放着尚未运出的铁矿石。

祁连山生态的破坏令当地人“极为痛心”。

地方政府的"放水"

在祁连山生态破坏的背后，也存在地方政府未足够重视的问题。

2017年9月，由中央纪委宣传部、中央巡视办、中央电视台联合制作的电视专题片《巡视利剑》提到，2016年底中央巡视组进驻甘肃开展巡视回头看，发现时任甘肃省委书记对祁连山环境问题不重视、不作为。

"自身有贪腐问题，在工作中必然不敢去动真碰硬，导致中央一些重大决策部署在甘肃得不到落实，造成严重后果。"该纪录片中介绍，祁连山生态保护问题就是一个典型的例子，甘肃省委书记消极应付中央指示，不作为、不落实，对祁连山的生态环境破坏负有重大责任。

更多的"不落实，不作为"在中办、国办的通报中得以披露。通报称，祁连山生态环境问题虽然有体制、机制、政策等方面的原因，但根子上还是甘肃省及有关市县思想认识有偏差，不作为、不担当、不碰硬，对党中央决策部署没有真正抓好落实。

通报指出，甘肃省委和省政府没有站在政治和全局的高度深刻认识祁连山生态环境保护的极端重要性，在工作中没有做到真抓真管、一抓到底。2016年5月，甘肃省曾经组织对祁连山生态环境问题整治情况开展督察，但未查处典型违法违规项目，形成督察报告后就不了了之。

甘肃有关省直部门和市县在贯彻落实党中央决策部署上作选择、搞变通、打折扣，省安全监管局在省政府明确将位于保护区的马营沟煤矿下泉沟矿井列入关闭退出名单的情况下，仍然批复核定生产能力并同意复工。

张掖市委认为祁连山生态环境保护整改落实工作不属于市委常委会研究的重大问题，市委常委会没有进行专题研究部署，并在明知有的项目位于保护区、违反保护区管理要求的情况下，仍多次要求有关县加快办理项目手续。

更引人注意的是，甘肃省还在立法层面为破坏生态行为"放水"。通报称，甘肃省片面追求经济增长和显绩，长期存在生态环境为经济发展让路的情况。《甘肃祁连山国家级自然保护区管理条例》历经三次修正，部分规定始终与《中华人民共和国自然保护区条例》不一致，将国家规定"禁止在自然保护区内进行砍伐、放牧、狩猎、捕捞、采药、开垦、烧荒、开矿、采石、挖沙"等十类活动，缩减为"禁止进行狩猎、垦荒、烧荒"等三类活动。这三类都是近年来发生频次少、基本已得到控制的事项,其他七类恰恰是近年来频繁发生且对生态环境破坏明显的事项。

不仅如此,2013 年 5 月修订的《甘肃省矿产资源勘查开采审批管理办法》,违法允许在国家级自然保护区实验区进行矿产开采。《甘肃省煤炭行业化解过剩产能实现脱困发展实施方案》违规将保护区内 11 处煤矿予以保留。

张掖市在设定全市党政领导干部绩效考核时,把 2015 年和 2016 年环境资源类指标分值分别设为 9 分和 8 分,低于 2013 年和 2014 年 11 分的水平。

与“放水”同时存在的是“不作为、乱作为,监管层层失守”。

甘肃省国土资源厅在 2014 年 10 月国务院批复甘肃祁连山国家级自然保护区划界后,仍违法违规延续、变更或审批 14 宗矿权,性质恶劣。

甘肃省发改委在项目核准和验收工作中,以国土、环保、林业等部门前置审批作为“挡箭牌”,违法违规核准、验收保护区内非法建设项目。

甘肃省环境保护厅不仅没有加强对有关部门工作的指导、监督,反而在保护区划界确定后仍违法违规审批或验收项目。

甘肃省政府法制办等部门在修正《甘肃祁连山国家级自然保护区管理条例》过程中,明知相关规定不符合中央要求和国家法律,但没有从严把关,致使该条例一路绿灯予以通过。

通报指出,在祁连山生态环境保护方面,甘肃省从主管部门到保护区管理部门,从综合管理部门到具体审批单位,责任不落实、履职不到位问题比较突出,以致一些违法违规项目畅通无阻,自然保护区管理有关规定名存实亡。在问题整改落实中,普遍存在以文件落实整改、以会议推进工作、以批示代替检查的情况,发现问题不去抓、不去处理,或者抓了一下追责也不到位,不敢较真碰硬、怕得罪人,甚至弄虚作假、包庇纵容。

从 2013 年至 2016 年,甘肃省对祁连山生态环境保护不作为、乱作为问题基本没有问过责。承担整改任务较重的林业、国土、环保、水利等部门虽然开了会议、发了文件,但抓落实不够。

甘肃省林业厅及甘肃祁连山国家级自然保护区管理局不仅对保护区内大量违法违规建设项目监督不力,对大量生态破坏行为查处不力,反而违规许可多个建设项目。

张掖市在约谈整改中避重就轻,有 31 个生态破坏项目没有纳入排查整治范围;52个违法违规探矿项目中有31个采取简单冻结办法,没有制定有效退出机制和保障措施。也因此,甘肃省多名相关责任单位和责任人被问责,其中3名副部级官员被点名。

分管祁连山生态环境保护工作的甘肃省副省长,被给予党内严重警告处分。甘肃省委常委、兰州市委书记(时任甘肃省委常委、副省长)对分管部门违法违规审批和延续有关开发项目失察,对保护区生态环境问题负有领导责任,由中央纪委对其进行约谈,提出严肃批评,由甘肃省委在省委常委会会议上通报,本人在甘肃省委常委会会议上做出深刻检查。

甘肃省人大常委会党组书记、副主任(时任甘肃省委常委、常务副省长)对分管部门违法违规审批和延续有关开发项目失察,对保护区生态环境问题负有领导责任,由中央纪委对其进行约谈,提出严肃批评,由甘肃省委在甘肃省人大常委会党组会议上通报,本人在甘肃省人大常委会党组会议上做出深刻检查。

此外,由中央纪委监察部按相关程序对负有主要领导责任的8名责任人进行严肃问责。另对其他负有领导责任的甘肃省能源局、环境保护厅、水利厅、安全监管局,张掖市肃南县政府、武威市天祝县政府,甘肃电力投资集团公司等7名现任或时任主要负责人,由甘肃省委和省政府依纪依规进行问责。

整改开始“加速”

被中办、国办通报后,祁连山的生态环境整改开始“加速”。

通报次日上午,甘肃省委召开常委扩大会议,研究和部署祁连山生态环境保护工作。会议强调,要严格履行生态文明建设政治责任,进一步强化政治意识、大局意识、核心意识、看齐意识,真正把生态文明建设摆在全局工作的突出位置来抓。要坚决抓好祁连山生态环境问题整改工作,在前一段整改的基础上,加大工作力度,坚持工作的高标准,全面彻底整改,给党中央、国务院和全国人民交上一份满意的答卷。

针对立法层面“放水”的问题,甘肃省对相关条例进行修订。2017年11月30日,新修订的《甘肃祁连山国家级自然保护区管理条例》在甘肃省第十二届人大常委会第三十六次会议上通过,并于12月1日起实施。

新修订的条例指出,禁止任何人进入保护区的核心区。保护区必须以管护为主,全面深入科学论证,因地制宜开展封山育林育草等生态修复工作,不断扩大林草植被面积，加强冰川、湿地、冻土和野生动植物保护，服从国家主体功能区划确定的重点生态功能区定位，提高生态服务功能。

今后，保护区的核心区和缓冲区内，不得建设任何生产设施。保护区的实验区内，不得建设污染环境、破坏资源或者景观的生产设施；建设其他项目，其污染物排放不得超过国家和地方规定的污染物排放标准。

4天后的12月5日，甘肃省政府第170次常务会议审议通过了《祁连山国家级自然保护区矿业权分类退出办法》。会议决定，在以冻结方式全面停止祁连山国家级自然保护区内矿产资源勘查开发活动的基础上，采取注销、扣除、补偿三种方式，差别化推进已设矿业权分类退出工作。

就通报指出的违规开发矿产资源、水电设施违规运行等问题，甘肃省国土资源部门制订印发《祁连山自然保护区矿业权退出及矿山生态环境恢复治理行动方案》，保护区内的144宗矿业权，143宗已关停，剩余1宗也已停止开采。

甘肃省还对保护区内42座水电站的水资源论证报告进行全面复评，出台《祁连山自然保护区水电设施专项整治行动方案》，提出了分类处置意见。

整改的同时，问责也在继续。

2018年3月29日，甘肃省通报中央环保督察移交生态环境损害责任追究问题问责情况时披露，祁连山国家级自然保护区生态环境问题问责100人，包括省部级干部3人、厅级干部21人、处级干部44人、科级及以下干部32人、给予党纪处分39人、政纪处分31人、诫勉谈话16人、组织处理2人、移送司法机关2人、其他处理形式10人。

转 变

各方“高压”之下，经历整改的祁连山生态得到有效恢复。

2017年5月，生态环境部通报，甘肃省扎实推进祁连山自然保护区生态环境问题整改，投入治理资金约23亿元，保护区内144宗矿业权已关停143宗，9座在建水电站退出7座，同时已启动生态监测网络建设，对111个历史遗留无主矿山实施生态恢复。

7月，《人民日报》发文称，自去年7月中办、国办通报以来的一年间，149户牧民搬离核心区；144宗矿业权全部关停退出；保护区内111个历史遗留无主矿山完成恢复治理；42座水电站中，10座已关停退出，其余全部完成水资源论证复评。曾被过度放牧、采矿筑坝等问题困扰的祁连山渐趋平静。

去年7月，祁连山核心区农牧民搬迁工作正式启动。在张掖市肃南县，一些祖辈世居于此的牧民难舍家园不愿搬迁，另外担心搬迁后生活没着落。

为打消牧民顾虑，肃南县明确由县领导、县直部门一把手、乡镇一把手和分管领导“包保”1～2户搬迁户，上门宣讲搬迁补偿、技能培训等政策。康乐镇抽调20多名镇村干部，深入牧民家中采集数据，按照“一户一套表、一村一本册”的要求，完成牧户编码、尺寸测量、信息登记、实物取景等工作。此外，还按人头为牧民发放生产方式、生活方式转变一次性补助资金1.5万元，每户6 000元安置费和5 000元搬迁运输补助。

对有再就业意向的搬迁牧民，肃南县还开展免费技能培训。2018年春节前，有285人实现再就业。

更重要的是，祁连山保护区在整改问题之余，也在谋划产业转型升级。

据报道，随着牧民的搬出，肃南县境内的祁连山保护区核心区95.5万亩草原将全部禁牧，3.06万头(只)牲畜全部出售或转移到保护区外舍饲养殖，实现了祁连山自然保护区张掖段核心区内无农牧民生产生活的目标。肃南全县8个乡(镇)102个建制村中，涉及自然保护区的有6个乡(镇)88个建制村，县域发展空间不足5%，县域经济转型迫在眉睫。

肃南县委书记在接受媒体采访时表示，将把构建绿色生态产业体系作为未来发展的主攻方向，加快形成绿色发展方式和生活方式，创造更多的优势生态产品，推进全县经济结构调整和产业转型升级。

武威市委提出，在未来发展中，将统筹经济社会发展与生态环境保护、统筹城乡发展、统筹三次产业协调发展，让经济发展为环境保护让路、商业开发为生态和文化让路，坚决不要“肮脏”的GDP、“带血”的GDP，推动经济绿色转型，把生态文明建设和环境保护贯穿于改革发展工作的全过程、各环节。

张掖市在祁连山和张掖黑河湿地国家级自然保护区实施“两转四退四增强”治理提升三年行动计划，其中，“两转”即“转变生产生活方式和转变资源开发利用方式”，“四退”即“退耕还林、退牧还草、退矿还绿和退建还湿(地)”，“四增强”即“全民环境保护意识显著增强、政府环境保护监管能力显著增强、自然保护区生态功能显著增强和区域可持续发展能力显著增强”。

计划分三年完成，其中，2017年对祁连山国家级自然保护区问题治理整改情况进行“回头看”，实施“山水林田湖”生态保护修复项目，落实新一轮草原生态奖补政策，退化草原得到有效治理，湿地资源得到有效保护，重点生态区生态功能得到提升。

2018年制定颁布《张掖黑河湿地国家级自然保护区管理条例》，保护区核心区、缓冲区内矿山企业有序退出，综合治理无主矿区9个、水电站34座，农牧民合理转移转产，环境污染得到全面治理。2019年，通过对祁连山国家级自然保护区和黑河湿地自然保护区的严格管护、全面建设，森林覆盖率、草原植被盖度、自然湿地保护率明显提升，确保现有湿地保有量不减少。3年累计退耕还林12.07万亩、还草1.8万亩，治理草原面积750万亩，保护区生态服务功能得到明显增强。

2017年4月16日，“首届甘肃·祁连山高峰论坛”在兰州开幕。甘肃省省长唐仁健在论坛上表示，甘肃省正在汲取祁连山生态问题教训，强力推动绿色发展崛起，推动绿色发展成为甘肃经济发展的“主题词”。在甘肃省出台的推进绿色生态产业发展的规划中，提出将培育壮大节能环保、清洁生产、清洁能源、循环农业等十大重点产业，促进传统产业“脱胎换骨”。

2017年11月，中国科学院西北生态环境资源研究院正式发布《祁连山生态变化评估报告》，这是我国第一份对祁连山生态进行全面科学评估的报告。

报告共分为祁连山主要生态问题、祁连山生态变化评估、祁连山生态保护对策三个部分。系统评估了2017年之前，整个祁连山区的生态变化、祁连山张掖段的植被变化、祁连山张掖段水电开发和矿产开发对生态的影响，并提出生态保护的对策建议。

在祁连山主要生态问题和生态变化评估的基础上，报告还对祁连山生态保护提出了对策，除目前正在进行的严守生态红线、强化生态保护和建设祁连山国家公园外，还包括实施祁连山生态保护工程、生态环境保护与可持续发展技术体系研发，水源涵养林涵养功能提升技术，构建“政策保护、科学保护、法制保护、大众保护、物力保护和管理保护”为核心的祁连山保护新格局。

从2018年开始，中科院西北研究院还将对祁连山生态治理的成效进行评估，今后每隔5年发布一次祁连山生态报告。

祁连山保护区生态整改，未完待续。

记者手记:

中办、国办公开通报一个自然保护区的问题,比较罕见。祁连山问题的问责力度之大,也引人注目。

处理祁连山生态破坏问题,无疑,这表明党中央维护生态环境、建设生态文明的坚定意志。生态红线是决不能逾越的“雷池”。不过更多的是,这个典型案例对生态破坏行为具有震慑意义。

近年来,自然保护区破坏问题层出不穷。2017 年 7 ~ 12 月,原环境保护部等七部门组织开展“绿盾 2017”国家级自然保护区监督检查专项行动,这是我国建立自然保护区以来,检查范围最广、查处问题最多、整改力度最大、追责问责最严的一次专项行动。

截至 2017 年底,共调查处理涉及 446 处国家级自然保护区的问题线索 2.08 万个,关停取缔违法企业 2 460 多家,强制拆除违法建筑设施 590 多万 m^2;追责问责 1 100 多人,包括厅级干部 60 人,处级干部 240 人。完成问题整改超过 1.31 万个,约占发现问题总数的 63%,其余问题均已建立台账,正在督促整改中。

2018 年,“绿盾”专项行动继续展开,这一次将开展相关专项行动问题整改“回头看”,还将坚决查处自然保护区内新增违法违规等问题。

谁破坏了生态,就要拿谁是问。不能让追鹿的猎人看不到山、打鱼的渔夫看不见海。

塞罕坝:中国样本的世界意义

邓 琦

摘 要 “在中国版图上,我们向北看有这样一个地方,在这个地方啊,爷爷种树,儿子种树,孙子还是种树,在这里出生的孩子,很多孩子的小名叫苗苗、森森,在这里人们特别认同一句话:如果没有树木,人类将会怎样;如果没有森林,世界将会怎样?”曾经有人这样介绍塞罕坝林场,更多是致敬塞罕坝林场的建设者。

2017 年 8 月,中共中央总书记、国家主席习近平对河北塞罕坝林场建设者感人事迹做出重要指示,他们的事迹感人至深,是推进生态文明建设的一个生动范例。12 月,中国塞罕坝林场建设者荣获 2017 年联合国环保最高荣誉——“地球卫士奖”,随后还获得 2017 年感动中国人物团体奖。

建设者 50 余年的持之以恒,让塞罕坝沙地变林海,是我国生态文明建设的生动案例。

关键词 塞罕坝 地球卫士奖 生态文明建设

塞罕坝,蒙语意为“美丽的高岭”,历史上,这里地域广袤,树木参天,曾是皇家的后花园。

塞罕坝地处内蒙古高原浑善达克沙地南缘,而浑善达克沙地与北京的直线距离只有 180 km。作家李春雷曾这样描述:如果这个离北京最近的沙源堵不住,那就是站在屋顶上向院里扬沙。

辽金时期,塞罕坝是绿洲一片,号称“千里松林”。

清代后期由于国力衰退,日本侵略者掠夺性的采伐、连年不断的山火和日益增多的农牧活动,使这里的树木被采伐殆尽,大片的森林荡然无存。这也被称为“塞罕坝之殇”。

2017 年 12 月 5 日,在肯尼亚内罗毕举行的第三届联合国环境大会上,联合国环境规划署宣布,中国塞罕坝林场建设者荣获 2017 年联合国环保最高荣誉——“地球卫士奖”。

“地球卫士奖”是联合国系统最具影响力的环境奖项,创立于 2004 年,每年评选一次,由联合国环境规划署颁发给在环境领域做出杰出贡献的个人或组织。在当天宣布的“地球卫士奖”各个奖项中,塞罕坝林场建设者获得其中的“激励与行动奖”。

塞罕坝林场是我国大力推进生态文明建设的生动范例,1962 年建场以来,三代林场建设者们在“黄沙遮天日,飞鸟无栖树”的荒漠沙地上艰苦奋斗、甘于奉献,营造出 112 万亩的世界上面积最大的一片人工林,将当地森林覆盖率从 11.4% 提高到目前的 80%,创造了荒原变林海的绿色奇迹。数据显示,目前,这片人造林每年向北京和天津地区供应 1.37 亿 m^3 的清洁水,同时释放约 55 万 t 氧气,成为守卫京津的重要生态屏障。

三代塞罕坝人只做一件事:种树

2017 年 12 月 5 日,在肯尼亚首都内罗毕的联合国环境署总部,伴随着热烈的掌声,老、中、青三位塞罕坝人从联合国环境署执行主任埃里克·索尔海姆手中接过象征联合国环保最高荣誉的奖杯。

当天,塞罕坝林场退休职工陈彦娴,林场党委书记、场长刘海莹,副场长于士涛,代表三代林场建设者前来领奖。刘海莹表示,林场已经有 55 年的发展历史。这期间,人们一直在种树,像哺育自己的孩子一样培育、保护这片林子,让绿色在高原荒漠生根、蔓延。

颁奖现场,73 岁的陈彦娴说,此时此刻代表三代塞罕坝人来领奖,激动的心情无法用语言描述。

55 年前,369 个平均年龄不到 24 岁的年轻人毅然来到这个黄沙漫天、草木难生的地方。半个多世纪里,前仆后继的三代塞罕坝人只做了一件事——种树。

陈彦娴依然记得自己刚到塞罕坝的情景:上山造林没水喝,满嘴起泡,嘴唇干裂,张不开嘴。我们只能把干粮掰成小块儿往嘴里塞。一天下来,泥水糊得满身满脸都是,不说话分不清谁是谁……

回忆和讲述在塞罕坝造林的艰苦历程,陈彦娴却始终面带笑容:“虽然经历了很多磨难，但我不后悔。如果再给我一次选择的机会，我还是会选择塞罕坝。”

作为第二代塞罕坝人的代表，塞罕坝机械林场场长刘海莹参加了当晚的颁奖典礼。在他看来，塞罕坝的成功，除了依靠持之以恒的信念，也少不了科学求实的管理理念。

如果用“拓荒”来形容第一代务林人，用“传承”来形容第二代务林人，那么，第三代务林人可以用什么词语来形容呢？“80 后”于士涛告诉记者是“攻坚”。

于士涛解释说，经过 55 年的奋斗，整个塞罕坝能够造林的地方几乎已被开发殆尽。尽管如此，第三代塞罕坝人正在向更干旱区域、更高海拔地区发起挑战，通过科学研究、借助外脑等，突破多品种种植、病虫害防治等难题，并承担包括鸟类问题研究等多个科研课题，在新的时代继续艰苦创业。

一棵落叶松的启示

最初，林场的组建还有个传奇故事。

气象资料显示，塞罕坝最低气温 -43.3 ℃，年平均气温 -1.3 ℃，年均 -20 ℃以下的低温天气达 4 个多月；年均无霜期 52 天；年均积雪期达 7 个月。恶劣的自然条件和艰苦的生活条件，几乎使人难以生存。

据报道，1961 年 10 月的塞罕坝，大雪漫舞。想想“风沙紧逼北京城”的严峻形势，时任林业部国营林场管理局副局长刘琨，率队策马行走在冰天雪地的坝上，为我国北方第一个机械林场选址。

整整在荒原上考察三天后，终于在康熙点将台的石崖下，发现天然落叶松的残根。这个线索让刘琨顿时喜出望外，决定继续寻找。最后，竟然在荒漠的红松洼一带，发现了一棵粗壮挺拔的落叶松，少说有 150 多年树龄。

之后，刘琨上报了对于塞罕坝的奇迹发现，建议在塞罕坝建立大型国营机械林场，并着手制订方案。方案的任务之一，就是“改变当地自然面貌，保持水土，为改变京津地带风沙危害创造条件”。

另外，建场任务还包括要研究积累高寒地区造林和育林的经验以及大型国营机械化林场经营管理的经验。

1962 年 2 月 14 日，林业部塞罕坝机械林场正式组建。1962 年 9 月，来自全国不同地方的369名青年,怀着远大理想,一路北上,奔赴令这些年青人向往的塞罕坝。这些创业者来自全国18个省(区、市),平均年龄不到24岁。其中,大中专毕业生140人。

如今,第一代塞罕坝人都已至暮年,有些已经离世,但他们艰苦创业、无私奉献的精神却跨越时空,薪火相传。

而这颗古老的松树如今依旧傲立风霜,见证代代传奇。

统计称,55年来,国家累计投入和林场自筹资金约10.2亿元,如今塞罕坝资源总价值达到200多亿元,投入与产出比为1∶19.8。更重要的是,塞罕坝的生态效益显著,据中国林科院评估,如今塞罕坝的森林生态系统每年固碳74.7万t,释放氧气54.5万t,空气负氧离子是城市的8~10倍。

从小气候上看,近10年与建场之初的10年相比,塞罕坝年均大风天数减少30天,年均无霜期增加了14.6天,年均降水量增加50多mm;从更大的范围讲,在塞罕坝机械林场的带动下,承德市大力推进造林绿化,全市有林地面积由新中国成立之初的300万亩增加到现在的3 390万亩,森林覆盖率由5.8%提升到56.7%,年可吸收二氧化碳1.24亿t、释放氧气1.1亿t、滞留灰尘8 032万t,与塞罕坝一起成为“华北绿肺”。

塞罕坝国家森林公园目前是华北地区最大的人工木材林业基地,并拥有国家级自然保护区和国家级森林公园等多个荣誉。

除此之外,塞罕坝国家森林公园每年吸引游客50多万人次,一年的门票收入可达4 000多万元人民币,真正实现生态、经济、社会三大效益的统一,成为生态文明建设的新标杆。

我们向塞罕坝学习什么

2017年8月,中共中央总书记、国家主席习近平对河北塞罕坝林场建设者感人事迹做出重要指示,指出,55年来,河北塞罕坝林场的建设者们听从党的召唤,在“黄沙遮天日,飞鸟无栖树”的荒漠沙地上艰苦奋斗、甘于奉献,创造了荒原变林海的人间奇迹,用实际行动诠释“绿水青山就是金山银山”的理念,铸就牢记使命、艰苦创业、绿色发展的塞罕坝精神。他们的事迹感人至深,是推进生态文明建设的一个生动范例。

习近平强调,全党全社会要坚持绿色发展理念,弘扬塞罕坝精神,持之以恒推进生态文明建设，一代接着一代干，驰而不息，久久为功，努力形成人与自然和谐发展新格局，把我们伟大的祖国建设得更加美丽，为子孙后代留下天更蓝、山更绿、水更清的优美环境。

8月28日，时任中宣部部长刘奇葆在学习宣传河北塞罕坝林场生态文明建设范例座谈会上指出，塞罕坝林场经过半个多世纪的持续奋斗，创造了高寒沙地生态建设史上的绿色奇迹，孕育并形成感人至深的塞罕坝精神。

他表示，特别是党的十八大以来，塞罕坝林场深入贯彻落实习近平总书记关于加强生态文明建设的重要战略思想，抓住历史机遇、奋力创新求进，在林场建设管理、绿色产业发展、生态资源利用等方面取得新进展，成为推进生态文明建设的一个生动范例，为全国生态文明建设探索了可推广的成功经验。

除了令人感动的精神，哪些经验可以被借鉴推广更值得探讨。我们要向塞罕坝学习什么?

中国工程院院士沈国舫认为，除了要学习塞罕坝人的“强烈的生态文明意识”和“艰苦奋斗的创业精神”，还要学习他们“实事求是的科学精神”。这个精神表现在：对塞罕坝地区宜林的科学判断，对塞罕坝造林主要树种的选择决策，对适于当地的造林方法和技术的不断探索，与时俱进的管理和技术革新。科学态度是塞罕坝经验的重要组成部分，没有科学态度，就没有今天的塞罕坝。

不过他也指出，要学习塞罕坝这个典范的精神实质。塞罕坝有自己独特的自然生态条件和社会人文环境，不可能被简单地复制。要因地制宜建造人工林。集中连片的人工林是一种方式，断续的连片也是一种方式。适于发展连片大面积人工林的自然地理条件已不可多得，要把重点放在提升和发展现有的国有林场上。

在他看来，我国从20世纪50年代起在全国建立起了4 000多个国有林场，还有大面积的国有林区。应参照塞罕坝林场发展中的实践和经验，去提高所有国有林场的生态理念和发展理念。

另外，要宣传科学造林育林护林知识。“一刀切”的禁伐并不是科学的态度，科学合理的采伐也是科学经营森林的必要手段。塞罕坝林场从20世纪90年代以来就一直在进行合理的森林采伐，并没有影响它发展成为“绿色明珠”。

为世界贡献中国经验

中国人在塞罕坝创造的生态奇迹受到全球瞩目。

有观点认为,塞罕坝林场是一个良好的生态文明建设范例,是一本生动的生态文明教育教材,是绿色发展的典范,毋庸置疑具有世界意义。

这个故事为世界生态文明建设贡献了中国经验。这个故事告诉我们和整个世界:人类可以通过不懈努力,为子孙后代留下一个美丽的家园。

联合国环境署执行主任埃里克·索尔海姆表示,塞罕坝林场建设者的故事激励着所有人。经过三代人不懈努力植树造林,现在建成了面积广阔、苍翠茂盛的森林。

“他们用快速而行之有效的方式,让森林又回来了。”索尔海姆接受采访时激动地说,“这是不可思议的成就,激励着全球其他地区的人们。”

索尔海姆认为,塞罕坝林场建设者的故事证明,退化了的环境是可以被修复的。这是极具价值的投入,根植于基层的实践往往对全球环境保护有着深远的影响。当前,全球许多地区都在进行植树造林的工作,塞罕坝林场建设者的事迹将推动这一进程。

另外,世界开始认识到中国各地正在进行的环保工作以及“美丽中国”理念,在环保领域,中国这样的大国提供了世界急需的领导力。

有人说,要将塞罕坝的绿色样本带到世界的各个角落。

2017年12月11日,《人民日报》刊文称,塞罕坝林海属于中国,而中国的环保行动则属于世界。一名英籍记者在塞罕坝采访时感慨:“节约资源和保护环境是中国的基本国策,塞罕坝成为中国人致力于生态文明建设的缩影。”

来自中国的环保理念、环保经验,也在世界范围产生广泛影响。在非洲,由中国企业承建的蒙内铁路穿越察沃国家公园,为了降低对野生动物的影响,专设14处野生动物通道,赢得国外媒体评价“中国在非洲造的铁路,连长颈鹿都很满意”。印发《“一带一路”生态环境保护合作规划》,设立“一带一路”绿色发展基金,重点支持各国环保及绿色产业项目……

联合国环境规划署曾发布专项报告,向世界介绍中国在生态保护方面的经验。以应对气候变化为例,相较于有的国家退出气候变化巴黎协定,中国积极的态度始终坚定不移。除了植树造林,仅消耗臭氧层物质的淘汰量一项,中国就占发展中国家淘汰总量的50%以上,成为对全球臭氧层保护贡献最大的国家。

翻开十九大报告,无论是将“美丽”纳入现代化强国目标,还是以“生命共同体”阐释人与自然的关系;无论是强调打赢蓝天保卫战、污染防治攻坚战,还是重申参与全球环境治理、落实减排承诺,无不表明中国将一如既往“百分之百承担自己的义务”。

印第安人有个传说,是树木撑起了天空;如果森林消失,天空就会塌落,自然和人类就一起毁灭。塞罕坝林海属于中国,而中国的环保行动则属于世界。遵照习近平总书记所要求的,始终“像对待生命一样对待生态环境”,人人争做“地球卫士”,一个更加可期的美丽中国必将渐行渐近。

记者手记:

塞罕坝,乍一听以为是外国地名,其实距离我们并不遥远。

在这片绿色海洋里,一栋楼吸引了我的注意。这是塞罕坝的制高点,叫望海楼,海拔近2 000 m。在防火期内,瞭望员每15分钟就用望远镜观测一次火情。

它最初名为“望火楼”,一是因森林忌火;二是远远望去,仿若一片林海。鉴于此,遂改名“望海楼”。

楼里只有夫妻二人看守。每天的工作就是每15分钟拿望远镜瞭望一次火情,做好记录,不管有无情况,都要向场部电话报告。晚上,他们再轮流值守。

因为需要换班,夫妻二人常年无法一起外出,甚至不能一起下山看望正在上学的子女。

还有的夫妻,儿子就成为森林防火员,如果夫妻发现了火情,儿子就去扑火。

一家人的一辈子,都献给了塞罕坝。这种精神令人动容。

了解塞罕坝,更多是为了学习塞罕坝。不仅仅是学习其持之以恒、久久为功的精神,更是成功的、可以被推广的经验。这对于我国生态文明建设以及全球生态文明治理,都具有不可替代的意义。

绿孔雀"保卫战"打响动物预防性保护第一枪

杨 仑

摘 要 绿孔雀,这种曾经遍布中国的神鸟,如今却面临着生死存亡的危机,个别因为偏僻和人口密度较低而得以幸存的栖息地也遇到了麻烦——水电开发!云南省澜沧江流域的河谷季雨林已经因为这几年梯级电站的相继建成而沉入水底,大片的绿孔雀适宜的栖息地在这个过程中消失殆尽。

亚历山大·蒲柏说,没有任何一个物种能孤立地存在于世界上。我国NGO组织及环保人士的共同努力,打响了我国动物预防性保护的第一枪。一面是投资数十亿之巨的水电工程,一面是脆弱的动物,谁胜谁负,我们尚未知晓。

关键词 戛洒江水电站 绿孔雀

提到孔雀,人们对这种动物并不陌生,也很难将其与稀有动物四个字联系在一起。也很少人知道,孔雀可以分为蓝孔雀和绿孔雀,前者来自印度、斯里兰卡等南亚地区,如今广为人们熟知;后者才是中国古代典籍、画作中记录的本地孔雀,目前已经濒临灭绝。

导致绿孔雀比大熊猫还要濒危的原因有很多:外来基因污染、生存环境恶化、人类干扰愈加频繁等。然而,就在绿孔雀种群数量极度危机的情况下,在绿孔雀最后的栖息地,兴建一座水电站的计划已经提上日程。专家认为,一旦水电站建成,传统中华文化中的神鸟绿孔雀,恐怕就只能存在于诗歌及文献记载中了。

杨仑,《科技日报》记者。

2018 年,全国首例野生动物保护预防性环境民事公益诉讼在云南省昆明市中级人民法院开庭审理,涉事水电站进入停工状态,一场围绕绿孔雀的生存站已经打响。

本土物种的生存危机

对于许多八零后、九零后来说,《骄傲的孔雀》是一篇非常熟悉的课文。尽管课文中的孔雀以对自己美貌而骄傲自负的形象出现,精美的插图中,孔雀有着靛蓝的脖子、扇状的冠羽,美艳靓丽的形象深深地烙在学生们的脑海当中。

"这分明是一只蓝孔雀。"生物多样性保护工作者顾伯健略带遗憾地普及着这个知识。在中国古老的文献记忆中,孔雀从来特指绿孔雀。早在《山海经》中,古老的先民就记录下孔雀的样貌,南山经中提到:有鸟焉,其状如鸡,五采而文,名曰:凤皇。后世有学者认为,孔雀就是凤凰形象的来源。

绿孔雀是鸟类中的"巨人"之一,体长为 1 ~2 m,体重一般为 6 kg,所以在云南泸水俗称为"六公斤",但体重较大的可达 7.7 kg。与蓝孔雀相比,绿孔雀在外形上有很大区别。蓝孔雀的冠是扇形,绿孔雀则是一簇;蓝孔雀胸部的羽毛呈现丝状,而绿孔雀是铜绿色的鱼鳞状。

不过,当今深入人心的凤凰形象,却并非我国祖先们所见的凤凰,而是属于外来物种蓝孔雀。蓝孔雀来自南亚地区,广泛地存在于我国各大动物园中,在世界范围内,蓝孔雀也因为物种分布范围广、人工养殖技术成熟,种群数量稳定,因此不属于保护动物。

绿孔雀则不然。绿孔雀是土生土长的本地物种,有"中华神鸟"的美誉。秦岭、淮河以南广袤而丰美的地区,在历史上曾经有着大量的绿孔雀繁衍生息。但是随着人类的捕杀和栖息地的破坏,如今绿孔雀已经从中国绝大部分地区消失,据最新野外调查显示,我国云南省已经成为野生绿孔雀在中国最后一块栖息地,野生绿孔雀种群数量可能已不足 500 只,比大熊猫还要稀少。

在国外,绿孔雀的生存状况也非常堪忧。如今,绿孔雀在全世界范围内仅存约不到 2 万只,被《世界自然保护联盟濒危物种红色名录》列为濒危物种,在马来西亚全境、印度东北部和孟加拉国已经绝迹,在越南、柬埔寨、泰国和缅甸的大部分分布区域也难觅踪影。

除了盗猎和人类的捕杀,栖息地被破坏加剧了绿孔雀种群的灭亡。2017 年

3月,有环保组织在云南省恐龙河保护区附近的野外调查中发现绿孔雀,而这些绿孔雀栖息地恰好位于正在建设的红河(元江)干流戛洒江一级水电站的淹没区,该水电站建成蓄水,将毁掉绿孔雀最后一片最完整的栖息地。

事实上,戛洒江水电站建设已持续了多年。国家林业局昆明勘察设计院2008年3月编制的《恐龙河州级自然保护区范围调整报告》称:“保护区原总面积为10 391 hm^2,本次保护区调整调减面积809.463 hm^2,占原保护区面积的7.8%。”“调整出的面积全部用于戛洒江一级电站水库淹没、和平梯级电站和大湾梯级电站水库淹没、大坝及厂房建设、施工进场道路建设及少部分施工场地等。”

报告同时写道,“通过计算,调减的生物群落(栖息地)总面积为468.947 2 hm^2”,它们分别是“落叶季雨林、暖温性针叶林和热性稀树灌木草丛”。报告认为,此次调整将保护区的栖息地分割成若干块,对生物群落有一定破坏,“并将导致这部分栖息地永久丧失”。

在修建电站的环评报告中显示,上游恐龙河保护区河谷底部的海拔是623 m,而戛洒江一级电站蓄水后正常水位线是675 m,水位线势必将淹没绿孔雀赖以生存、繁衍的河滩,对于鸟中巨人绿孔雀来说,无疑是一次灭顶之灾。野生绿孔雀对生存环境要求比较苛刻,它们生活在密林之中,但又对河流、沙滩的依赖程度较高。绿孔雀需要在视野开阔、种群集聚的河滩上展开美丽的尾羽,通过特定的方式进行求偶,从而完成繁衍生息。另外,在旱季,河滩上大量结果类大树或禾本科植物种子,是绿孔雀主要的食物来源,也几乎是唯一的食物来源。

因此,保护绿孔雀,首当其冲的任务就是保住河滩。一旦水电站建成,水位线将会上涨十几米,这意味着绿孔雀丧失了赖以生存的食物来源、寻找配偶的场地,或者活活饿死,或者找不到配偶,对于绿孔雀这个种群来说,它们面临着巨大的危机。

淹没的,不止是绿孔雀

人们之所以抗争,是因为水电站曾经毁灭过绿孔雀的家园。云南省曾经有过一个专门研究绿孔雀的自然保护区,即大理白族自治州巍山县青华绿孔雀省级自然保护区。当地大片常绿阔叶林、落叶阔叶林,地势平坦的河滩曾经吸引许多绿孔雀繁殖、聚居。然而,在经济利益的驱使下,当地的野生树林被种上了大豆、玉米、茶叶;2010年澜沧江小湾水电站建成蓄水后,回水淹没了保护区所在的澜沧江支流黑惠江河谷。一系列因素叠加在一起，使得绿孔雀抛弃了这块曾经的宝地，目前，该绿孔雀保护区已被确认没有绿孔雀生存。

更可怕的是，水电站淹没的不仅仅是绿孔雀生存的希望。2015 年，中国科学院昆明植物所在红河流域发现一个与已知苏铁属植物不同的类群，根据国际通行规则，科学家们用我国苏铁研究专家陈家瑞研究员的姓命名，即陈氏苏铁。

苏铁，地球上最古老的植物之一。2 亿多年以前，苏铁曾经遍布全世界的每一个角落。有科学家认为，在侏罗纪时期，地球上 20% 的植物都是苏铁。苏铁生长得非常缓慢，往往几年甚至几十年才开花，但它们的寿命很长，它们见证了恐龙的诞生与衰亡，陪伴着大熊猫一起见证了人类及其文明的起源。

然而，今天苏铁大约只剩下了 300 个物种，陈氏苏铁作为一个新发现的特有种，其重要的意义不言而喻。不过，在昆明所的论文中，科学家明确指出，云南红河流域的特有品种陈氏苏铁，现在仅存 4 个居群，且个体数都非常少，均已遭受严重破坏，亟待保护。

就是这样刚刚发现 2 年、祖先曾经在地球上生活亿万年的植物，也在这次水电站的淹没区之内。中科院昆明植物研究所刘健做了苏铁的专项调查，对现存的 205 株陈氏苏铁经纬度和海拔做了详细的全球定位记录，95% 处在淹没线以下。

科学家保守估计，绿汁江沿岸流域 5 km 内的陈氏苏铁种群数量至少在 2 000株以上。此外，如果戛洒江水电站继续建设，除绿孔雀、陈氏苏铁外，还将危害蟒蛇、黑颈长尾雉、原鸡、绿喉蜂虎、褐渔鸮、千果榄仁等多种珍稀保护物种的完整栖息地。

陈氏苏铁并不是第一个与水电站“抗争”的植物，五小叶槭才是。早在数年前，中国生物多样性保护与绿色发展基金会（简称绿发会）对雅砻江流域水电开发有限公司提起了公益诉讼。这起我国第一例保护濒危植物的公益诉讼，引起了社会的巨大关注。

五小叶槭因有五片分裂开来、形似鸡爪的小叶片而得名。它们叶形独特、树冠高雅，一年四季的色彩由绿变黄，再由黄变红，成为全球植物学家关注的对象，又因其独特的观赏价值，在世界园艺领域享有很高的地位。

1929 年春天，美籍奥地利博物学家约瑟夫 · 洛克来到四川甘孜州木里县海拔 2 200 ~ 3 000 m 的河谷地带发现了五小叶槭，尽管许多科学家、植物学家付出了大量的努力，五小叶槭最后一株母树于 1991 年在美国洛杉矶病死，目前只有它的枝条与其他槭树嫁接后的后代。

在国内，五小叶槭一度被认为已经灭绝，在 20 世纪 80 年代末，才被人们重新发现。由于种种原因，五小叶槭野外种群和生境的调查直到 2005 年才正式开始。中国科学家和国际团队进行了数次考察，结果发现五小叶槭仅存 4 个种群，分布在四川省的康定县、雅江县、九龙县和木里县，当时加起来一共也只有 500 多棵。其中，四川甘孜雅江格西沟保护区有 260 余株，木里县仅存 50 余株，九龙县有 166 株，康定县仅存 23 株。它的种子产量少，发芽率很低，幼苗很少见，属于典型的衰退型种群结构。按照世界自然保护联盟（IUCN）濒危等级标准，五小叶槭属“极危物种”。

雪上加霜的是，五小叶槭的生存地面临着雅砻江及其支流上正在大量修建梯级水电站的威胁。无论是在施工过程中无意的伤害，还是大坝建成后水位上升造成的淹没，都会让五小叶槭野外种群遭遇灭顶之灾。

针对实施雅砻江水电梯级开发计划可能破坏濒危野生植物五小叶槭生存的情况，2015 年 9 月 17 日，中国生物多样性保护与绿色发展基金会向四川省甘孜藏族自治州中级人民法院递交诉状，对雅砻江流域水电开发有限公司提起公益诉讼，这也是我国首例保护濒危植物的环境公益诉讼。

截至目前，此案仍没有最新进展。尽管如此，环保工作者的努力给绿孔雀、陈氏苏铁们开了一个好头。

灭绝物种不能再生　保卫绿孔雀在行动

近年来，“绿水青山就是金山银山”的理念深入人心。保护生态多样性，维持自然界的生态平衡，能给人类生存提供良好的环境条件；确保环境的可持续能力，则是我们赖以生存和发展的基础。经济建设关系生活质量，而环境保护则关乎民生存续。

另外，当人类面对濒临灭绝的物种时，真的“讲不出再见”。2018 年 3 月，最后一头雄性北部白犀牛苏丹去世，结束了它命运多舛的一生。白犀牛生活在非洲，是犀牛中最聪明，也是最晚出现的犀牛物种分支，分为北部白犀和南部白犀两个亚种，两者在基因和形态上相差很大。

北部白犀牛曾经分布在乌干达西北部、乍得南部、苏丹西南部、中非共和国东部及刚果民主共和国东北部。然而昂贵的犀牛角给这个不幸的种群带来了灭顶之灾——2003 年后，北部白犀牛数量急降至 5 ~ 10 只，最终只剩下 1 头雄性白犀牛。

尽管有 40 名持枪守卫轮番保护，尽管这是世界上仅存的几只白犀牛，唯利是图的盗猎者们仍然试图猎杀它们，以至于人们不得不割去它的犀牛角。

在营救北部白犀牛计划失败后，科学家们只能利用辅助生殖手段，将冷冻的白犀牛精子与南部白犀牛进行杂交，通过体外受精的方式培育出杂交犀牛胚胎，建立胚胎干细胞系并将其冷冻，以备将来移植到雌性南方犀牛体内代孕。

尽管大费周章，但仍然无法保障人们会再次看到北部白犀牛，科学家预计至少在 10 年之内，人类无法完成这项工作。

显然，有了太多的前车之鉴，我们不能再让绿孔雀重蹈覆辙，国内一批有识之士、环保志愿者加入到保护绿孔雀的队伍当中。

保护环境，律法当先。2015 年正式实施的新《环境保护法》对环境公益民事诉讼的主体资格做出了明确规定，肯定了环保组织的诉讼主体资格；2018 年 10 月 16 日，云南省经过近 8 年的讨论和修改，《云南省生物多样性保护条例》（以下简称《条例》）将于 2019 年 1 月 1 日起施行。这是全国第一部生物多样性保护的地方性法规，开创了我国生物多样性保护立法的先河。

《条例》规定，各级人民政府对本行政区域内的生物多样性保护负责，县级以上人民政府要加大生物多样性保护的投入力度，将生物多样性保护的和管理经费列入本级财政预算；县级以上人民政府和有关部门组织制定有关规划时，应当与生物多样性保护规划或者计划衔接分析预测评估可能对生物多样性保护产生的影响，提出预防或者减少不良影响的对策和措施。在生物多样性保护优先区域的建设项目，以及自然资源开发，应当评价对生物多样性的影响，并作为环境影响评价的重要组成部分。

舆论的关注、法律的支撑以及一批热心于环保事业人士的努力，终于让绿孔雀的前途有了一线曙光。

2017 年 3 月，为了保护绿孔雀最好的栖息地，三家环保组织向环境保护部发出紧急建议函，建议暂停红河流域水电项目，挽救濒危物种绿孔雀最后的完整栖息地。

2017 年 5 月，环境保护部环评司组织了由环保公益机构、科研院所、水电集团等单位参加的座谈会，就水电站建设与绿孔雀保护展开交流讨论。云南省委、省政府要求环保、林业、国土资源等部门实地核查；楚雄州委、州政府指示州级有关部门及时介入，与双柏县一起整改，比如保护区周边的小江河一级电站临时施工工棚被拆除，小江河二级电站停建，周边生态进行恢复治理，同时关闭矿区 3 个，停建矿区 1 个。

2017 年 7 月 12 日，“自然之友”以原告人的身份将水电站相关单位诉至云南省楚雄彝族自治州中院，提起公益诉讼。请求判令立即停止该水电站建设，不得截流蓄水，不得对该水电站淹没区域植被进行砍伐等。

2018 年 6 月 29 日，云南省人民政府发布了《云南省生态保护红线》，将绿孔雀等 26 种珍稀物种的栖息地划入生态保护红线，戛洒江水电站项目绝大部分区域被划入。

2018 年 8 月 28 日，昆明中院公开审理这起野生动物保护预防性公益诉讼案。

从提出诉讼伊始，戛洒江水电站项目已经进入无限期停工的状态，但当法庭询问未来会否复工时，被告方答复称需要等待管理部门的指令。现在，这座前期投入巨大的水电站与绿孔雀的命运都悬在半空，都在等待法庭的裁决。

记者手记：

加湾鼠海豚、东部美洲狮、北非白犀牛、诺氏拾叶雀……

如果开列一份 2018 年物种灭绝名单，还可以写很长，毫无疑问，我们的后代只能通过照片和视频回忆它们的样子。

保护生物多样性的根本逻辑，在于人类如何看待自身在地球上的定位。我们是地球的主人吗？显然不是。地球已经“活”了 46 亿年，它经历过极端严酷的寒冷，也安稳地度过了足以融化一切钢铁的酷热；依赖地球存活的动植物不胜枚举，人类不过是其中之一。

只有把自己当作主人，才会毫不客气地攫取资源、满足贪欲和对金钱的渴望；谁会在客人家里如此肆意妄为呢？本质上说，保护好生物多样性，就是保护我们现有的生态环境资源，这些资源事关人类可持续发展赖以生存的物质基础。

种其因者须食其果，如果人类只剩下自己，成为宇宙中、地球上最孤独的存在，不是件太悲哀的事情么？

32篇10万+是如何炼成的·中国绿色公号2017年报

崔慧莹

摘　要　阅读数成倍增长的红利主要表现在部分大号上,总阅读数最高的是“环保部发布”,达到1 000万以上。

在大量督察、督察相关的内容中,如何脱颖而出?根据10万+文章的内容来看,披露最新督察行动计划和治理方案的内容,比督察情况反馈、移交处理结果更易成为爆款。

偏公共和偏专业话题在绿色公号中进入分化后,非绿色公号也越来越关注并引发热议的绿色话题,逐步打破楚河汉界。

关键词　绿色公号　督察　大气　生态环境部10万+

从全国554个绿色公号(指生态环保类微信订阅公众号)上观察中国环保舆情,2017年是中央环保督察组掀起风暴、环评制度改革深入推进的一年。

作为“大气十条”第一阶段目标的收官之年,以及“水十条”颁布后的首个年度考核,“督察”和“大气”成了2017年环境领域的绝对热词。“祁连山污染案”“煤改气”“外卖垃圾”等话题性事件,也在公共领域掀起热议。

基于每周一发布于微信公号“千篇一绿”的“中国绿色公号周榜”,南方周末连续三年发布年报,对2017年1月1日至2017年12月24日,全国554个绿色公号推送的17.9万篇文章及其阅读量等表现进行分析,推出《2017中国绿色公号年报》。

年报将绿色公号分为省部级和市县级的环保部门政务公号、媒体、企业、环保组织、高校院系和环协等六大类,其中市县级政务公号最多,为169个,省部

崔慧莹,《南方周末》绿色新闻部记者。

级最少,有37个,比2016年的18个也翻了1倍,全面覆盖国内各省、自治区和直辖市(港澳台除外)。

总阅读数、10万+文章数翻倍

删除一些更新频率低的“僵尸号”,2017年绿色公号总数比2016年减少了60个,但发布的总文章数增加了3.6万篇。这些文章一共获得了1.43亿次阅读,比2016年6 705万次的总阅读数翻了1倍以上。其中有32篇阅读数过10万的文章,同比增长220%。文章内容涵盖了从官方到民间的所有绿色资讯。

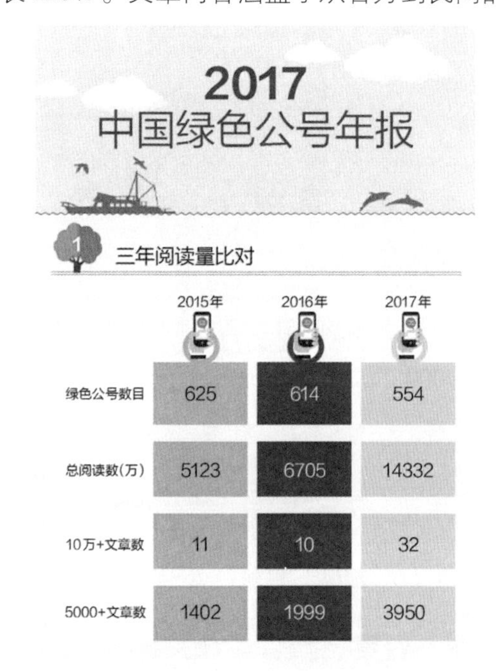

绿色公号整体活跃度较前两年更高,按发布频率计算,有90个公号每个工作日都有更新,也就是全年推送发布天数在249次以上。其中发布文章最多的是“环保部发布”,达到2 847篇,平均一天推送3次,每次推送2篇文章以上。

但阅读数成倍增长的红利主要表现在部分大号上,总阅读数最高的是“环保部发布”,达到1 000万以上。这个由生态环境部(原环境保护部)于2016年11月22日才开通的部委官方新媒体,刚一上线就以头条平均阅读量1 000以上的成绩一路飙升,成为2017年当之无愧的领军黑马。不仅产出了5篇10

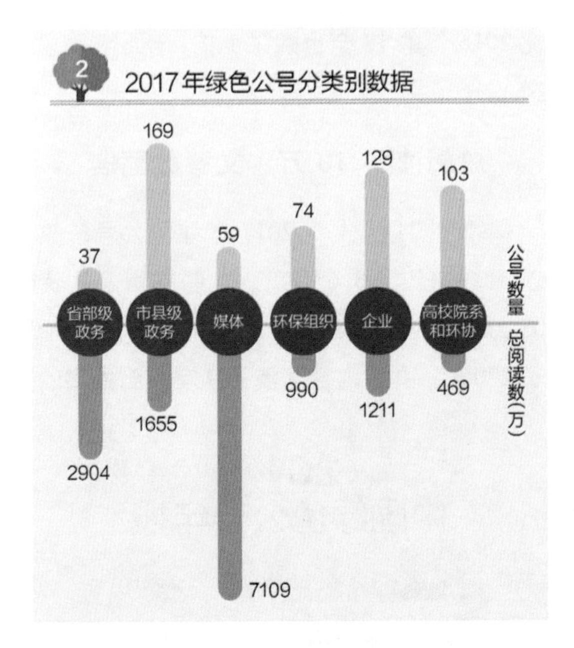

万 + 文章(在截至统计日期之后的 2017 年 12 月 26 日,还有一篇),在 980 篇省部级公号阅读量超过 5 000 的文章中,“环保部发布”也以 517 篇排名第一,占据半壁江山。

2017 年平均阅读数最高的公号是“环保之家”,达到 19 562 次。不过,绿色公号的整体阅读数水平依然不高。平均阅读数小于 296 次即已超过 60% 的绿色公号,达到 1 684 次则已超过 90% 的绿色公号。

督察、督察,最热关键词

为进一步了解公号文章的传播特征,公号年报选择阅读量超过 5 000 的文章进行重点分析,截至 2017 年 12 月 24 日已有 3 950 篇,比 2016 年的 1 999 篇翻了近 1 倍。

与 2016 年相似,2017 年全年热点也分为偏公共和偏专业话题两大类。从阅读量超过 5 000 的文章篇数来看,偏专业环境热点关注度远远大于偏公共环境新闻热点。环保督察(查)、环评改革以及关于环保产业的分析研讨等专业话题,占据了绿色公号的绝对主流。

综观 2017 年绿色公号的 32 篇 10 万 + 文章可以看出,环保风暴风起云涌,

不同类别的绿色公号平均阅读数

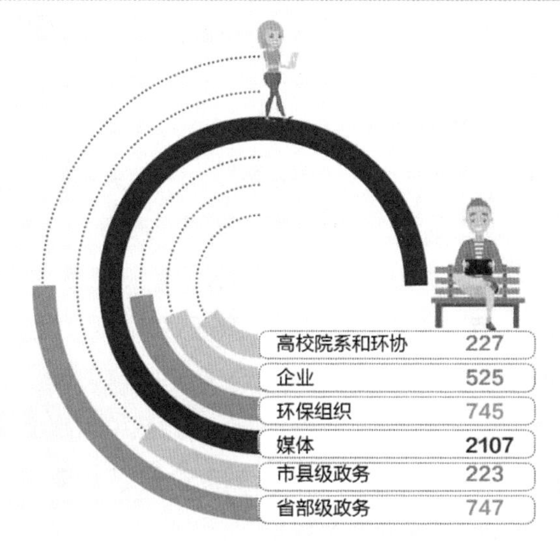

关于中央环保督察和大气强化督察的文章共计 14 篇，占总数的 43.7%。两个话题也分别以 444 篇、474 篇的文章数量登顶，占到阅读量 5 000 以上文章数量的 12% 和 11.2%，堪称史上最强环保"督察(查)"年。

10 万 + 中有关大气污染防治及督察的文章最多，共有 9 篇。"北极星环保网"发布的《"最严停工令"来了！北京停 4 个月，天津停半年！》等 5 篇文章，将北方省市发布的采暖季错峰限停产方案，表述为"停工半年，涉及 15 大行业，1 741家企业，18 个城市"等具体可感的分析解读，极具传播度。

"环保部发布"于 2017 年初发布的《大气污染防治媒体见面会实录》斩获 10 万以上阅读量，"广东环境保护""广东环保产业""中国大气网"也各有一篇关于大气专项督察行动的文章阅读量达 10 万以上。

在大量督察、督察相关的内容中，如何脱颖而出？根据 10 万 + 文章的内容来看，披露最新督察行动计划和治理方案的内容，比督察情况反馈、移交处理结果更易成为爆款。

5 篇 10 万 + 的中央环保督察文章中，除"环保部发布"官方公布的 3 篇督察启动和 1 篇反馈情况的文章外，"环保之家"发布的整合文章《环保部：第四批中央环保督察 8.7～15 陆续进驻，8.7 首驻四川企业如何做?》，从企业迎检的角度，介绍环保监察在现场的主要检查内容，从另外的角度吸睛。

另一方面，随着 2017 年环保工作不断加压，加班加点工作也成为环保业内人士的常态。“环评互联网”推送的《中央媒体怒批：请不要“五加二 白加黑”无节制加班掏空年轻人!》获得了 10 万 + 的阅读量。

阅读量超过 5 000 的文章中，也有 88 篇与这一话题相关。比如“绿色郑州”在 2017 年 6 月 17 日发布的文章《如果那个人最近变了……》就获得了 13 959 次阅读量。文章以对话形式列出了 82 项环保一线员工正在忙着处理的工作，说明“突然开始和你联系很少，情绪不稳定，不爱说话，忘性增大，远离聚会……只是因为工作太忙”。

这些配以大量在企业排污现场、夜间施工工地、崎岖巡查路上拍摄的工作照，以及展示环保人加班加点工作状态的故事文章，往往能够在业内人士圈内引发“共情”，获得很高的传播度和阅读量。

除督察(查)和环评两大热点外，专业环境新闻热点还包括各类新政策通知和人士变动，主要有国务院法制办发布 PPP 条例征求意见稿、李干杰任环境保护部部长、十九大关于生态文明建设的表述等，阅读量不亚于煤改气等公共热点，有的甚至更高。

环评：划重点式的解读新政

在专业领域，第二大热点是环评改革。2016 年，“环评”是年度最高频词，2017 年凭借 397 篇阅读量超过 5 000 的文章，也能排进热门词汇前三甲，仅次于两项督察(查)。

2017 年 6 月 29 日，新《建设项目环境影响评价分类管理名录》公布；7 月 16 日，国务院公布关于修改《建设项目环境保护管理条例》的决定，5 个月内造就了 5 篇 10 万 + 文章。

其中四篇来自“环评爱好者网”，一篇来自“环保人”。内容包括：删除环评单位资质条款等新旧条例对比，治理设施未建成、未验收、验收不合格，投入生产使用将罚款等信息。

与 2015 年的环评红顶中介脱钩相比，2017 年的环评内容更聚焦于划重点式的解读新政，指导相关业内人士如何应对“取消竣工环保验收行政许可，将竣工验收的主体由环保部门调整为建设单位”等环评改革的过渡期。

在 10 万 + 文章中，关于环保产业的还有 6 篇，主题为对海绵城市、湿法脱硫、黑臭河整治的质疑等。

为吸引读者，标题党不少，《7 000 亿黑臭河整治市场——大跃进过后又是一片烂尾工程》等 4 篇文章有模版式的“套路”：先亮出天价金额数据，再用“盛况、意淫、稀烂、烂尾”等词汇夺人眼球。

这些文章堆砌大量的数据，内容看似介于专业与公众之间，配以“黑臭河道治理目前的状况就像是给一个重度尿毒症患者做透析，只能维持不能根治”等比喻，带有情绪，易于传播。

大气成最热关键词，土壤遇冷

综观 3 950 篇 5 000 + 文章，尽管公共环境新闻热点出现的频次仍低于专业领域话题，但相比 2016 年呈上升趋势。

2016 年，央视曝光的“常外毒地”事件，只有 7 篇文章阅读数超过 5 000，校园“毒跑道”、城市内涝也分别只有 3 篇和 6 篇。

而 2017 年的重磅公共热点环境新闻更多，与环保相关的公共新闻热点在绿色公号中的热度正在攀升。4 月 18 日，由重庆两江志愿服务发展中心发布的“华北地区发现 17 万平方米超级工业污水渗坑”图文引发公众关注后，全年共 20 篇相关文章阅读数超过 5 000。

7 月“祁连山环境污染案通报”、9 月外资企业舍弗勒为供应商停产而求助、外卖垃圾、江苏南通污泥偷埋分别有 7 篇、12 篇、5 篇和 2 篇文章超过 5 000。与防治大气污染相关的，影响北方多省市供暖的“煤改气”政策，也有 17 篇相关文章报道及讨论。

从常规环境问题来看，在“大气十条”“水十条”“土十条”等三项污染治理行动计划中，即将迎检的大气和水污染显然比土壤污染更受关注。

与大气相关的文章，不仅占据了 10 万 + 文章总数的 1/3，在阅读量 5 000 以上的文章中也有 622 篇，占总量的 15.7%，成为年度最大热门关键词，与水相关的文章有 455 篇，紧随其后。

4 5000+文章中2017年绿色公众号热词分析

数字为文章数

偏公共话题 偏专业话题

日期	事件	文章数
1月4日	《排污许可证管理暂行规定》印发	112
1月11日	2017年全国环保工作会议召开	3
3月21日	拯救绿孔雀	4
4月5日	大气污染防治强化督查启动	474
4月18日	华北渗坑	20
4月24日	第三批中央环保督察启动	444
5月9日	关停企业"一刀切"争议	42
6月9日	京东出售蓝鳍金枪鱼引争议	5
6月27日	李干杰任环保部部长	3
6月29日	新《建设项目环境影响评价分类管理名录》公布	397
7月1日	洋垃圾禁令	31
7月20日	祁连山生态环境问题通报	7
7月21日	国务院法制办发布PPP条例征求意见稿	69
8月28日	腾格里沙漠污染案结案	1
9月8日	雄安新区及白洋淀环境整治行动方案发布	10
9月14日	舍弗勒求助	12
9月15日	"外卖毁灭下一代"争议	5
10月23日	十九大召开,关注生态文明建设	52
10月27日	湿法脱硫争议	3
11月29日	煤改气争议	17
12月14日	江苏南通:千吨污泥偷埋科技园	2

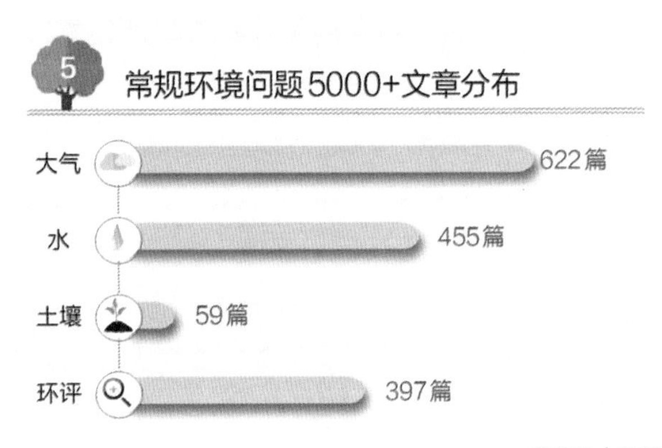

关于土壤污染的话题关注度始终不高。2017 年 1 月 18 日,“环保之家”《环保部发布〈污染地块土壤环境管理办法〉(实行终身责任制,2017. 7. 1 起施行)》获得超过 26 000 次阅读,是土壤相关阅读量最高的文章。即使中国首部土壤污染防治法(草案)通过全国人大审议,也只在“固废观察”获得了一万多的阅读量;“北极星环保网”9 月 9 日发布的文章《天天喊雾霾!脚下的土壤已成毒地,却无人问津!》还得在标题中借雾霾的热点。

另外,值得注意的是,2016 年有“归园田居”的 3 篇关于绿色生活方式的稿件获得了 10 万 +。但在 2017 年,虽然同类文章数量依然不少,但却没有能够突破 10 万 +,可见虽然这类文章对公众读者来说贴近生活、趣味性较强,但这种展现个人选择,介绍“他/她的绿色生活”的文章,已经令读者陷入了一定的审美疲劳,部分稿件阅读量在 1 万次左右。

政务公号:垂直深耕地方信息公开

经过 3 年稳健发展,专业类绿色公号格局已基本成型。归属于此类的绿色政务公号,以头部大号——“环保部发布”为首,几乎全面覆盖国内各省市、自治区、直辖市和地级市的信息公开矩阵逐渐形成。

从省级环保系统的微信公号来看,“广东环境保护”“重庆环保”“山东环境”以超过 1 300 的平均阅读数位于前列;“广西环保”平均阅读数居末位。

在市县级的环保部门政务公号中,也有 246 篇文章阅读数超过 5 000。其中,“邯郸环保”和“佛山环保”各有一篇文章阅读量达到 10 万 +。

与往年类似，政务公号的执法信息受关注程度依然很高，如 10 万 + 的《佛山环保突袭 183 家企业，53 家被责令停产、整改!》。

在各级政务公号中，关于本地的执法行动、限行通知、大气质量通报等消息的文章，阅读数普遍较高，说明掌握一手信息的政务公号若做好信息公开，未来将大有可为。

展现环保部门敢于“亮剑”、严厉问责与执法行动的案例，也让“安徽环保”《砀山暴力抗法案涉事企业被依法拆除，10 余名责任人被问责及处分》、“山东环保”《山东严惩撕毁封条抗法行为：连夜派出督察组现场核查，目前已拘留企业主要责任人 13 人》等文章获得了不错的阅读数。

除文字信息外，政务公号制作的“一张图读懂”系列科普内容也很受欢迎。“环保部发布” 据媒体报道整理的《一图读懂环保部为应对秋冬季重污染放了哪些大招?》、“临沂环保”《@ 所有临沂企业 | 过渡期环评自主验收流程图出炉》阅读量均在 1 万左右。

专业类绿色公号市场化要走另一条路。2017 年，媒体类绿色公号生产了 3 217篇 5 000 + 阅读量的文章，在各类别中数量最多，其中“环保人”数量最多，有 458 篇，“环保之家”有 404 篇。同时，“环保之家”还获得了平均阅读数近 2 万的好成绩，第二名“环评爱好者网”的平均阅读数也有 6 360 次。

上述三大公号，运营者本身就是环保圈内人士，粉丝也以全国从事环保工作、研究的人员为主。通过第一时间传递环保法律、体制改革、人事变更、资质考试等讯息，深耕垂直粉丝群体的资讯、培训需求，是符合专业类绿色公号市场化发展的运营模式，专业度高但公共性不强。

对于环保领域公共新闻议题的发酵，预计在未来一两年的时间里，依然需要综合性媒体、微信大号等更大的平台、更多的渠道来反哺。

如外卖垃圾“毁灭下一代”的强势刷屏，源于“全球大蓝 BIGBLUE”在 8 月 2 日发表的文章《外卖确实方便，但它背后的生态浩劫并没有那么酷》，被多家微信大号转载并缔造了多个 10 万 +。根据清博大数据的指数统计，以《外卖，正在毁灭我们的下一代》为题的文章约有 915 篇，总阅读数超过 328 万。

关于使用一次性塑料制品的环境污染问题，一度从公众视野火回了环保圈内的专业讨论，可见在将专业话题向公众关注的转化过程中，绿色公号还需借助更多外部媒体资源的力量。

环保组织公号:活动招募比公众监督更多

从环保组织公号2017年的表现来看,较2016年也有所提升。2017年共有34个环保组织的197篇文章阅读量超过5 000,比2016年增长了50%以上。

2017年环保组织5 000+文章类型主要为绿色生活、活动招募和生物多样性保护。相比2016年,环保组织也做出了更多的事件干预,尤其在野生动物保护领域颇有建树。

2017年3月21日,环保组织"野性中国"在云南省恐龙河保护区附近发现,正在建设的红河(元江)干流戛洒江一级水电站将淹没国家一级保护动物、濒危物种绿孔雀的最后一片完整栖息地。

3月31日,"山水自然保护中心"发布文章《致环保部的一封信:关于暂停红河流域水电项目,挽救濒危物种绿孔雀最后完整栖息地的紧急建议函》。多家环保组织合力,最终促成了上述水电站建设暂时被叫停。

而"猫盟CFCA"在2017年4月21日发起的带豹回家项目、"WWF世界自然基金会""青环志愿者服务中心"推动的电商停售蓝鳍金枪鱼行动,也各有9篇、5篇相关文章阅读量突破5 000以上。

另一方面,在2017年环保组织发布的阅读量超过5 000的文章中,有51篇关于活动招募、48篇科普文章和7篇招聘启事,占总量的53.8%。可见招募活动的文章,比公益诉讼、曝光揭露性质的文章数量更多,也更易传播。

同样成倍增长的还有企业的微信公号,2017年共有35个企业账号的242篇阅读量超过5 000,其中147篇文章都为企业内部新闻,31篇新政消息文章大部分来自公号"环保圈",包括《财政部发布目录! 企业购置这些环保设备可享受优惠!》《工信部环保部:涉及八大行业 秋冬季错峰生产,重污染期间全停!》等。对垃圾焚烧、危废行业进行分析的文章阅读量也较高。

与往年一样,高校阅读量超过5 000的文章依然侧重于校内活动,共有52篇。但较往年更有特色的是,越来越多的校园活动开始与环保产业相关,如"南京大学环境学院"推出的环保产业创新创业项目大赛。

表现最为突出的当属"武汉大学环境法研究所",该公号于5月1日发布的文章:《【关注】今日起,8类环境保护管理处罚权归城管了!》,获得超过4.5万的阅读量,也是高校类公号单篇阅读量最高的文章。可见,高校相关专业在参与环保领域话题时,也能引来不少关注。

总体而言,2017 年中国绿色公号获得了倍数式成长,政务类绿色公号矩阵完成跨越式发展,媒体号、环保组织公号前景广阔,企业和高校绿色公号表现稳健。

综上,多使用明晰易懂的分析图片,深耕垂直领域权威信息公开,借助综合性媒体、微信大号等高流量渠道获得更大影响力,都是较为高效的破题路径。

公共和专业话题在绿色公号中进入分化后,非绿色公号也越来越关注并引发热议的绿色话题,逐步打破楚河汉界。绿色公号如何找准公共或专业的读者定位,做好向行业内部进行资讯传达,或向公众进行专业知识“翻译”解读的工作,已成为未来竞争与发展的核心要义。

(本文只统计微信订阅公众号的群发文章。因系统误差和时间截点不同,个别数据或有出入。感谢清博大数据提供数据支持。)

记者手记:

对一家传统纸媒的环境版记者来说,数据新闻绝非强项。最开始接到工作,要撰写中国绿色公号 2017 年报时,我内心其实是有一丝慌乱的。

微信清晰记录了 2018 年 5 月 29 日,我与责任编辑汪韬的一段对话:

“你的数据分析能力怎样?”编辑问。

“说实话好像不怎么样,分析啥? 困难么?”我配了个卖萌星星眼的表情。

“其实不复杂,就是比较费力。”她云淡风轻地说。

而当我看到整整齐齐躺在邮箱里,分为 6 个 Excel 文件,共计 12 张表格,样本量超过 5 000 条的基础数据时,才懂得委以“重”任的确切含义。

这是《南方周末》第三年推出这份年度报告。从 2015 年开始,我所供职的南方周末绿色新闻部开始推出中国绿色公号周榜,每周一定期发布在环境领域垂直公号“千篇一绿”上。

周榜单能真实呈现每一周有哪些话题成为环境领域的重磅消息或社会热点。而年报则需要更加纵横捭阖的视野——要对比往年数据,归纳当年的传播特征;也要细微处着眼,观察每一个具体话题在互联网场域中的不同表现。

我花了两周以上的时间,逐一阅读、分类、标记过近 4 千篇文章。在我眼前逐步被描绘出的框架和时间表,代表着整个 2017 年中国环境报道的潮起潮落。

从数量来看，与环保督察（查）有关的话题占据了绿色公号的绝对主流，一场前所未有的“环保风暴”正在诸多污染行业掀起。而“煤改气”“外卖毁灭下一代”“叫停进口洋垃圾”等话题性事件，也持续推动着专业和公共领域的共同探讨。

我开始庆幸自己拿到了这样一批珍贵的数据资料。它给了我回顾整个2017年环境领域热点新闻的绝佳机会。而这份年报的内容也与我们的采编工作高度契合——几乎所有值得向公众传达、深度报道的专业话题，我和我的同事们都从未缺席。

如此想来，那些阅读量、百分数，便不再只是冷冰冰的数字，而是无数绿色公号相关从业者的付出和用心。

“工业血液”清洁记

王巧然

摘　要　从2013年至今，我国已经完成国Ⅳ、国Ⅴ、国Ⅵ的标准制定。从国Ⅲ到国Ⅴ的“二连跳”，再到两年内实现国Ⅴ到国Ⅵ的全面升级，中国企业加速快跑，走完了发达国家30多年才走完的质量升级之路。距离国家全面推广国Ⅴ油品（2017年1月1日）仅过去9个月，国Ⅵ标准就在“2＋26”城市区域内落实，这种油品升级的速度和力度不仅在中国历史上是首次，在全球范围内也是绝无仅有。

关键词　大气治理　“五朵金花”

如果说2017年是我国的油品质量升级之年一点也不为过。因为包括北京、天津以及河北、山东、山西、河南等地的“2＋26”城市区于2017年9月底前全部供应符合国Ⅵ标准的车用汽柴油。

距离国家全面推广国Ⅴ油品（2017年1月1日）仅过去9个月，国Ⅵ标准就在“2＋26”城市区域内落实，这种油品升级的速度和力度不仅在中国历史上是首次，在全球范围内也是绝无仅有。

中国诞生世界最严油品标准

中国经济的发展离不开工业“血液”——各种油品。虽然《梦溪笔谈》曾记载中国人最早发现并利用石油，虽然现在全国已有20多个千万吨级炼厂，但相对于西方而言，中国石油的炼油和化工行业起步有些晚，实力与一个炼国大国应该具备的水平不匹配。以至于中国工程院院士徐承恩讲述炼油业时不禁感

王巧然，《中国石油报社》记者，长期报道传统化石能源清洁利用、新能源与替代能源的前沿技术。

慨:“尽管已经是世界级的炼油大国,但我们依然要正视现在与世界顶尖技术、设计能力之间的差距。学习先进技术的过程从未停止。”

因此,60 多年来,中国炼化科技一直奔跑在追赶的路上。

其实,人人皆知的大庆石油会战背后,还有一场大庆原油炼制会战,在当时石油部的大连石油七厂也就是如今的大连石化展开。随后,在后来被称为“香山会议”的石油部科技座谈会上,全国炼油领域的专家,讨论决定对催化裂化、催化重整、延迟焦化、尿素脱蜡、新型常减压五项炼化技术“五朵金花”进行攻关,后来第五项新型常减压改成炼油催化剂和添加剂技术。这“五朵金花”目前都“盛开”在中国石油。

载入史册的“五朵金花”中,催化裂化是提高炼厂轻质油收率和汽油辛烷值的关键。催化重整,是生产高辛烷值汽油和石油芳烃的关键。这些油品生产升级的技术,为新中国经济腾飞贡献了“工业血液”。

正是这些对中国炼油行业非常关键的技术攻关,才帮助中国在发现大庆油田之后真正告别了“洋油”时代。

炼化科技攻关,虽然不同的时代面临着不同的课题,但有一个恒久不变的主题,就是油品质量,也是油的清洁化问题。

从 20 世纪 90 年代开始,我国催化裂化装置的大规模建设为汽油组分调整创造了条件,推动了汽油无铅化进程。

2013 年 2 月 6 日,国务院常务会议明确了油品质量升级时间表,并指出要按照合理补偿成本、优质优价和污染者付费的原则合理确定成品油价格。2015 年 12 月 31 日,我国发布了船用燃料油强制性国家标准,2016 年 1 月 1 日起东部11省区提前供应国Ⅴ标准车用汽柴油,2017年1月1日起全国全面供应国Ⅴ标准车用汽柴油。国Ⅵ标准车用汽柴油两项强制性国家标准于2016年12月出台,2019年1月1日起,全国范围内全面供应国Ⅵ标准车用汽柴油。

国Ⅵ标准汽油与国Ⅴ相比,汽油标准的变化主要体现在苯含量和芳烃含量:苯含量从1%下降至0.8%,低于欧盟标准(1%);芳烃含量从40%降至35%,与欧盟标准相等;烯烃含量则要求从24%下降到A阶段的18%,再下降到B阶段的15%,最终低于欧盟标准(18%)。

国Ⅵ标准柴油与国Ⅴ相比,多环芳烃含量从11%下降至7%,严于欧盟标准(8%)。

普通柴油质量升级速度进一步加快。根据国家标准化委员会发布的《普通柴油》(GB 252—2015)要求,2017年7月1日须执行普通柴油硫含量不大于50 mg/kg的质量指标,2018年1月1日执行普通柴油硫含量不大于10 mg/kg的质量指标(与国Ⅴ车用柴油硫含量相同)。

国Ⅵ标准是目前世界上最严格的排放标准之一。2016年12月,国家发布《轻型汽车污染物排放限值及测量方法(中国第Ⅵ阶段)》,要求自2019年1月1日起,所有销售和注册登记的轻型汽车应符合国Ⅵa限值要求。自2023年1月1日起,所有销售和注册登记的轻型汽车应符合国Ⅵb限值要求。

自1999年至今,我国先后完成了从无铅汽柴油到国Ⅴ的车用汽柴油质量升级。但是与发达国家油品升级时间间隔较长不同,2005年后中国的油品升级速度明显加快,短短12年就完成了从国Ⅱ至国Ⅵ共五代的油品升级。

随着环境问题越来越突出,清洁汽柴油生产技术成为时代所需。从无铅汽油起步,中国用10多年时间走完发达国家20多年的油品升级历程。

不断升级中,中国油品标准已成为世界最严标准之一。

标准提前实施倒逼油品升级提速

近年来我国雾霾天气频出,全国70%的城市空气质量不达标,汽车尾气污染物排放是大中城市雾霾的来源之一,汽油质量升级成为减少汽车尾气污染物排放的重要措施。我国汽油质量升级步伐显著加快,要求从2014年1月1日起全面执行国Ⅳ车用汽油标准(要求将汽油中的硫和烯烃含量分别降至50 mg/kg和28%以下),2017年1月1日起全面执行国Ⅴ车用汽油标准(要求将汽油中的硫和烯烃含量分别降至 10 mg/kg 和 24% 以下)。

2017 年,基于采暖季大气污染严重的形势,国家发改委再次下发文件,要求将普通柴油硫含量不大于 10 mg/kg 的执行时间由原定 2018 年 1 月 1 日提前至 2017 年 11 月 1 日。

按照国家规定,2017 年 1 月 1 日起,全国车用汽柴油达到国Ⅴ标准要求。

没曾想,雾霾有增无减。2017 年 1 月 1 日,北京市开始率先实施京Ⅵ标准,要求 3 月 1 日起加油站车用汽柴油达到京Ⅵ指标要求。京Ⅵ标准要求汽油中苯、芳烃、烯烃含量大幅降低。

根据北京市环保部门统计,使用京Ⅵ标准油品后,在用汽油车的颗粒物排放降幅可达 10%,非甲烷有机气体和氮氧化物总体上能够达到 8% ~12% 的排放削减率;在用柴油车的氮氧化物排放可下降 4.6%,颗粒物下降 9.1%。

有了北京的先例,中国石油、中国石化的华北石化、燕山石化等生产企业京Ⅵ、国Ⅵ的油品已能供应到位,最主要的是,雾霾频繁降临,为改善大气污染重点区域空气质量,环境保护部 2017 年 2 月下发《京津冀及周边地区 2017 年大气污染防治工作方案》,要求北京、天津两个直辖市,以及河北、河南、山东、山西四省的 26 座城市,2017 年 9 月底前将全部供应国Ⅵ标准的汽柴油,禁止销售普通柴油。

各地大气治理步伐也纷纷加快，包括北京、天津以及河北、山东、山西、河南等地的“2 +26”城市区域，已于2017年9月底前全部供应符合国Ⅵ标准的车用汽柴油。

从2017年11月1日起，全国全面供应硫含量不大于10 mg/kg的普通柴油，同时停止国内销售硫含量大于10 mg/kg的普通柴油。

国内外汽柴油主要技术指标比较	国Ⅴ	国Ⅵ	欧盟	美国	日本
汽油					
RON 不小于	82/92/95	82/92/95	95	—	89/96
硫含量(mg/kg)不大于	10	10	10	30	10
苯含量(%)不大于	1	0.8	1	1	
烯烃含量(%)不大于	24	18/15	18	—	—
芳烃含量(%)不大于	40	35	35	—	—
T50(℃)不高于	120	110	46~71(E100)	77~121	110
柴油					
十六烷值	51/49/47	51/49/47	51/49/47	40	50/45
硫(mg/kg)不大于	10	10	10	15	10
PAH含量(%g)不大于	11	7	8	—	—
闪点(℃)不低于	55/50/45	60/50/45	55	52	50/45
T90(℃)不高于	350	350	>85(E350)	282~338	360/350/330
总污染物(mg/kg)不大于	—	24	24		

可以看出，油品标准实施日期先于排放标准，期限更为严格。相较于国Ⅴ车用汽柴油标准，国Ⅵ车用汽柴油标准全面达到欧盟现阶段车用油品标准水平，个别指标超过欧盟标准。

千亿投资护佑油品升级大计

国家强制推行车用汽油新标准，中国石油、中国石化等油品供应商积极推进所属炼厂新建及改扩建项目实施升级大计。通过精心组织，周密安排，一批烷基化、醚化等项目一次开车成功率达到100%，全国大部分地方小炼厂也踉踉跄跄跟进，完成全国范围内国Ⅴ、国Ⅵ标准汽柴油质量升级任务。

过去吃“粗粮”,现在吃“细粮”。虽然部分炼厂可以通过购买部分“精粮”进行油品调和使出厂产品达到国家标准要求,但毕竟很多用来调和的“精粮”产品价格不菲,且会随着市场需求激增而水涨船高,导致竞争中炼厂的经济效益被蚕食。因此,很多炼厂仍然会选择从长计议,上马建设油品升级的装置。如中国石油、中国石化所属大型炼厂改扩建项目陆续投产,地方炼厂加上可以享受国家原油进口配额等政策驱动,各地地方小炼厂投资动辄上百亿、上千亿的改扩建项目也纷纷上马,成为国内油品质量升级不容小觑的风潮。

然而,诸多炼厂改扩建项目,购买国外技术专利不仅花费巨大,而且国外技术也不一定能满足国内的炼厂改造需求,攻克汽油质量升级技术成为国家重大需求。

在我国车用汽油组分中,硫含量高(100 ~ 1 000 mg/kg)、烯烃含量高(25% ~50%)的催化裂化汽油占70%以上,而其他低(无)硫、低烯烃含量的高辛烷值调和组分不足30%。在我国,催化裂化汽油不仅是成品汽油硫和烯烃的主要来源,其中的烯烃也是汽油辛烷值(汽油标号)的主要贡献者;在常规加氢脱硫过程中,烯烃容易被饱和成烷烃,造成汽油辛烷值损失。因此,我国汽油质量升级需要同步实现降低催化裂化汽油硫和烯烃含量及保持辛烷值三重目标,无法借鉴欧美国家技术路线,必须开发自主知识产权的技术,面临科学和技术上的巨大挑战。

中国石化在油品升级方面,在2010年整体收购了菲利浦斯催化汽油吸附脱硫(S_Zorb)专利技术,并在此技术上对装置进行创新改造,形成了具有自身特色的新一代S_Zorb专利技术。中国石化大概有25套S_Zorb技术,总加工能力为3 100多万t/a。

与中国石化选择购买国外技术就地转化不同,中国石油在油品升级方面选择了自主研发探索。可以说,中国石油的清洁油品技术研发艰辛而卓有成效,耕耘在了我国炼化科技的“拓荒时代”。

回首过去,由于历史原因,重组后的中国石油炼化科技几乎也是从零起步,难以支撑和满足炼化业务发展需要,一直成为“短板”。到“十二五”期间,依托8个重大科技专项和系列新产品开发项目攻关,中国石油成功自主开发系列清洁油品质量升级和高档炼化产品生产新技术,有效满足公司挖潜增效和我国国民经济快速清洁发展的需要,打赢了一场翻身仗。

由于我国进口原油占很大比重，将有限的资源吃干榨尽，把劣质重油原料变废为宝显得非常重要。针对劣质重油原料，中国石油重组成立后就先后设立多个重大科技专项进行攻关，成功开发出国Ⅳ、国Ⅴ标准清洁汽柴油生产成套技术，有力保障了公司油品质量升级任务的圆满完成。中国石油为新一轮汽柴油质量升级提供了重要技术支撑的 FCC 汽油加氢系列催化剂和工艺设计成套技术，2015 年还荣获国家科技进步二等奖。

以中国石油应对汽油质量升级的主要技术之一 GARDES 技术为例。在项目立项初期，中国石油科技管理部高瞻远瞩，要求中国石油石油化工研究院项目团队在研发用于国Ⅳ标准清洁汽油生产技术时必须兼顾国Ⅴ标准清洁汽油的生产，并着眼未来更为严格的汽油标准进行超前技术储备，按照"推广一代、开发一代、储备一代"的研发理念进行持续的技术升级。

按照上述要求，石油化工研究院项目团队在用于国Ⅳ清洁生产的第一代 GARDES 技术的开发过程中，就考虑了未来汽油质量升级对降低汽油烯烃含量的要求，创造性地将深度脱硫和烯烃定向转化相耦合，开发出用于国Ⅳ/国Ⅴ标准清洁汽油生产的第一代 GARDES 技术，不仅保证了 GARDES 用户企业在 2014 年 1 月 1 日如期向市场提供国Ⅳ清洁汽油，而且使得用户在不改变工艺流程、不新增过程设备、不更换催化剂的情况下，仅通过工艺参数调整在 2017 年 1 月 1 日如期向市场提供国Ⅴ标准清洁汽油。

针对国Ⅵ(A)汽油标准将烯烃含量进一步从国Ⅴ标准的 24% 降至 18%，并保持汽油辛烷值不变这一“卡脖子”难题，项目团队基于分子炼油理念首创了烯烃分段调控转化工艺路线，创制出等级孔分子筛并率先实现工业化生产，提出一种氧化铝晶面工程方法，将金属杂化纳米晶成功负载到氧化铝载体，研制出系列新型催化剂，开发出超深度脱硫－烯烃双支链异构成套技术GARDES－Ⅱ。

2017年在中国石油宁夏石化公司，仅通过更换新一代系列催化剂，使其120万t/a汽油加氢装置成功升级用于国Ⅵ(A)标准汽油的生产，一次开工成功。

如今，中国石油自主研发的清洁油品技术在中国石油内部开花结果，并已经转化到国内的地方炼厂，不仅为炼化企业节省了购买国外专利技术的庞大开支，也成为中国石油炼化业务培育新的增长点、实现效益发展的关键。此外，先期采用引进国外技术的中国石化，也在“十三五”期间计划投资2 000亿元优化升级，打造茂湛、镇海、上海和南京四个世界级炼化基地规划中，掉头转向加快自主技术研发。2017年11月6日，中国石化牵头启动“适应国Ⅵ清洁汽油和柴油生产关键技术”国家重点研发计划项目。

“适应国Ⅵ清洁汽油生产关键技术”项目着力突破高清洁汽油组分制备及分子水平生产过程的智能化管控等关键技术瓶颈，力争在汽油清洁化领域，从标准制定到单元技术达到国际领先水平。

“适应国Ⅵ清洁柴油生产关键技术”项目着力解决装置能耗大幅增加、催化剂寿命急剧缩短等问题，构建包括催化剂、工艺全方位的国Ⅵ柴油质量升级技术平台，满足国家柴油质量升级的重大需求。

有关大气治理的科技攻关是一场硬仗，在交通领域人类追寻清洁能源，国Ⅵ油品或许还不是终点，作为全国油品供应商的中国石油、中国石化仍会奔跑在绿色发展的道路上。在某些关键核心领域，创新“生命力”仍需依赖“国家队”炼化技术的持续突破。

记者手记：

在中国石油报社工作15年了，学石油化工专业的我一直在关注油品清洁化。可以说，每一次的油品升级都离不开政府的政策驱动和石化企业的付出。客观地说，石化企业付出巨大，包括资金投入和技术引进等方面。中国的炼油工业为了适应国家标准的提出付出了巨大的努力，普通百姓都不了解甚至不理解。每一次升级意味着巨大的付出，不仅建设装置动辄上百万元，包括科技研发投入一笔巨款，如果在技术上实现不了，要购买国外的技术，上千万美元的专利费，工艺包，自己研发也要投入，实验室、中试、工业实验，每增加一个过程会增加成本支出。为了适应不断提升的油品标准，现在要满足国Ⅵ的油品标准，炼油企业付出的代价很大。

石化行业“围剿”VOCs

王巧然

摘　要　VOCs(挥发性有机物)是空气中普遍存在且组成复杂的一类有机污染物的统称,被认为是形成 PM2.5 及臭氧的重要组分。

2010 年以后我国逐渐重视对 VOCs 的管控,但是,比西方先进国家晚了 30 多年。2012 年后,随着国家大气治理政策体系的完善,《挥发性有机物排污收费试点办法》于 2015 年 10 月 1 日起率先在石化、包装行业实施。以中国石油、中国石化、中国海油为代表对 VOCs 无组织排放进行管控,全面开展 LDAR(泄漏检测及修复)工作。根据环境保护部印发《石化行业挥发性有机物综合整治方案》的通知,2017 年 7 月 1 日前,建成全国石化行业 VOCs 监测监控体系;各级环境保护主管部门完成石化行业 VOCs 排放量核定。到 2017 年,全国石化行业基本完成 VOCs 综合整治工作,建成 VOCs 监测监控体系,VOCs 排放总量较 2014 年削减 30% 以上。

关键词　VOCs 在线监测　网格化监测　泄漏检测及修复　排放管控

近年来,全国大部分地区相继遭遇“十面霾伏”,虽然雾霾的成因专家众说纷纭,至今仍无定论,但雾霾带来的危害却有目共睹,因此治霾成为共识。石化行业首当其冲。

为什么这么说呢? 首先,VOCs 即挥发性有机物(Volatile Organic Compounds)的简称,石油炼制工业污染物排放标准中定义为参与大气光化学反应的有机化合物,或者根据规定的方法测量或核算确定的有机化合物。

一般认为,没有 VOCs 时,环境空气中会存在臭氧但浓度很低。VOCs 是促进臭氧和 PM2. 5 生成的主要前驱物质。同时大多数的有害性空气污染物

王巧然,《中国石油报社》记者。

(HAPs)都属于 VOCs,也就是同时具有光化学活性和有毒有害性。

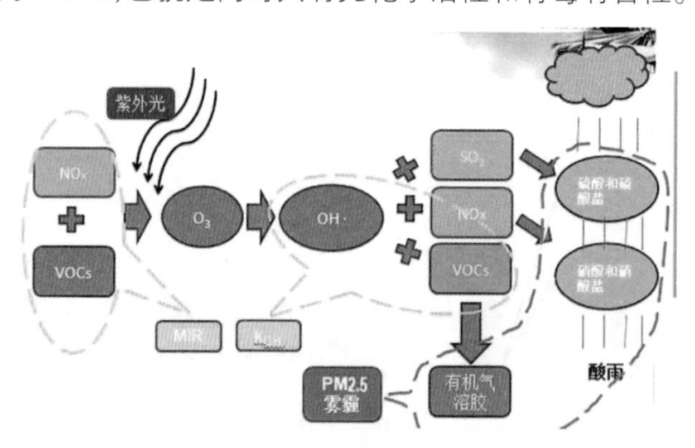

VOCs 除了对环境有危害,对企业的危害也显而易见。企业 VOCs 排放的增加,首先不仅污染大气环境,而且导致企业加工损失增加,影响企业的经济效益;其次,容易发生安全事故,VOCs 泄漏量大时容易产生火灾爆炸事故,影响装置安全生产;再次,容易对现场操作人员造成职业危害,如苯系物等致癌物质泄漏严重影响职工身体健康。

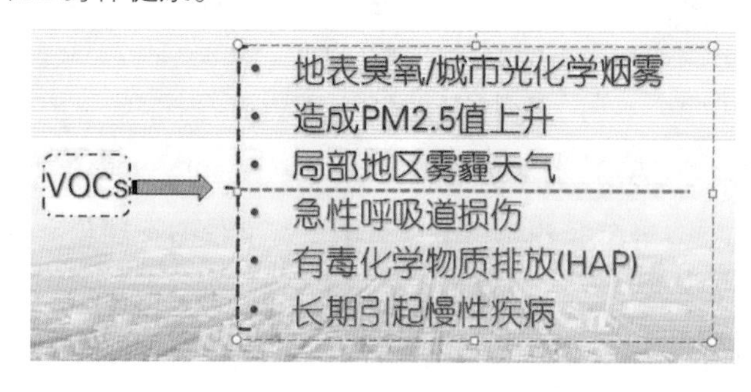

近年我国大气环境形势日趋严峻,以臭氧、PM2.5 和酸雨为特征的区域性复合型污染日益突出,区域内出现大范围空气重污染现象日益增多,尤其以京津冀和华北地区更为显著。而炼化企业装置生产运行过程中可能产生有组织或无组织的 VOCs 排放。因此,炼化行业开展 VOCs 摸底排查、回收治理、削减排放工作理所当然成为企业开展环保工作的重点。

随着雾霾问题的频繁爆发,国家开始紧抓大气污染防控治理,其中也包括了 VOCs 综合治理。特别是近 8 年,一些政策法规、标准和技术规范的出台,引发我国 VOCs 监测控制治理行业快速发展。

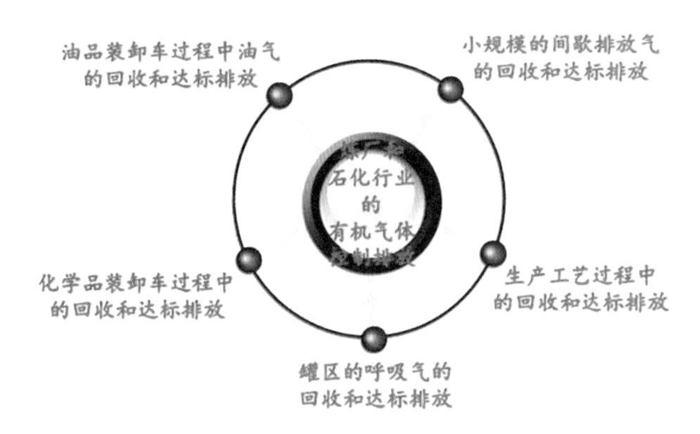

国家加强大气治理 VOCs 管控政策法规标准相继出台

2015 年 4 月 16 日环境保护部等发布《石油炼制工业污染物排放标准》(GB 31570—2015)和《石油化学工业污染物排放标准》(GB 31571—2015),新建企业自 2015 年 7 月 1 日起,现有企业自 2017 年 7 月 1 日起,其水污染物和大气污染物排放控制按新标准的规定执行。标准中关于 VOCs 有组织排放的控制主要通过对非甲烷总烃以及有机特征污染物提出排放限值实现;VOCs 无组织排放的控制通过设备组件选型、设施设备维护保养、环保措施和管理以及厂界等要求实现。

2015 年,国家出台《挥发性有机物排污收费试点办法》(财税〔2015〕71 号),率先将 VOCs 排污收费试点在石化和包装行业拉开帷幕。2016 年,《国务院办公厅关于印发控制污染物排放许可制实施方案的通知》(国办发〔2016〕81 号)发布。另外,根据环境保护部印发的《石化行业挥发性有机物综合整治方案》的通知要求,2017 年 7 月 1 日前,建成全国石化行业 VOCs 监测监控体系;各级环境保护主管部门完成石化行业 VOCs 排放量核定。到 2017 年,全国石化行业基本完成 VOCs 综合整治工作,建成 VOCs 监测监控体系,VOCs 排放总量较 2014 年削减 30% 以上。且三阶段的行动计划与时间安排也非常明确:部署阶段(2015 年 7 月 1 日前)对企业 VOCs 污染源进行排查;实施阶段(2017 年 7 月 1 日前)全面开展 LDAR 工作,完成 VOCs 排放量与物质清单申报,初步建立 VOCs 监测监控能力;总结阶段(2018 年 3 月 31 日前)对石化行业 VOCs 综合整治工作进行全面分析。

回顾 2017 年,是石化行业对 VOCs 开展综合整治、全面“围剿”的一年。

2017 年，国家相关部门新出台《“十三五”挥发性有机物污染防治工作方案》（环大气〔2017〕121 号）、《排污单位自行监测技术指南 总则》以及《排污单位自行监测技术指南 石油炼制工业》。另外，在环保督察中，涉 VOCs 的依据也进一步扩展到《石化行业挥发性有机物综合整治方案》《石油炼制工业污染物排放标准》《石油化学工业污染物排放标准》《合成树脂工业污染物排放标准》。

2017 年，面对犹如“生死限”且又不是终点的环保治理竞赛，石化行业“围剿”VOCs 加快了脚步，且一直受到环保部和社会的密切关注与监督。

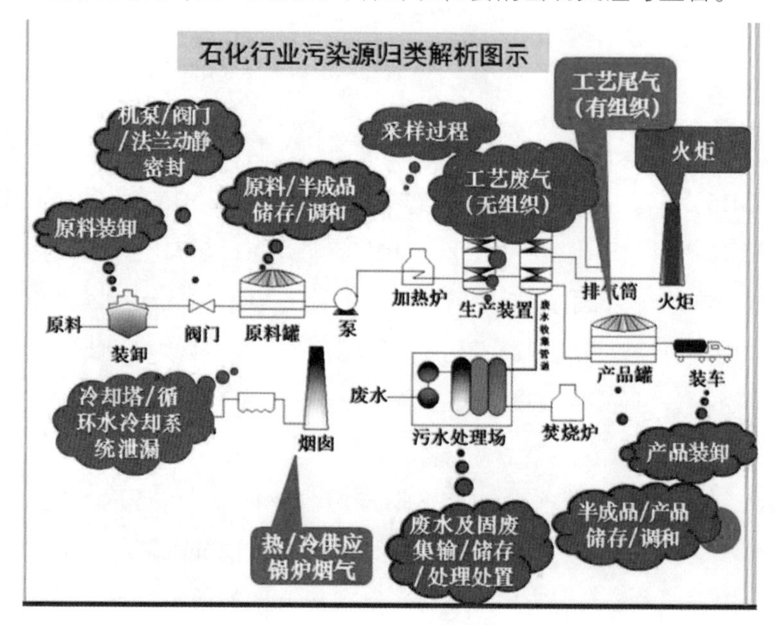

以中国石油石化企业为例，2017 年 6 月，在中国石油系统率先开展 VOCs（挥发性有机物）网格化监测工作的独山子石化，投入 2 764 万元，在生产厂区厂界、炼化装置重点部位布设 14 个 VOCs 监测点位，安装 12 台 TVOC 仪、2 台多组分仪及 2 套在线分析小屋等设备设施，实现厂界区域无死角连续在线监测，促进了及时发现污染点源，VOCs 管控手段在中国石油处于领先水平。

在生态环境部前不久发布的《京津冀及周边地区 2018 ~ 2019 年秋冬季大气污染综合治理攻坚行动方案（征求意见稿）》中，重点提出了挥发性有机物（VOCs）的专项整治。

试点行业	行业类别		说明
	代码	类别名称	
石油化工	C2511	原油加工及石油制品制造	指从天然原油、人造原油中提炼液态或气态燃料以及石油制品的生产活动
	C2614	有机化学原料制造	指以石油馏分、天然气等为原料,生产有机化学品的工业
	C2651	初级形态塑料及合成树脂制造	包括通用塑料、工程塑料、功能高分子塑料的制造
	C2652	合成橡胶制造	指人造橡胶或合成橡胶及高分子弹性体的生产活动
	C2653	合成纤维单(聚合)体制造	指以石油、天然气、煤等为主要原料,用有机合成的方法制成合成纤维单体或聚合体的生产活动
	G5990	仓储业	指含汽油、柴油等挥发性有机液体化学品的储存活动
包装印刷	C2319	包装装潢印刷	指根据一定的商品属性、形态,采用一定的包装材料,经过对商品包装的造型结构艺术和图案文字的设计与安排来装饰美化商品的印刷

《挥发性有机物排污收费试点办法》——试点行业

目前,我国针对VOCs治理的文件主要分为3类,即相关法律和管理制度、排放标准体系及技术法规。

国家层面,2010年环境保护部、发展改革委、能源局等9部委发布《关于推进大气污染联防联控工作改善区域空气质量的指导意见》,首次将VOCs列为重点控制污染物。2016年,史上最严《大气污染防治法》实施,VOCs首次被纳入监管范围,治理有了法律依据。2017年9月,环境保护部、发展改革委、能源局等6部委再度联合下发《"十三五"挥发性有机物污染防治工作方案》,这也是首个专门明确VOCs治理重点的指南。此外,国家已发布的42项固定源排放标准中,有14项涉及VOCs控制,涵盖石油炼制、汽油运输、焦化等领域。

涉VOCs法律及管控制度体系

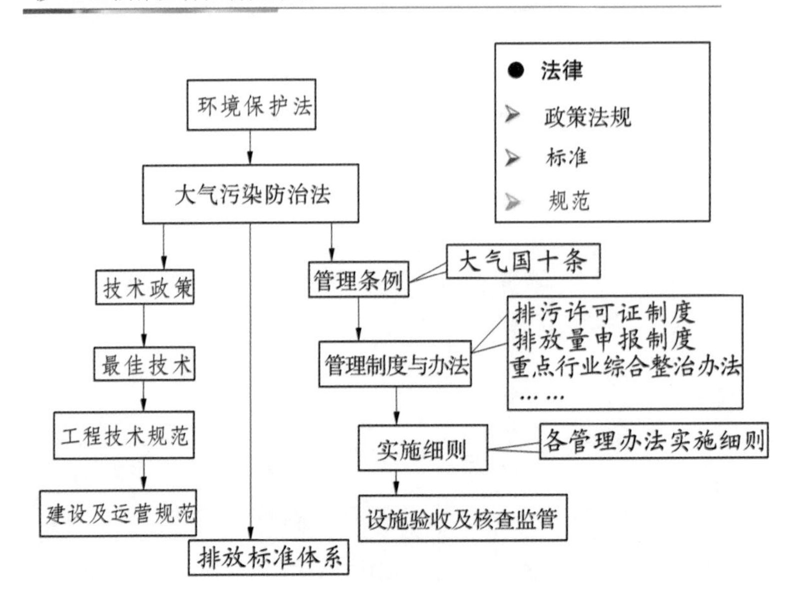

地方层面，京津冀、长三角、珠三角等区域，先后出台了30多项与VOCs治理相关的标准或技术法规。其中，北上广等地的相关工作走在全国前列。在我国对石油化工行业和包装印刷行业开展VOCs排污收费试点前，北京市公布征收挥发性有机物排污费，标准为全国最高水平。北京市环保局污染防治处处长王春林介绍，自从北京率先提高二氧化硫等排污费之后，经济杠杆的作用提升了企业自觉减排的积极性，北京还出台汽车制造、修理，餐饮油烟等七个行业的污染物排放标准，进一步加强工业减排的力度。天津通过出台相关管理规定、技术指南，并引入泄漏检测的第三方检测机构的方式，推动石化等重点行业可挥发性有机物污染综合治理工作。2014年8月，天津出台了全国首个可挥发性有机物排放控制的地方标准。

不过，相比当前治理需求，上述政策仍显滞后且不够健全。如VOCs涉及种类多、行业多，以无组织排放为主，但诸多排放行业目前并无控制标准。已有标准中，有的甚至20年未更新，限值浓度较宽松，难以满足现阶段的治理需求。再如，部分地区虽出台了地方VOCs防治法律条文，但仅限于突发性事件，缺少环境准入、风险评估等具体要求。

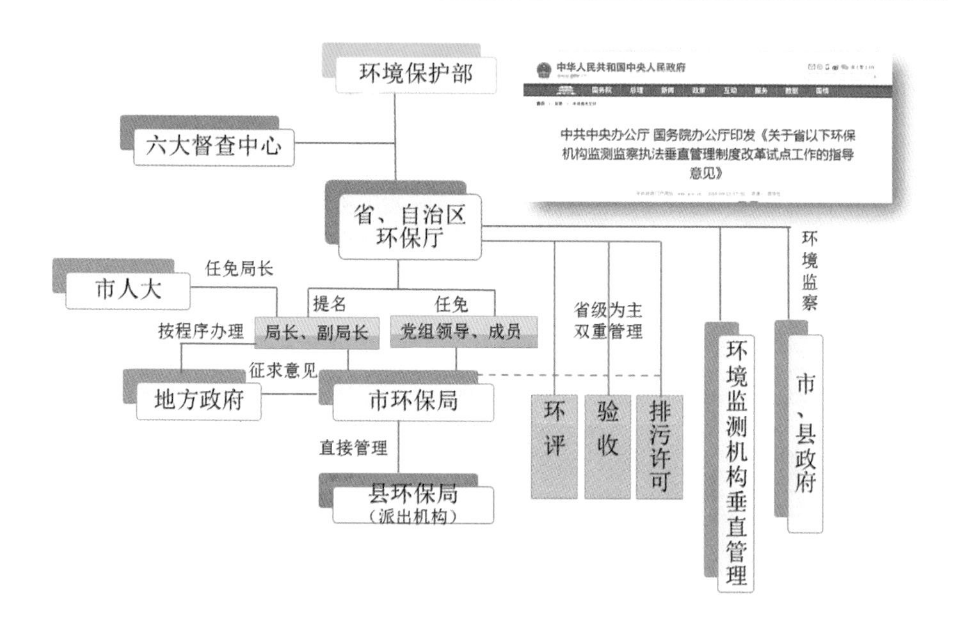

地区	征收标准	差别化政策
北京	基本收费标准为 20 元/kg	1. 环保“领跑者”减半，收费标准为 10 元/kg； 2. 环保违法者加倍，收费标准为 40 元/kg
上海	自 2015 年 10 月 1 日起 10 元/kg，自 2016 年 7 月 1 日起 15 元/kg，自 2017 年 1 月 1 日起 20 元/kg	同北京
江苏	2016 年 1 月 1 日至 2017 年 12 月 31 日，每污染当量 3.6 元；2018 年 1 月 1 日起，每污染当量 4.8 元	1. 排放浓度值在规定排放标准 80% ~100%、50% ~80%、低于 50% 时，分别按基准收费标准的 100%、80%、50% 计收排污费； 2. 排放浓度值高于国家或者地方规定，或者排放量高于总量指标，按基准收费标准加 1 倍征收排污费；同时存在两种，加 2 倍征收排污费
安徽、河北、湖南、四川、辽宁、天津、浙江、山东、海南、湖北、山西、福建		

2018年前环保督查涉VOCs依据回顾

《石化行业挥发性有机物综合整治方案》

《石油炼制工业污染物排放标准》

《石油化学工业污染物排放标准》

《合成树脂工业污染物排放标准》

VOCs管控石化企业清洁生产审核踉跄前行，步子快慢不一

石化领域作为“气十条”中最早被明确进入VOCs综合整治的重点行业之一，在2014年底出台的《石化行业挥发性有机物综合整治方案》中即被要求2017年7月1日前建立VOCs监测监控体系，并完成VOCs排放总量较2014年削减30%以上的计划。

2017年已经画上了句号，这个目标企业都实现了吗？我们先看看行业的代表中国石油和中国石化。

中国石油下属30多家炼化企业、上千个油库、近2万座加油站，防治任务十分艰巨，中国石油积极践行“绿水青山就是金山银山”的环保理念，严格遵守新《环保法》、《大气法》、“气十条”“水十条”“土十条”等法规标准，按照国家VOCs综合整治要求，围绕统一规划、统一部署、统一标准的方针政策，启动《中国石油炼化企业VOCs管控平台》建设，组织编制了《中国石油集团挥发性有机物管控项目管理规程》（初稿）和《中国石油集团泄漏检测与修复项目操作规程》（初稿），认真开展VOCs管控工作，持续加大环保投入，不断强化环保管理，进一步提升企业污染防控管理水平，提升了企业的安全平稳运行，体现了企业的社会责任和大局担当，为人与自然和谐相处做出积极贡献。

在我国对石油化工行业等开展VOCs排污收费试点之前，中国石油在炼化企业陆续开展VOCs综合整治工作，包括有机工艺废气回收治理、设置可燃性气体回收与火炬系统、污水处理场加盖密闭收集、油品装车油气回收等。独山子石化与中国石油工程建设公司大连设计分公司等一批企业在污水处理等领域进行了诸多探索。

先以中国石油独山子石化为例。

早在2005年独山子石化千万吨炼油百万吨乙烯工程建设时期，独山子石化同步投资16亿元，配套建成了硫黄、脱硫除尘等环保设施。“十二五”期间，又投入14亿元，占当期固定资产投资的32%，有计划、有重点地实施电厂11台锅炉、催化再生烟气脱硫脱硝改造等污染减排及节能环保项目48项。“十二五”与“十一五”相比，公司年均原油加工量增长近2倍、乙烯产量增加5倍，减排二氧化硫18 019 t、氮氧化物6 209 t、烟尘221 t，减排率分别达到72%、41%、56%。

2014~2017年，独山子石化实施新一轮清洁生产审核，组织实施了174项清洁生产方案。总计投入4.9亿元，全面实施炼化装置VOCs综合整治，完成VOCs治理措施37项。坚持优先使用清洁能源，采用资源利用率高、污染物排放量少的工艺、设备以及废弃物综合利用技术和污染物无害化处理技术，减少污染物产生。坚决淘汰工艺落后、环保水平低的装置，先后关闭了炼油老区3套蒸馏、60万t/a延迟焦化、20万t/a糠醛精制、40万t/a丙烷脱沥青等14套装置，获取绿色发展容量。

仅2016~2017年，独山子石化即投入3 000多万元开展了三轮“设备泄漏检测及修复”工作；投入4 000多万元，采用生物除臭、活性碳吸附、燃烧及催化氧化技术，完成了污水系统恶臭及VOCs治理；投入近4 000万元，采用CEB超低排放等燃烧技术，对乙烯常压储罐区、炼油厂中间油罐区及苯类罐区等46座储罐进行集气治理，更换了29座高效蜂窝浮盘，对58座储罐刷了隔热漆；投入1.2亿元，采用加氢及深冷分离等技术，完成碳四炔烃及聚烯烃尾气回收项目，年减排火炬气达1.34万t；投资4 600万元，采用冷凝+膜法+活性碳吸附等技术对炼油厂汽车和火车汽油、苯类、航煤装车进行油气回收设施扩能改造。通过治理，2017年VOCs排放量相比2014年减排了4.38万t，减排率达88.7%，取得了良好的环境绩效。

2017年6月，独山子石化开展VOCs网格化监测工作，现场的无组织排放大幅度减少，VOCs监测浓度超过3 mg/kg的比例由第一轮的0.69%下降到0.13%。VOCs检出VOCs浓度值的比例由2017年6月的6.97%下降至3.2%，效果显著。VOCs网格化在线监测系统的投用，进一步指导独山子石化VOCs治理，引领奎—独—乌区域及兄弟企业加强尾气排放和异味管控，有效减少主要污染物排放总量,大幅改善环境质量。2018 年上半年,独山子空气质量优良率同比上升了 9.7%,PM2.5 平均浓度同比下降 16.4%,PM10 平均浓度同比下降 19.6%。

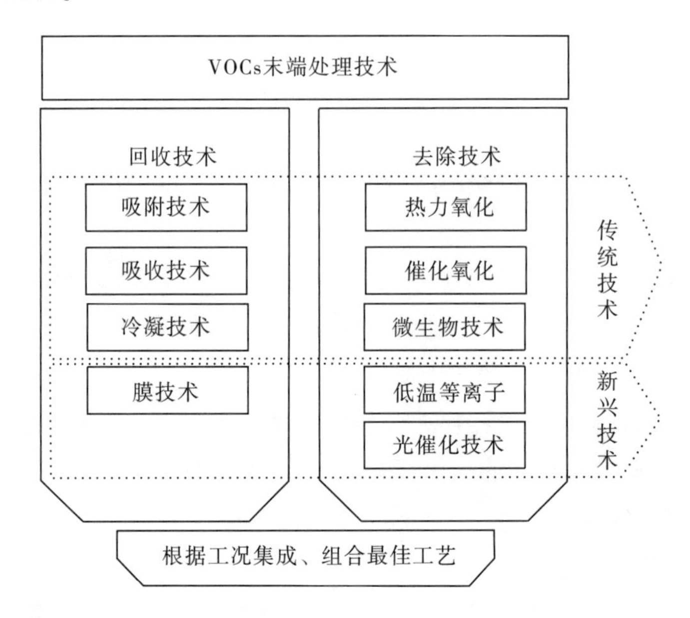

再来看一下关中地区最大的石油化工企业——长庆石化公司。

长庆石化公司在这场治污降霾攻坚战中,牢固树立"绿水青山就是金山银山"的理念,把环保达标排放作为最普惠的民生工程,把打好治污降霾攻坚战作为一项重大的政治任务,以建设示范型城市炼厂为战略目标,在持续推动环保管理升级升位、提质提标的同时,实行更加严格的企业内控标准,把打造无异味工厂作为落实生态文明建设的重要举措。

近年来,长庆石化先后投资近 15 亿元用于油品质量升级、环境治理、节能减排,把达标排放作为底线,把超净排放作为目标,实施 160 余项环保提升及改造项目,其中重大项目 18 项,实现污染物减排 70% 以上。自 2009 年起,长庆石化公司就已经着手进行 VOCs 的治理,分步骤对敞口设施加盖密闭进行污水处理无组织排放废气的治理,并配套建设了废气生物氧化处理设施。针对燃烧烟气后产生的污染物,建成专门催化烟气的脱硫脱硝装置,将烟气中的氮氧化物与氨经过化学反应,生成无害的氮气和水,随后再通过脱硫洗涤塔,吸收掉烟气中剩余的二氧化硫、粉尘颗粒,最终每小时排出25 t水蒸气,对厂区周围大气起到了净化、加湿作用。这些净化后的外排烟气接受实时监测,监测结果直接上传至省市及国家的环保监测部门。

除燃烧烟气外,为了治理装车时挥发造成的危害,长庆石化公司进行了火车密闭装车改造,设有密闭装车小鹤管40台,配套增设油气回收设施,从而实现油气的密闭回收处理。不仅能减少油气排放、节约能源,还能有效抑制装车油气造成的环境污染,改善员工作业环境的空气质量,并使装车场所周边居民宜居、乐居。

2016年起,公司聘请第三方专业机构对全公司的生产区域,包括所有生产装置、储存设施、装卸设施、污水处理场、循环水场、停工检维修过程等,进行两轮VOCs污染源项检测排查、合规性检查和排放量核算,并形成照片档案,录入中国石油VOCs综合管控平台。检测密封点30多万个,两轮治理泄漏点894个,大幅降低了油气泄漏量,实现了嗅辨无异味。目前已实现VOCs泄漏日常监管检测动态化和常态化,正委托环境保护部VOCs治理工程中心做治理效果的整体评估。

2017年,长庆石化公司污水处理装置含烃废气处理设施和低压瓦斯气柜两大装置投入使用,标志着公司VOCs治理上升到一个新台阶。含烃废气处理设施,主要负责将污水处理各工序产生的VOCs集中收集,把废气中的有害物质转化成简单的无机物如二氧化碳、水,以及细胞物质等,从而实现废气中污染物质的去除处理,使之达标后排放。低压瓦斯气柜设施于2017年12月底建成投用,该设施既实现了火炬气全部回收利用,保证了火炬气资源的有效利用,降低了运行成本,又熄灭了高空火炬,减少了火炬气的排放燃烧,消除了火炬燃烧过程中可能引发的环保风险。

就目前来看,长庆石化公司已经在VOCs的治理上取得了一定的成绩,在今后的生产过程中,在做好现有设施运行管理的基础上,继续加强环保设施的运行管理,持续推进清洁生产,加大投入,安装厂界VOCs在线监测系统、恶臭污染物在线监测系统,连续实时监测厂界异味情况。充分发挥VOCs管控平台的作用,实现VOCs可监测测量、可计算报告、可验证核查。

再来看另外一家石化企业——中国石化的九江石化。

九江石化的VOCs治理活动时间线:2015年3月中旬制订了《2015年VOCs

治理及其成套解决方案》,推进 LDAR 技术应用,排查全厂 VOCs 泄漏情况,建立 VOCs 台账,确立日常管理机制;2015 年中自主开发“环保地图”监测系统,并完成了 LADR 平台建设。检测近6 万个静态密封点;2015 年 11 月启动 VOCs 管控信息平台建设工作;2015 年 12 月九江石化 VOCs 管控信息平台正式上线运行;2016 年初 LDAR 及 VOCs 综合治理第一轮工作启动。2016 年完成 12 个 VOCs 源项的现场调查,废水、循环水以及废气中 VOCs 的检测,两轮 LDAR 检测与修复工作,建立并运行 VOCs 信息管控平台,编写九江石化 VOCs 台账。VOCs 综合治理已初有成效。5 套 VOCs 治理设施均运行正常,2017 年 4 月 LDAR 及 VOCs 第二轮综合治理工作启动终端用户白描分析。

九江石化是中部地区及长江流域的重点企业,也是江西省唯一的大型石油化工企业,自 1975 年批准筹建至今,累积加工原油超过 1 亿 t。作为九江市的国控重点污染源被重点监测“三废”尤其是大气和重金属污染的企业,九江石化在 VOCs 治理活动中的关键节点基本遵循了整治方案的行动方案,并且每一步骤中基本均提前于时间节点完成,在整个 VOCs 综合整治中表现出了极高的主动性,原因有二:一是九江石化作为重点整治高污染行业的央企直属单位,有非常强的环境合规性的压力,按部就班甚至是超额完成企业内 VOCs 整治的工作已经成为企业管理中不可逾越的高压线。二是九江石化一直以来都有较强的创新的内生动力。作为石化行业最早入选工信部智能试点示范企业,九江石化对于打造智能化的信息平台以及精细化的过程管理并不陌生,在已有对生产过程的精细管理体系中有机嵌入 LDAR 及 VOCs 治理管理系统也是驾轻就熟。对于强化企业两大核心理念——“绿色低碳”“智能工厂”的品牌形象也大有裨益。

除了央企,作为地方炼厂,在各地政府的严格监督下,也在规定期限之前相继展开并完成 VOCs 综合治理工作。

综上所述,治理 VOCs 并不是一蹴而就的,石化领域作为 VOCs 治理的重点领域,从业企业性质多为大中型国企或者央企,有比较严格的环保合规的内在要求,且从业企业大多属于国控重点污染源,环境监管压力也很大,尤其在近两年重点监控领域的管理体系、标准都已逐渐建立,环保督察力度空前,环境违法的成本高昂,企业有更多的动力主动进行 VOCs 治理工作。随着全国石化行业 VOCs 监测网络的建立与完善,石化行业严格的 VOCs 管理正在成为一种常态。

VOCs检测治理形成大市场 有待多方参与献计

在政策的强大压力下，随着各重点行业排放标准的陆续颁布实施，以及VOCs排污收费制度的制定，“十三五”期间VOCs的治理行业将进入发展快车道，VOCs治理市场将迎来爆发式增长。但也有业内人士指出，VOCs种类繁多、排放行业众多、排放源小且分散，目前检测分析能力与管理基础薄弱，严重限制了VOCs检测、治理市场开拓以及行业发展。近期国家应进一步加大投入，支持检测分析技术、设备研发，尽快完善VOCs检测分析方法体系。

中国环境保护产业协会研究制定《重点行业挥发性有机污染物减排和控制技术导则》，涉及包装、石化、涂装等多个重点行业，将在VOCs治理的工艺选择、技术应用、工程建设和设施运营方面起规范指导作用。清华大学环境学院马永亮也呼吁，有必要由行业协会、研究机构建立VOCs治理技术、工艺评价平台，帮助排污企业评价技术、设备和工艺的优劣及性价比等，以防止低价竞争，影响减排效果。另外，专家建议对企业高度集中的化工园区进行综合整治，开展VOCs污染综合防治。致力于环保咨询的上海绿然环境公司马立强建议石化企业从环保物联网入手，采取源头与过程控制等，对工厂“望闻问切”，为装置佩戴“健康手环”，实现智能监控，将VOCs消灭于毫发或萌芽状态。

据悉，当前VOCs治理行业所处的阶段，类似于十几年前的脱硫行业。经过十几年的优胜劣汰，目前脱硫企业只剩下几十家。因此，专家建议，即使有了政策驱动，VOCs治理企业也应提前做好技术、人才储备，理顺融资渠道，迎接VOCs治理大市场的到来。

记者手记：

在石油报社工作10多年了，从2005年开始关注挥发性有机物的领域，刊发了第一篇有关VOCs的报道，是因为当时企业负责安全环保管理的人邀请我去给他们报道。但在那之前，学石油化工专业的我和很多人一样，几乎都没听说过VOCs是什么。

这些年来，我一直关注VOCs治理行业，从试点收费到环保督察。

想起来一个小故事，曾经在石化企业实习时，有个车间员工生的小孩几乎全是男孩，而另外一个车间的小宝宝几乎全是女孩，大家开玩笑说：“想要男孩吗，调去那个车间吧！”我心里一惊，这些年来一直想求证一下有无科学依据，这是不是来源于车间员工生产的物质挥发物的影响？可惜我们不是遗传学家，也没有进一步的证据，我们还一直无从证明。但挥发性有机物对人的影响肯定是有的，这一点毋庸置疑。

中国严格监控 VOCs 并做好 VOCs 治理工作不仅是对环境友好，对公众健康负责，更是对长期工作在生产一线的百万员工负责，虽然职业健康防护近年来开始受到重视，但它没有像安全环保事故那般影响恶劣，而且它的影响是长期的，毕竟事关人的健康且是致命的伤害，应该受到社会更多的关注以及社会更加充足的投入。

秸秆焚烧痼疾尚需多头共同治理

张　焱

摘　要　秸秆焚烧是指将农作物秸秆用火烧从而销毁的一种行为。秸秆的肆意焚烧可以造成空气污染和雾霾天气,并产生大量有毒有害物质,对人与其他生物的健康形成威胁。而其中的原因更是错综复杂,非一日可以治理根除,需要多方协同共同治理。

关键词　焚烧　禁烧　补贴共治

黑龙江省四市空气指数"爆表"

根据环境保护部卫星环境应用中心卫星遥感监测的数据,2017 年我国秸秆禁烧形势总体上仍然严峻,尤其是东北地区有大幅度上升。

从 2017 年 9 月 20 日到 11 月 15 日,环境保护部卫星环境应用中心共监测到全国的秸秆焚烧火点 3 638 个,比去年同期增加约 73%。京津冀及周边地区在高压禁烧政策之下,发现的火点有所下降。

其中,山东省减少约 82%,山西省减少约 66%,河南省更是一个火点都没有发现。但东北地区的情况却变得越来越严重。黑龙江省监测到的火点增加约 41%,而吉林省更是大幅增加。

表 1　2017 年 9 月 20 日至 11 月 15 日全国各省火点与 2016 年同期对比表

省份	2017	2016	同期增减情况
黑龙江省	1 994	1 417	577
吉林省	989	112	877
内蒙古自治区	373	139	234
辽宁省	79	86	-7
山西省	51	151	100
河北省	43	42	1
湖北省	25	5	20
新疆维吾尔自治区	17	45	-28
甘肃省	16	18	-2
山东省	10	56	-46

环境保护部卫星环境应用中心大气遥感部高级工程师张丽娟表示,从 11 月 2 日火点监测报告看,主要是黑龙江。黑龙江有 164 个火点,吉林有 17 个火点,然后山西、安徽、内蒙古分别有一些零星火点。

2017年10月18～20日，由于秸秆焚烧控制不力，黑龙江省的哈尔滨、佳木斯、双鸭山和鹤岗四市的空气指数纷纷“爆表”。颗粒污染物浓度峰值最低的鹤岗达到776 μg/m³，最高的如佳木斯，竟达到1 139 μg/m³。

为此，环境保护部相继约谈黑龙江省农业委员会和哈尔滨、佳木斯、双鸭山、鹤岗4市政府主要负责人，督促落实秋冬季大气污染防治工作措施。

据《焦点访谈》报道，2017年10月13～31日，黑龙江省因秸秆焚烧产生的火点及热敏感点总数就高达27 714个。10月18～25日，哈尔滨等4市耕地范围内火点及热敏感点总数分别为843个、2 190个、1 205个、471个，相比上年同期分别增长5.1倍、0.87倍、20倍、3.3倍。

在环境保护部现场督察时，频频发现大面积秸秆焚烧火点，火势猛烈，浓烟滚滚，污染严重，这是导致重度污染天气形成的重要原因。

进入2017年10月下旬，哈尔滨市连续多天空气污染指数达到严重污染级别。11月3日，哈尔滨、大庆、绥化三城市不得不启动大气污染联防联控工作，共同推进秸秆综合利用和禁烧工作。

针对这一问题，哈尔滨市要求一旦出现秸秆焚烧火点，将依法对所在地块农户进行处理。吉林省则对不听劝阻、擅自露天焚烧秸秆的个人，依照治安管理有关规定予以治安处罚；导致严重后果构成犯罪的，依法追究刑事责任。

虽然黑龙江省规定10月11日至11月5日实施全域秸秆禁烧，但很明显，这纸禁令被视为无物。环境保护部批评道：省农委监督工作流于形式，哈尔滨、佳木斯、双鸭山、鹤岗4市禁烧责任没有压实，对焚烧秸秆行为基本采取放任态度。

令人尴尬的是，在重度污染天气发生的前20天，也就是9月28日，环境保护部就专门召开会议，传达中央领导同志指示精神，要求黑龙江省等有关地区全力做好空气质量保障工作。不过，从效果来看，这个“预防针”成了“耳边风”。

东北秸秆焚烧原因探析

随着城市化和工业化的逐步提高，秸秆的众多用途陆续被工业材料替代。又加之秸秆处理的成本太高，机械收割留茬较高，影响下一季农作物的播种，据调查，我国生产的收割机因功率不够及机械手省油等原因留高茬达20 cm左右,造成了下茬种植的困难。

那这么多秸秆处理不过来怎么办? 最简单的办法,就是一烧了之! 很多农民往往用少量秸秆放在高茬上进行焚烧。

记者发现,因为农民找不到秸秆“变废为宝”的途径,原有的其他小麦秸秆加工行业,如草帽、草苫等,也因替代产品的出现而基本淘汰;另外,秸秆饲料处理成本高、难度大。这都造成了秸秆焚烧现象的发生大量存在。

同时,由于东北三省是人口迁出的几大省份,而以黑龙江省尤甚,青壮年劳力大量外迁的问题十分严重,农忙时,由于农村大批青壮年进城务工、经商,所以,农村劳动力以妇女、老人为主,最后在万般无奈之下只得就地焚烧秸秆。

记者了解到,尤其是以黑龙江省为代表的中国几大粮食主产区,由于区域辽阔,青壮年少人力不够,近几年都可以看到夏收或秋收时节焚烧秸秆的“壮观”景象,这已经成为中国空气污染的重要成因。

据黑龙江省农委统计数据,全省 2016 年秸秆综合利用率 60.4% ,其中双鸭山、鹤岗两市分别为 46.9% 和 44.6% ,但环境保护部的抽查发现,两市数据虚报水分居然分别高达 90% 和 70% ! 哈尔滨五常市农业局测算秸秆实际综合利用率为 36% ,与上报的 65% 也相差甚远。

为此,环境保护部直接点名黑龙江省农委对秸秆综合利用工作抓得不紧。全省明确 2017 年秸秆综合利用率要达到 65% ,但全省 2017 年秸秆综合利用工作方案直到 8 月 14 日才印发,从酝酿、研究、起草、修改、印发,一个年度方案差点变成了年底总结。省级领导机关就有这样的“拖延症”,难怪地市一级对秸秆综合利用工作不上心了。

环境保护部在约谈会上批评,10 月 18 ~20 日,哈尔滨等 4 市虽启动重污染天气红色应急响应,但应急减排措施落实不到位。哈尔滨市 10 月 16 日预测到 10 月 18 ~19 日全市气象条件不利于污染物扩散,但未引起重视,直至 18 日 20 时 50 分即将“爆表”的情况下,才临时启动一级红色预警,贻误应急减排时机。佳木斯市应急办在预警启动后,未按要求立即通知各成员单位启动应急措施,后虽由市环保局代为通知,但已致使减排工作严重滞后。

不仅如此,当地重污染天气应急预案普遍不严不实。鹤岗、双鸭山两市应急限产企业名单仅有 8 家和 21 家企业;佳木斯、鹤岗、双鸭山 3 市应急减排项目清单内容不全,仅是笼统规定每级预警响应对应的整体减排比例,没有细化到具体企业,缺乏可操作性。哈尔滨市应急预案于2017年10月才印发。

上报秸秆综合利用假数据、污染应急减排预案不严不实,对环境治理和中央的环保督察消极应对,归根结底还是认识上就不拿环保当回事,行动上也就积极不起来。

另外,科技转化力度不够也是造成秸秆焚烧的重要原因之一,科技不发达造成实施的成本太高,比如,用秸秆做沼气原料,一个沼气池至少要花费三四千元,让农民望而却步,最后农民不得不选择焚烧。

缺乏有效宣传和正确引导

据了解,黑龙江省不少地市政府对于秸秆焚烧的危害等没有进行有效宣传和正确引导。比如,对于农作物秸秆综合利用,虽然提出了不少解决的办法,但缺乏针对性、实用性、时效性和具体性,大多以行政手段和奖惩措施为主,所以无人去做秸秆利用的组织、协调和转化工作,只堵塞不开流,导致禁烧工作收效不大。

在这里,不妨简单普及下秸秆利用的一些科学常识。

在传统的农业生活中,秸秆是一种重要的农业资源,可以肥田,可以做饭取暖,可以当建筑材料等。无论是在北方还是南方,讲究物尽其用的小农经济通常只对那些影响耕作的根茬进行简单的烧荒。

其实,秸秆的综合利用技术也比较成熟了,包括破碎后就地还田;生产青贮饲料、成型燃料;生产沼气,或直接进行发电供暖等。但这些都需要专业设备、运输储存或基础设施配套,比烧荒的成本要高。对于普通农户来说,如果秸秆能卖一点钱,那还不错;要是每亩反过来要添上几十块钱的秸秆处理费用,还得搭上几个人手,积极性能高吗?

所以,秸秆综合处置工作,政府的引导作用很关键,最重要的是做好规划,加大财政投入,配备好秸秆综合利用的各类设施,要让农户不烧秸秆还能赚到回收秸秆的钱。这几年,不少地方的禁焚标语也是花样迭出,动不动就"抓抓抓",虽然粗暴,但至少说明思想宣传在全面铺开。从环境卫星今年10月的监测月报看,全国大部分省份的火点数都较去年同期显著下降。但也有不降反升的,尤以黑龙江等几个北部省份反弹最为严重。

与此同时,宣传力度不够。由于受人力、资金条件限制,秸秆禁烧宣传教育还没有真正深入到农村，农民环保意识不强，没有意识到焚烧秸秆的危害，单靠禁烧不能从根本上解决千家万户秸秆处理的问题。另外，秸秆禁烧监管力度不强，执法手段也比较薄弱。

据了解，黑龙江省不少城市政府的政治站位不够。早在2016年底，中办和国办就出台了《生态文明建设目标评价考核办法》，主要考察资源、环境、生态、生活等方面的绿色发展指标，去掉唯以GDP论英雄的"紧箍咒"。

如果说目标考核办法的改革是为了激发大家的主动性和积极性，那么11月29日印发的《领导干部自然资源资产离任审计(试行)》更偏向于客观和刚性的约束。美丽中国的建设需要一点"功成不必在我"的精神，而在过去的发展中，很多人追求"功成就得在我"就罢了，更想着"生态环境损害找不到我"。离任审计和终身追责制度的实施，就会督促领导干部更为慎重地考虑发展与保护的平衡、眼前和长远的平衡。

综合来说，焚烧秸秆是造成大气污染的部分原因，但绝不是全部原因，大气污染和社会工业化发展有着密不可分的联系，可以说，人类对大气所造成的污染90%是由于工业化快速发展所带来的，焚烧秸秆只是很小的一部分原因。

事实上，当今大气污染的罪魁祸首是广大发展中国家低质、高能耗的粗放式工业发展。汽车尾气、石油化工和冶金等排放的废气对大气造成了很大的伤害。

东北治理样本:6亿秸秆焚烧补贴

众所周知，农村的秸秆焚烧问题十分严重，不仅危害农村的生态环境，还会对农民的人身安全以及公共交通安全等方面造成影响。

首先，引发交通事故，影响道路交通和航空安全。焚烧秸秆形成的烟雾，造成空气能见度下降，可见范围降低，直接影响民航、铁路、高速公路的正常运营，容易引发交通事故，影响人身安全。

其次，引发火灾。秸秆焚烧，极易引燃周围的易燃物，导致"火烧连营"，一旦引发麦田大火，往往很难控制，造成经济损失。尤其是在山林附近，后果更是不堪设想。

再次，破坏土壤结构，造成农田质量下降。秸秆焚烧也入地三分，地表中的微生物被烧死，腐殖质、有机质被矿化，田间焚烧秸秆破坏这套生物系统的平衡,改变土壤的物理性状,加重土壤板结,破坏地力,加剧干旱,农作物的生长因而受到影响。

最后,产生大量有毒有害物质,威胁人与其他生物体的健康。有数据表明,焚烧秸秆时,大气中二氧化硫、二氧化氮、可吸入颗粒物三项污染指数达到高峰值,其中二氧化硫的浓度比平时高出1倍,二氧化氮、可吸入颗粒物的浓度比平时高出3倍,相当于日均浓度的五级水平。

当可吸入颗粒物浓度达到一定程度时,对人的眼睛、鼻子和咽喉含有黏膜的部分刺激较大,轻则造成咳嗽、胸闷、流泪,严重时可能导致支气管炎发生。

为扭转秸秆焚烧所带来的负面影响,农业部在2017年召开农业绿色发展发布会,拟定今年会安排中央财政资金6亿元用于东北地区60个玉米主产县的秸秆焚烧工作。

据悉,这6亿秸秆焚烧补贴目前只是在东北地区试行,如果效果好的话,那么在明年或者不久的将来就能够快速地运用到全国范围内,让秸秆变废为宝,以达到增加农民收入的目的。

其他在2017年还未领到补贴的地区也将会继续实行秸秆禁烧,任何单位和个人不得露天焚烧农作物秸秆、垃圾、荒草、落叶等产生烟尘污染的物质,严禁将秸秆抛置于河道、沟渠及水库塘坝等水体中。

农民可以在领了补贴之后正确处理秸秆的问题,再也不用乱堆乱放和随意焚烧,但背后是政府财政的巨额投入。

秸秆焚烧是雾霾产生的重要诱因

霾产生的成因很复杂。我国冬季的霾和秋季的霾来源不尽相同。但是总的来说,是因为颗粒物大量聚集无法及时扩散形成的,秋季霾确实和秸秆燃烧有着莫大的关系。

雾是悬浮于近地面层空气中的大量水滴或冰晶微粒,使水平能见度降到1 km以下的现象;霾是大量极细微的干尘粒等均匀地浮游在空中,使水平能见度小于10 km的空气普遍混浊现象。

同时,二者成分不同、颜色不同、气味不同;相对湿度不同、雾滴及霾粒直径不同、边界层分布不同(雾主要在近地层,分布不均,常有明显边界;霾厚度厚,与混合层相当,较均匀,无明显边界)。

据了解,雾和霾均是发生在静稳天气条件下的近地面天气现象,存在雾霾相互共存、相互转化和相互作用:雾需要凝结核,没有绝对干净的雾;雾中湿沉降对霾有一定的清除作用,同时,其高湿水汽又可导致二次气溶胶盐粒子的生成。

在温度方面,霾的吸湿性可导致能见度降低,使雾提早发生并使雾滴减小;霾的微物理过程及温度效应又可抑制雾的发生;持续时间较长的雾可导致气溶胶浓度逐渐上升,持续时间较长的霾可导致相对湿度逐渐增高,均可形成雾霾共存现象。一天当中随温度、湿度变化,雾霾可相互转化。

研究发现,秸秆的大量燃烧和霾的产生有很大的关系:燃烧秸秆会产生颗粒物和大气气溶胶粒子,但雾霾产生不仅与颗粒物和粒子数量有关,还与颗粒物和粒子浓度有关。

若大气处于静稳层阶条件,颗粒物和粒子产生后扩散不明显,浓度迅速增加,导致局地的空气质量和能见度下降,就会产生霾。而当湿度条件达到标准时,便产生了雾。

湿度介于雾霾的湿度标准之间时便是雾霾混合物,雾霾产生不仅需要颗粒物和粒子来源,还需要大气层结条件达标以利于累计、湿度条件满足标准以划分具体是雾还是霾。

因此,就关系来看,烧秸秆是雾霾产生颗粒物和粒子这一条件的一种源头。

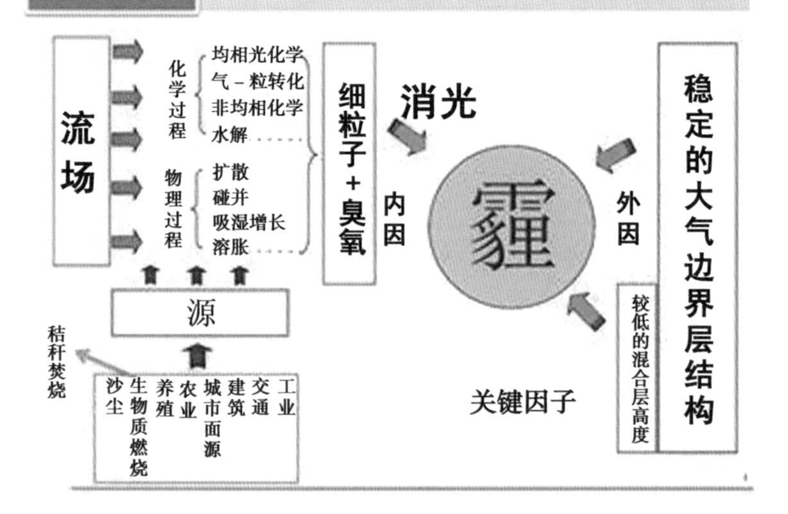

若大气层结条件适合，又没有其他颗粒物和粒子来源，那可以说，烧秸秆是决定性要素。

秸秆燃烧属于生物质燃烧，生物质燃烧可以理解成通过光合作用形成的植物体的燃烧行为，常见的有野火、森林大火、烧柴做饭和焚烧秸秆等。

此类燃烧由于燃烧温度较低，导致燃烧不完全，焦化过程中排放大量的颗粒物，这些颗粒物是造成能见度下降的元凶。

总的来说，入秋的霾与秸秆燃烧是有很大的关系的，但不是决定性要素。所有污染现象最具决定性的要素是大气自净能力、扩散能力和光化学清除能力。

综合治理东北焚烧秸秆问题

焚烧秸秆会对环境造成严重的污染。目前,我国各类秸秆年产量约为 10 亿 t,其中小麦和玉米秸秆占主要部分。

随着秸秆综合利用的推进,我国秸秆平均利用率已经达到70%。但是这当中有一半采取的都是就地打碎还田的利用方式。但每年都将大量的秸秆一次性直接还田,其实很难全部分解掉。

农业专家认为,秸秆还田采取的是物质自然循环的方式。但我国的农业生产已经是大规模商业化的产业,每年如此大量的农作物秸秆要想一次性完成分解,单靠土地的自然分解能力是远远不够的。要想处理掉这些过量的秸秆,还需要寻找替代办法。

据了解,东北三省各级政府三令五申,要求各级党委、政府守土有责、守土尽责,坚决杜绝秸秆焚烧问题,各级纪检监察机关要提高政治站位,强化责任担当,对监管责任不履行不落实、问题整改不彻底不到位,秸秆焚烧火点不降反增、造成严重环境污染的,严肃追究问责,从严惩治生态环境保护工作中不作为、慢作为、乱作为和损害生态环境的行为,为推动生态文明建设提供坚强纪律保证。

为此,不少专家表示,东北的焚烧秸秆问题十分严重,把秸秆收集起来进行工业化加工应该是未来着重发展的方向:

机械化秸秆还田:一是用机械将秸秆打碎,耕作时深翻严埋,利用土壤中的微生物将秸秆腐化分解。另一种秸秆回田的有效方法是将秸秆粉碎后,掺进适量石灰和人畜粪便,让其发酵,在半氧化半还原的环境里变质腐烂,再取出肥田使用。

过腹还田将秸秆通过青贮、微贮、氨化、热喷等技术处理,可有效改变秸秆的组织结构,使秸秆成为易于家畜消化、口感性好的优质饲料。

培育食用菌:将秸秆粉碎后,与其他配料科学配比作食用菌栽培基料,可培育木耳、蘑菇、银耳等食用菌,能有效地解决近几年食用菌生产迅猛发展与棉籽壳供应不足的矛盾。育菌后的基料经处理后,仍可作为家畜饲料或作肥料还田。

用作工业原料:农作物秸秆可用作造纸的原料,还可以用作压制纤维木材,能弥补木材资源的不足,减少木材的砍伐量,提高森林覆盖率,使生态环境向良性发展

用于生物质发电:将秸秆直接焚烧和将秸秆同垃圾等混合焚烧发电,还可以汽化发电。秸秆是一种很好的清洁可再生能源,每2 t秸秆的热值就相当于1 t标准煤,而且其平均含硫量只有3.8‰,而煤的平均含硫量约达1%。生物质的再生利用过程中,排放的CO_2与生物质再生时吸收的CO_2达到碳平衡,具有CO_2零排放的作用,对缓解和最终解决温室效应问题将具有重要贡献。

但是总的来说,要想实现秸秆禁烧,不仅仅是个环保问题,它实际上是需要认真面对的一个产业问题:一方面,是农民为处理秸秆头疼;另一方面,秸秆加工企业却面临秸秆收集困难的问题。

为此,南京农业大学农业资源与生态环境研究所首席教授潘根兴认为,分散经营对工业化生产来讲,怎么样变成一个规模化的集中利用,这个矛盾需要政府去引导、去解决。

此外,专家们还建议应鼓励专业秸秆收集队伍的建立,按照各地区收割时间的不同组织跨区域收集作业。这样可以进一步降低秸秆收集的成本,推进秸秆加工产业规模的扩大。

所以说,如何既不让农民因为秸秆的处理而增加额外的负担,又让企业以更高的效率、更低的成本收集到秸秆,是这个产业快速健康发展的一个关键。解决好这个问题,需要相关各部门协调处理。

记者手记:

一直以来,秸秆焚烧是农村环保治理的痼疾,焚烧秸秆会产生颗粒物、一氧化碳、二氧化碳等污染物,在扩散条件不利情况下会对大气造成污染。

不同于高达百米的燃煤锅炉烟囱,秸秆焚烧影响的一般都是低空空气,因此秸秆焚烧对城市和乡村空气的污染则更为直接。

尤其是在秋末冬初,这是静稳型重污染天气高发季节。静稳型重污染天气影响身体健康,易造成呼吸道疾病和支气管炎等疾病。

2017年我国秸秆禁烧形势总体上仍然严峻,尤其是东北地区有大幅度上升。

早在2017年5月，农业部拟定今年会安排中央财政资金6亿元用于东北地区60个玉米主产县的秸秆焚烧工作，政府的补贴起到一定的作用。

事实上，要彻底根除秸秆焚烧问题，除政府补贴外，还需要加强民众的环保意识，要让农民知道不合理处理秸秆焚烧会产生的严重后果等。

同时，要对秸秆实现规模化的集中利用，这需要一个长效的机制来协调各方的利益，来鼓励农民有动力第一时间积极地处理秸秆问题，而不至于因此给农民造成负担。

总之，秸秆焚烧问题是一个老问题，需要多方共同努力，排查、协调和厘清多方之间的利益关系，才能科学、合理地处理这个棘手的问题。

国家公园体制试点顶层设计基本完成将进入立法阶段

汤 瑜

摘 要 我国已设立10个国家公园体制试点，包括三江源国家公园、大熊猫国家公园等，面积超过20万 km^2。目前，国家公园体制试点顶层设计基本完成，国家公园法已形成专家建议稿。

下一步，还将继续完善相关的法律和政策，加快制定国家公园的设立标准。我国建立国家公园体制的目的，就是加强自然生态系统完整性保护，实现国家所有、全民共享的目标，建立分类科学、保护有力的自然保护地体系。

关键词 国家公园 体制试点 立法

目前，中国正式确认国家公园体制。根据《建立国家公园体制总体方案》，到2020年，我国建立国家公园体制试点基本完成，将整合设立一批国家公园，分级统一的管理体制基本建立，国家公园总体布局将初步形成。

国家公园建设需全民共治共享

建立国家公园体制，是践行习近平总书记生态文明思想的重要举措和生动实践，是一项系统工程。

国家公园是指国家为了保护一个或多个典型生态系统的完整性，为生态旅游、科学研究和环境教育提供场所，而划定的需要特殊保护、管理和利用的自然区域。它既不同于严格的自然保护区，也不同于一般的旅游景区。

100多年前的1872年，黄石国家公园作为世界上第一个国家公园被建立起来。

“国家公园”的概念源自美国，据说最早由美国艺术家乔治 · 卡特林提出。1832 年，他在旅行的路上，对美国西部大开发对印第安文明、野生植物和荒野的影响深表忧虑。他认为，只要政府通过一些保护政策设立国家公园，就可以让所有的一切处于原生状态，体现自然之美。

之后，他的观点被全世界许多国家采用，尽管各自的含义不尽相同，但基本意思都是指自然保护区的一种形式。

目前，全世界已有 100 多个国家设立了多达 1 200 处风情各异、规模不等的国家公园。像黄石公园、科罗拉多大峡谷……这些耳熟能详的国家公园不仅有效保护了当地的生态系统，而且成为世界闻名的旅游胜地。

国家公园社会参与的核心理念是全民共享、全民共治，通过社会参与实现生态、经济及社会效益的平衡发展。国际上成熟的做法是将对国家公园的管理实行多方参与、社区共建，公园与相关机构、社会团体协会、周边村、旅游公司等建立良好的协调发展关系和合作机制。

美国国家公园的决策必须向公众征询意见，这使得公园主管部门的决策不得不考虑多数人利益的最大化而非部门利益的最大化。

加拿大在国家公园管理中，公众的意见在计划目标拟订、交替方案拟订、经营管理计划拟订等过程中均被列为重要的参考资料，且公众对自然文化景观和环境保护的意愿也被充分考虑，使公众全面参与国家公园规划设计的每一层面。

英国所有的国家公园都有志愿者参与到公园的保护中去，有些公园志愿者达数百名。志愿者的服务是无偿的，并且国家公园管理局在很大程度上依赖于他们的存在。人们也很乐意充当国家公园的志愿者，因为在这个过程中他们可以欣赏美丽的乡村景色，与游人积极地交流和沟通，同时他们也意识到自己在为保护自然景观服务而自豪。

值得关注的是，法国尽管国土面积不大，但在法国本土及海外省的国家公园有 10 个，这 10 个国家公园几乎囊括了全法境内最具有代表性的多种陆地与海洋生态系统。

1960 年，法国颁布第一部有关建立国家自然生态保护区的法规《国家公园法》，首次提出了爱护生态环境、人与自然环境和平相处的发展理念，1976 年又颁布了《自然保护法》，这些法律的推出，极大地推动了法国国家公园及自然公园的建设和发展。

1931 年,日本出台《国立公园法》,标志着日本国家公园制度的创立。1934 年建立了第一批国家公园,包括濑户内海、云仙、雾岛等。1957 年《国立公园法》全面修订,并在此基础上制定了《自然公园法》,确定了日本的自然公园体系。由于国土狭窄、人口稠密,国家公园的土地权属复杂,日本采用了不论土地所有权的地域制自然公园制度,即通过相应法律对权益人的行为进行规范和管理。

设立 10 个国家公园体制试点

从 2013 年我国十八届三中全会提出“建立国家公园体制”以来,2015 年 6 月启动了为期三年的国家公园体制试点,当年 9 月,中共中央、国务院印发的《生态文明体制改革总体方案》又对建立国家公园体制提出了具体要求。

2017 年 7 月,习近平总书记主持召开中央全面深化改革领导小组第三十七次小组会议,审议通过了《建立国家公园体制总体方案》。国家公园一步步从概念变为现实。

如今,《建立国家公园体制总体方案》的出台不仅清晰勾勒出中国国家公园的轮廓,也设定了建成具体时间表——最迟到 2020 年,中国的国家公园就要来了。

目前,我国已设立 10 个国家公园体制试点,包括三江源国家公园、大熊猫国家公园、东北虎豹国家公园、云南香格里拉普达措国家公园、湖北神农架国家公园、浙江钱江源国家公园、湖南南山国家公园、福建武夷山国家公园、北京长城国家公园、祁连山国家公园。涉及吉林、黑龙江、青海、陕西、四川、甘肃、海南、福建、湖北、云南、浙江、湖南等省,面积超过 20 万 km^2。其中,面积最大的是三江源试点。

三江源国家公园是我国第一个国家公园体制试点,包括长江源、黄河源、澜沧江源 3 个园区,总面积 12.31 万 km^2,以自然修复为主,保护冰川雪山、江源河流、湖泊湿地、高寒草甸等源头地区的生态系统,维护和提升水源涵养功能。

大熊猫国家公园总面积 2.7 万 km^2,涉及四川、甘肃、陕西三省,其中四川占 74%。试点区加强大熊猫栖息地廊道建设,连通相互隔离的栖息地,实现隔离种群之间的基因交流;通过建设空中廊道、地下隧道等方式,为大熊猫及其他动物通行提供方便。

东北虎豹国家公园选址于吉林、黑龙江两省交界的老爷岭南部区域，总面积 1.46 万 km^2，旨在有效保护和恢复东北虎豹野生种群，实现其稳定繁衍生息；有效解决东北虎豹保护与当地发展之间的矛盾，实现人与自然和谐共生。

云南香格里拉普达措国家公园总面积为 602.1 km^2。试点区分为严格保护区、生态保育区、游憩展示区和传统利用区，各区分界线尽可能采用山脊、河流、沟谷等自然界线。

湖北神农架国家公园拥有被称为“地球之肺”的亚热带森林生态系统、被称为“地球之肾”的泥炭藓湿地生态系统，是世界生物活化石聚集地和古老、珍稀、特有物种避难所，被誉为北纬 31°的绿色奇迹。这里有珙桐、红豆杉等国家重点保护的野生植物 36 种，金丝猴、金雕等重点保护野生动物 75 种，试点区面积为 1 170 km^2。

钱江源国家公园位于浙江省开化县，这里拥有大片原始森林，生物丰度、植被覆盖、大气质量、水体质量均居全国前列。试点区面积约 252 km^2，包括古田山国家级自然保护区、钱江源国家级森林公园、钱江源省级风景名胜区以及连接自然保护地之间的生态区域，区域内涵盖 4 个乡(镇)。

湖南南山国家公园试点区整合了原南山国家级风景名胜区、金童山国家级自然保护区、两江峡谷国家森林公园、白云湖国家湿地公园 4 个国家级保护地，新增非保护地但资源价值较高的地区，总面积 635.94 km^2。

福建武夷山国家公园试点范围包括武夷山国家级自然保护区、武夷山国家级风景名胜区和九曲溪上游保护地带，总面积 982.59 km^2。

北京长城国家公园试点区总面积 59.91 km^2，长城总长度 27.48 km，以八达岭—十三陵风景名胜区(延庆部分)边界为基础。试点区域的选择旨在保护人文资源的同时，带动自然资源的保护和建设，达到人文与自然资源协调发展的目标。通过整合周边各类保护地，形成统一完整的生态系统。

祁连山是我国西部重要的生态安全屏障，是我国生物多样性保护优先区域、世界高寒种质资源库和野生动物迁徙的重要廊道，还是雪豹、白唇鹿等珍稀野生动植物的重要栖息地和分布区。祁连山国家公园试点包括甘肃和青海两省约 5 万 km^2 的范围。

为何要建立国家公园体制？2017 年 9 月，国家发改委相关负责人表示，新中国成立以来,特别是改革开放以来,我国的自然生态系统和自然遗产保护事业快速发展,取得了显著成绩,建立了自然保护区、风景名胜区、自然文化遗产、森林公园、地质公园等多种类型保护地,基本覆盖了我国绝大多数重要的自然生态系统和自然遗产资源。但同时也发现,各类自然保护地建设管理还缺乏科学完整的技术规范体系,保护对象、目标和要求还没有科学的区分标准,同一个自然保护区部门割裂、多头管理、碎片化现象还普遍存在,社会公益属性和公共管理职责不够明确,土地及相关资源产权不清晰,保护管理效能不高,盲目建设和过度开发现象时有发生。

因此,我国建立国家公园体制的目的,就是以加强自然生态系统原真性、完整性保护为基础,以实现国家所有、全民共享、世代传承为目标,理顺管理体制,创新运营机制,健全法治保障,强化监督管理,构建统一、规范、高效的中国特色国家公园体制,建立分类科学、保护有力的自然保护地体系。

三江源打造绿色文明“样本”

2015 年 12 月,中央全面深化改革领导小组第十九次会议审议通过了三江源国家公园体制试点方案。作为首个试点,三江源正式开启“国家公园”时代,目标瞄准“青藏高原生态保护修复示范区,共建共享、人与自然和谐共生的先行区”。

三江源地处世界“第三极”青藏高原腹地,平均海拔 4 000 m 以上,是国家重要的生态屏障。作为“中华水塔”的三江源是我国重要的淡水供给地,长江、黄河、澜沧江三大河流年均出青海省水量共 600 亿 m^3 左右。

三江源自然保护区是中国面积最大的自然保护区,有野生维管束植物2 238种,国家重点保护野生动物 69 种,占全国国家重点保护野生动物种数的 26.8%。藏羚羊、雪豹、白唇鹿、野牦牛、藏野驴、黑颈鹤等特有珍稀保护物种比例高,素有“高原生物自然种质资源库”之称。

据了解,三江源国家公园范围包括青海可可西里国家级自然保护区,以及青海三江源国家级自然保护区的扎陵湖—鄂陵湖、星星海、索加—曲麻河、果宗木查和昂赛 5 个保护分区。涉及果洛藏族自治州玛多县以及玉树藏族自治州杂多、治多、曲麻莱 3 县和青海可可西里国家级自然保护区管理局管辖区域。

近年来,三江源因其重要的生态保护价值、自然景观展示价值和历史文化原真价值,受到国内外广泛关注。

2016 年 6 月 7 日,三江源国家公园管理局挂牌成立,同时长江源、黄河源、澜沧江源三个园区管委会成立。将原本分散在林业、国土、环保、水利、农牧等部门的生态保护管理职责,全部归口并入管理局和三个园区管委会,实现集中、统一、高效的保护管理和执法,从根本上解决政出多门、职能交叉、职责分割的体制弊端。国家公园内全民所有的自然资源资产委托管理局负责保护、管理和运营,按照"山水林草湖"一体化管理保护原则,对园区范围内的自然保护区、重要湿地、重要饮用水源地进行功能重组,打破了原来各类保护地和各功能分区之间人为分割、各自为政、条块管理、互不融通的体制弊端。

同时,在整合县政府所属国土、林业、水利等部门相关职责的基础上组建生态环境和自然资源管理局,既是管委会内设机构,也是县政府工作部门。整合县级政府所属的森林公安、国土执法、草原监理、渔政执法等执法机构,组建园区管委会资源环境执法局,开展综合执法。整合林业站、草原工作站、水土保持站、湿地保护站等涉及自然资源和生态保护单位,设立生态保护站。国家公园范围内的 12 个乡(镇)政府挂保护管理站牌子,增加国家公园相关管理职责。

值得一提的是,2016 年开始,园区管委会按照中央精准脱贫工作的要求和试点方案的部署,设立生态管护公益岗位机制,安排专项资金 3.1 亿元用于生态管护公益岗位劳务报酬。按照精准脱贫的原则,管委会先从园区内建档立卡的贫困户入手,新设生态管护公益岗位 7 421 个,目前已有 10 057 名生态管护员持证上岗。一个个乡镇管护站、村级管护队和管护小分队,构建起远距离"点成线、网成面"的管护体系。

走进三江源国家公园,曾经的盗猎之地,如今已恢复平静。园区内冰川雪山、江源河流、高寒草甸等生态系统遍布。随时可能会邂逅藏羚羊、白唇鹿、棕熊、藏野驴……这些野生珍稀动物。

三江源国家公园体制试点的成功经验,实现从"九龙治水"到系统保护的历史性转变,成为中国生态文明建设的一张亮丽名片。

国家公园法已形成专家建议稿

2018 年 12 月 13 日,国家林业和草原局新闻发言人黄采艺在国新办发布会上透露,《国家公园法》已形成专家建议稿,国家公园发展规划也启动编制,并正在组建北京长城国家公园试点区的管理机构。

黄采艺表示,目前已整合组建了统一的管理机构,积极探索分级行使所有权和协同管理机制,努力构建统一事权、分级管理的工作机制。北京长城国家公园试点区的管理机构正在组建,三江源、祁连山两个国家公园在试点建设中,创新性地在核心区设置了生态体验点,就是拟打破过去核心区禁入的限制,尝试解决人类活动与自然保护间的矛盾,为我国合理利用自然资源提供新的工作思路和方案。

同时,还起草了《建立以国家公园为主体的自然保护地指导意见》,启动国家公园发展规划编制工作,推动各试点区编制总体规划、专项规划。探索多元化的资金保障机制,建立以财政投入为主、社会投入为辅的资金保障机制,扩大资金来源和渠道。探索社区协调发展机制,吸引社会力量广泛地参与,建立生态保护补偿制度,实行社区共管。

他透露,下一步,还将继续完善相关的法律和政策,加快制定国家公园的设立标准,编制国家公园发展规划,加快编制总体规划和专项规划,加强自然资源资产管理制度的建设,及时开展试点评估和经验总结,开展基础性的建设工作,做好2020年设立一批国家公园的前期准备。

3月12日上午,国家林业和草原局局长张建龙在全国两会"部长通道"上表示,国家公园体制试点顶层设计基本完成,国家出台总体方案,审议通过建设以国家公园为主体的自然保护地体系的指导意见,也起草了保护国家公园的布局和标准,在顶层设计方面基本上有了遵循。同时进一步加大保护地的修护和保护,通过管理接管执法,建立监督检测体系,使过去在国家保护区、现在在国家公园范围内一些非法的、不合理的工程项目逐步开始退出,甘肃祁连山就是一个典型。

有专家指出,国家公园具有公共属性,要想国家公园走上可持续发展的轨道,就要鼓励国家公园周边社区及相关群体参与到国家公园建设中,让他们参与国家公园管理。

目前,世界上许多国家的国家公园都有其法律体系,其中对每个国家公园都有单独的国家公园法。而通过公众参与的过程,国家公园管理局可以共享法律政策规定、规划过程,存在的问题和提出管理方向等方面的相关信息,从中可寻求支持。

记者手记：

国家公园建设是一个系统工程，涉及管理体制调整、资源综合利用、景区功能转型、财政投入等诸多复杂问题。我国的国家公园建设还处在起步阶段，需要借鉴国外较为成熟的发展模式和经验，但又不宜照抄照搬，要立足我国人多地少的基本国情和发展所处的阶段性特征，处理好体制转换过程中的衔接，量力而行，有步骤、分阶段推进。

建立国家公园体制既能引领生态文明建设，又能避免过度开发生态资源。国家公园不仅是旅游休闲的地方，还承担着中华历史文化传承的使命，门票定价不宜过高，国家财政要加大投入。

特别是要鼓励全民参与创建，加强宣传引导，增强人民群众创建国家公园的主人翁意识，激发公众共享共治的积极性和主动性。

在管理模式上，要突破条块分割的约束，对国家公园实行统一规划、统一管理、统一保护和统一建设的模式，打破过去各自为政、条块管理、互不融通的体制弊端。

生态保护还要更好地与精准脱贫对接，像三江源国家公园聘用了将近 1 万多名管护员，都是当地村民，保护生态环境。

国家公园的指导思想就是国家所有、全民共享、世代传承，这必然会带来一系列体制机制的创新，值得期待。

2017年"黄河十年行"纪事

汪永晨

摘　要　民间环保组织绿家园从2010年发起了以媒体为视角记录黄河的"黄河十年行",2017年是第八年。黄河源头的高原生态,黄河中游人与自然的关系,黄河入海口的新增国土是多了还是少了,都是"黄河十年行"走黄河在关注、在记录着的。

今年,科学家着急的是黄河滩上一片生活了300多年的古柽柳因羊曲电站的修建将要被全部淹掉。经过媒体与民间环保组织的努力,虽然电站的修建被叫停了,但古柽柳最终的命运还不知掌握在谁的手中。

三江源国家公园里的网围栏正在被拆除中。

关键词　青藏高原　黄河源头　高原的动植物　黄河渭河交汇　古柽柳　腾格里沙漠　黄河入海口

2010年,民间环保组织绿家园志愿者发起了"黄河十年行"。希望通过记

作者简介:汪永晨,女,原中央人民广播电台记者,民间环保组织"绿家园志愿者"召集人。1999年制作广播特写《走向正在消失的冰川》等广播节目,三次获得亚洲太平洋地区广播节目大奖;1999年国家环保局《地球奖》两万人民币奖金捐给中华环保基金会;2000年被国家环境保护总局评为"环境使者";2004年美国旅游杂志年度人物,两万美元捐给怒江小学建阅览室;2007年当选由人大环资委、国家环保总局、中宣部等七部委评出的"2007绿色中国年度人物";2008年9月当选美国《时代/CNN》"2008环境英雄";2008年12月获得人民网"改革开放30年环保贡献人物"荣誉称号;2012年10月获得"绿色中国年度焦点人物";2014年获女性传媒大奖;2016年入选美国《外交政策》杂志(Foreign Policy)"2016年全球百大思想者";2003年以来关注中国的江河,特别是呼吁并推动公众对环境影响评价法的认知及有关部门对环境影响评价的执行和听证会的召开。

者、专家及志愿者在黄河边10年的行走,记录、书写黄河及生活在黄河边的10户人家10年中的变化。

到2017年,"黄河十年行"已经是第8年了。8年来,在"黄河十年行"的记录中,有黄河源头受全球气候变化的影响所发生的变化;有腾格里沙漠的污染在媒体的曝光后,引起了国家主席习近平的重视并批示;也有入海口山东东营黄河对大地母亲最后的吻别时的"人为干扰"。

在我们8年的行走中,越来越感受到了西部大开发战略如果做不好,将会影响几代中国人的生活质量和利益。如何开发和利用好自然资源,特别是可再生的自然资源,不仅对中国整体经济发展和可持续发展至关重要,还将影响到中华民族的未来。

大江大河的科学开发与利用,在水资源缺乏的当代中国,已成为一个突出的现实问题。而水资源开发引起的生态环境问题,更是值得全国人民深思的国家、民族大事。

"黄河十年行"领队、生态环境学者赵连石认为:"黄河对于中国人来说,是很厚重的,十年想摸清楚恐怕很难。但用十年的时间,我们还是可以看到一个从自然的河流到农耕的河流,从农耕的河流到工业的河流,黄河所承受的人类的野蛮干预。""黄河十年行"就是要一步一步地了解当下行为对黄河的影响,并通过媒体呼吁对黄河的开发应该适度。

"黄河十年行"行走的8年来,同行的记者坦言,这是一场非凡的体验之旅。在一生中能有这样深入接触黄河生态的考察机会,是一件激动人心的事情,再苦再累也要坚持走完全程,并付出最大的努力,让外界知道一个真实的黄河生态现状。

2017年"黄河十年行"从北京出发到黄河源头行程是8 000多km。每天要写"黄河十年行"纪事和集体日记,这由参与者一起完成。后方北京要把每天走的行程整理、记录下来,发到每天的"绿家园江河信息导读"。他们都是利用业余和暑假的时间,做着此次"黄河十年行"的志愿者编辑。

1　黄河入海口的变化

2017年8月16日早上,"黄河十年行"采访队在北京整装待发。

各位:咱们的司机是志愿者高爱生先生,高先生是做景观设计的老总,这次

早上七点准备好了,出发!(2017 年)

义务全程为考察队开车。一早上,大家已经感受到了他浓浓的激情。

本次考察特约专家李敏,1983 年 7 月参加国家计委下达的黄土高原水土保持专项规划。1986 年开始从事黄河流域沙棘资源开发利用的组织管理工作。1991 年主持黄土高原水土保持世界银行贷款项目的经济分析工作。1995 年当选中国水土保持学会沙棘专业委员会副秘书长。参与主持的“沙棘遗传改良系统研究”成果获 1998 年度国家科技进步一等奖。主持的水利部水利技术开发基金课题“砒砂岩地区沙棘育种研究”获得黄委黄河上中游管理局 1997 年度科技进步一等奖……

这次考察队最小的队员是位高中生。名字有意思,叫黄河。黄河参加“黄河十年行”,在高中阶段有机会、有勇气从头到尾行走黄河,是他人生的一次有意义的历练。

今天的目的地是黄河入海口。

从早上 7 点北京出发,到下午 4 点多,经过 9 个多小时的跋涉,我们到了黄河入海口。“黄河十年行”从 2010 年开始,每年都要来到这里。

东营,黄河入海口的湿地及黄河故道,是国家级黄河三角洲自然保护区,总面积达 15.3 万 hm^2,是全球暖温带最广阔、最完整、最年轻的湿地生态系统,是国际重点保护的全球 13 处湿地之一。

黄河三角洲湿地,是国家级自然保护区,候鸟东线最大的迁徙驿站,被誉为国际鸟类降落场。2012 年“黄河十年行”采访了黄河入海口国家自然保护区的研究人员。得知区内水生生物资源达 800 多种,其中分布着各种珍贵、稀有、濒

“黄河十年行”在黄河口(2017 **年**)

危的鸟类。

在现已证实的 187 种鸟类中,列为国家一类保护的有丹顶鹤、金雕等 5 种,二类保护的有 27 种,世界存量极少的濒危鸟类黑嘴鸥在保护区内却有较多分布。遗憾的是,近年来大规模的海水养殖业,导致丰富的滨海湿地水漠化(与荒漠化相类,滨海滩涂消失),浅海生物数量锐减。

根据国际鸟类监测,2013 年往返于北极、澳洲的候鸟,在返程北迁时,大部分鸟类在途经中国沿海滩涂时,突然改道日本南方诸岛,避开福建、江苏、黄河三角洲湿地,绕行阿留申、硫磺岛、琉球群岛等,在接近日本岛前,折回辽宁湿地,向西伯利亚迁徙。

候鸟改道应与黄河三角洲大面积围海养殖,造成滩涂水漠化,近海生物栖息地丧失,生物量锐减,食物短缺有关。

滨海滩涂所孕生的底栖生物量较人工养殖的海产丰富得多、复杂得多,是一个数量巨大、种类庞杂的生物链,而人类只取自己所需的鱼、虾、蟹,视其他生物为废物。

浅海滩涂,也就是沼泽性滩涂,海洋生物的主要产卵区和栖息地的大面积淹没,导致浅海滩涂的巨大碳汇效应弱化。而根据中国海洋国际合作委员会对黄、渤海生态区的调查,滨海滩涂的碳汇能力为森林的 15 倍。

黄河入海的地方叫仙河镇。当地人说,仙河镇,原本为仙鹤镇,因这里曾是仙鹤的栖息地。曾经不单鸟类和植物超多,还有不断发现的新物种。

黄河携大量泥沙、微量元素、硅藻类物质(构成生命的基础元素)及汇集了沿途数千千米的营养物,输送至黄河三角洲,于浅海滩涂构成的自萌生生态系统,对生态建构、物种繁育、排海污染起到巨大的生命摇篮及生物养化塘的净化作用。

2013 年和 2014 年,黄河水利史专家徐海亮两次加入我们的“黄河十年行”。在大巴课堂上,他让我们更多地了解到,原来从北京到山东东营途经的很多河流,都曾是黄河入海口。比如廊坊附近的山经河,是 5 000 年前黄河可追溯的最早的入海口。如今,天津至郑州的黄淮海平原,就是黄河经数次改道,并携带大量泥沙在渤海凹陷处沉积形成的黄河三角洲。今天,这里是中国湿地和濒危鸟类的国家级自然保护区。

从徐海亮那儿我们知道,原来治理黄河泛滥的英雄不仅仅是大禹,虎门销烟大英雄林则徐对黄河改道居然也有过重要的预测,对黄河的治理做出过杰出贡献。

黄河年泥沙量超过 17 亿 t,近代治河思想为高筑堤、窄束河,使之冲入海,变造田运动为造陆运动,于入海口处每年造陆约 30 km^2。

黄河的造陆运动,令国土面积不断向海延伸,极大地便利了沿海大陆架的石油开采(胜利油田为我国油井最为密集的石油开采区)。从而,围绕石油建立的大型企业化工园区亦在此云集,工业用地涉及自然保护区的,被划为非地。在这里,石油开采、化工污染、盐田、虾塘的过度开发、垃圾填埋、湿地退化、保护区面积萎缩等各种问题错综交织。

不过,2017 年“黄河十年行”发现,路边的牌子和前几年相比,有了变化。

2017 年,原来在东营工作,现在生活在大连的志愿者任增颖特意赶来。她告诉我们,盐还是有很多没有卖出去,但大堆明显减少了。

2017 年 8 月 17 日早上,“黄河十年行”在任增颖的带领下,再次记录了黄河入海口的变化。从 2010 年“黄河十年行”开始,我们就跟踪记录着这些保护区的牌子。可从有字的牌子,到牌上的字几乎快掉完了,再到连写有保护区字的牌子找都找不到。

2017 年,我们看到了另一番情景。自然保护区的界线明确了,照片上的远处是正在拆除中的不达标的化工企业。

这几年,“黄河十年行”在黄河入海口采访时,当地人总说:东营,原来的湿

黄河入海口的大牌子(2011 年)

黄河入海口的大牌子(2015 年)

大牌子是滨海梦了(2017 年)

地现在变成成片的化工厂了。每到晚上或有大风的时候,整个东营港被难闻的气味所笼罩。就连距离东营港 15 km 远的仙河社区也难逃空气中的怪味。

2016 年 8 月 26 日,让“黄河十年行”最高兴的是,前两年我们拍到工厂里流出的黑黑的污水现在看不到了。河里的水是清澈的。当地司机说或许是因为

黄河入海口仙河镇的垃圾场(2014 年)

黄河入海口的垃圾场清理了(2017 年)

新立的自然保护区的界碑(2017 年)

这两天下大雨,让这里的水质有了改观。

每年都陪我们来的任增颖告诉我们,当地的政府和企业是花了大力气进行

化工厂边的水是黑的(2014 年)

改造的。所以,记者们镜头里的黑水变了颜色。我们一年年的报道应该说是见到了成效。

“黄河十年行”记者张宏涛在记录(2017 年)

“黄河十年行”拍到的水清了(2017 年)

“黄河十年行”的记录,如果说是影响到了当地的执法部门,那么东营今天的水清,不管怎么说,也是一个好的案例。

今天的东营水虽然清了，但是气味还是浓浓的臭。多希望“黄河十年行”结束的时候，黄河母亲向大地最后的吻别，大地与河水都是她们原本自然的颜色、自然的芬芳。

离开东营，“黄河十年行”的车开向河南郑州花园口。

2　黄河在花园口成了老滩

2017 年“黄河十年行”从北京出发的第一天，一路奔波、采访、记录，差不多 10 点左右才在住处安顿好。8 月 17 日清晨 6 点 20 分出发，到 8 点整，拍到黄河入海口的变化之后，大家心情不错，在街头用早餐。大包子，吃得真香！

北京的绿家园志愿者晗晗从网上看到我们的辛苦，打来 2 000 元钱说是给“黄河十年行”每天的早餐。当然，按照惯例，这钱我们就用来捐给黄河源的学校建阅览室了。

从黄河入海口东营到郑州，690 km，下午 4 点多经过开封大桥，最后到达花园口。一路上，经过兰考黄泛区、东坝头悬河。花园口位于中国河南省郑州市区北郊 17 km 处，黄河南岸。

到了花园口，我们马不停蹄拍开了越来越瘦的黄河。黄河在花园口是我们“黄河十年行”看着一点点消失的。不过成了湿地的黄河旅游开发倒是挺红火的。

从花园口看过去是黄河大桥(2010 年)

黄河这样的变化，在“黄河十年行”的记录中，可以说是惊人的。不过，我们还没有找到真正的专家能说说这到底是怎么了。

从花园口看过去是黄河大桥(2017 年)

花园口,在中国人的心里是有伤的。花园口决堤,又称花园口事件、花园口惨案。1938 年 5 月 19 日,侵华日军攻陷徐州,并沿陇海线西犯,郑州危急,武汉震动。6 月 9 日,为阻止日军西进,蒋介石采取"以水代兵"的办法,下令扒开位于河南省郑州市区北郊 17 km 处的黄河南岸的渡口——花园口,造成人为的黄河决堤改道,形成大片的黄泛区,史称花园口决堤。

花园口决堤后,如脱僵野马,奔泄而下的黄河水,卷起滔天巨浪,历时 4 天 4 夜,由西向东奔泄的河水冲断了陇海铁路,浩浩荡荡向豫东南流去。据不完全统计,河南民宅被冲毁 140 万余家,倾家荡产者达 480 万人。89 余万老百姓猝不及防,葬身鱼腹,上千万人流离失所,并且造成此后连年灾害的黄泛区。这是蒋介石根本没料到的后果。

"黄河十年行"采访专家齐璞(2017 年)

从 2010 年"黄河十年行"第一年就加入我们的黄委会专家齐璞先生一贯对黄河人为的治理充满信心。可是如今站在花园口的黄河边,他也认为,虽然黄河被治好了,没有洪水了,但这里黄河水已经很少、很少。只有河心那窄窄的、浅浅的一汪水。还是希望黄河能安全。

1958 年 7 月 14 ~18 日，黄河晋陕区间和三门峡至花园口段连降暴雨，干支流河水猛涨。7 月 17 日，花园口水文站出现了洪峰流量为 22 300 m^3/s 的大洪水，郑州黄河铁路大桥被冲断。这是 1919 年有水文观测记录以来的实测最大洪水。

按照规定，这个流量的洪水是北金堤滞洪区分洪与不分洪的界限。当时，黄委会面临着一个两难选择：如果分洪，北金堤滞洪区的 100 多万人口的安全撤退尚无保证；如果不分洪，堤防万一失守，损失将不可估量。

正是因为花园口水文站在黄河下游防汛抗洪中的重要地位，所以最先进的设备总是首先配备到这里。

花园口水文站成为黄河上第一个数字化水文站。因为花园口的地位重要，也因为花园口水文站的设备先进，如今，黄委会的黄河防汛前线指挥部就设在花园口。

然而，今天黄河在花园口的流量保持在 300 m^3/s，今天黄河在花园口绿了，黄了，成了一条可以跑马的大路。

黄河无水后从嫩滩到了老滩(2017 **年**)

同行中也有专家认为这是黄河自身摆动的结果。不过齐璞看着眼前的黄河老滩却不像以往那么自信、那么乐观。

前些年我们问过齐璞，黄河在花园口的水少、河干，和上游小浪底大坝截断有没有关系？齐璞一直没有明确表态。可是今天，当我们一起走在黄河老滩上的时候，他似乎也不再那么肯定没有关系了。他同时质疑的还有，今天黄河在花园口的含沙量降低了，黄河清了，这是好事吗？

黄河在花园口今天的生态变化,还有待专家给以论证。“黄河十年行”记录的,只是八年来一年年一眼望去,黄河在花园口不断演绎着的变化。

我们中有人说,黄河可惜不会说话,黄河真的不会说话吗?

花园口,在中国人的心里是永远的痛!黄河在花园口将如何继续变下去?让我们关注!

3　黄河上的两个“巨无霸”

2017 年 8 月 18 日,“黄河十年行”一大早就来到了小浪底大坝前,黄河无语。

小浪底大坝前(2017 年)

2016 年 8 月 24 日晚上,“黄河十年行”到小浪底时,我们第一次接触了两位小浪底水库的管理者。他们坚定地认为小浪底水库吸取了三门峡水库的教训,加上是国外水利专家参与设计和建设,所以运行这些年抵御了洪水,疏通了黄河里的沙,灌溉了农田,还发了电。他们说这些时,甚至有些慷慨激昂,显示着对职业的专注与热爱。

不过,在我们问他们,现在小浪底水库里的淤沙占了多少库容时,他们说不出具体的数字,但很痛快地答应帮忙查一下。

黄河的含沙量之大,是三门峡水库修建时没有给予足够重视而成为败笔的一个原因。小浪底水库的库容是不是也超过了设计的预期,我们还需要再跟踪调查。不过,2010 年、2013 年“黄河十年行”到河南时,郑州环保志愿者崔晟说,自从小浪底水库修建以来,上游来水量减少,平常水面宽最多不过几米。崔晟认为,不应该在黄河上修建大坝,要让它保持自然流淌的状态。

黄河水利科学研究院齐璞当然不同意这一观点。他认为,小浪底具有调水调沙的功能,可以利用人造洪峰的办法冲刷淤积的泥沙。但他也承认,现在花园口的水位比以前降低了十几米。

水库是人工湖泊,与天然湖泊一样,避免不了泥沙淤积问题。这也是所有水库大坝工程包括小浪底和三峡工程面临的真正挑战。

“黄河十年行”生态专家王建,这些年来坚持认为自然有其自身规律,人类应该遵循这种规律,小浪底建成以后调水调沙能力没有达到预期效果,而且也带来一些负面效应。例如自然的江河被人为地“规范”了,还有对生物多样性的影响。

王建认为,由于过去我们人类缺乏对大自然的认识,觉得这些水不用就白白流走了。其实,自然不仅仅是为了我们人类而存在的,江河也不仅是为了人类而存在的,还有地球上其他的朋友。

2017年“黄河十年行”来到小浪底,因为我们已经认识了小浪底工程管理局的马正良,所以在他的陪同下,我们来到了山上,能够近距离地观看小浪底大坝。可惜和去年差不多,雾锁黄河。

马正良告诉我们,小浪底水利枢纽功能是以防洪、防凌、减淤为主,兼顾供水、灌溉和发电。枢纽正常蓄水位高程275 m,死水位230 m,设计洪水位272.3 m,校核洪水位273 m;总库容126.5亿 m^3(正常蓄水位高程275 m以下),其中防洪库容40.5亿 m^3,调节库容51亿 m^3,死库容75.5亿 m^3(2016年10月已经淤积33亿 m^3)。

马正良告诉我们,实际上在小浪底大坝修建以前,黄河在这一段是清澈的。到下游10 km以后它才又变浑了。老马说希望下次有搞地质的专家来这里解释一下为什么是这样。他自己的大胆设想是:古时候这里就像壶口瀑布一样,落差很大,经过4 000 km的冲刷,很多石头堆积在这里,千万年堆积实际上是一个大型的U形,经过这个U形到西霞院以下,一泛上来它就变成清的了。

当年,诗人王勃的家乡离这里只有十几千米。他也经常到这来,写了游记。曾经,走在黄河边,可以听到河里咕咚咕咚的声音,古人就说是龙在河里面发声呢。实际上是河床里边的石头,滚动撞击。

马正良说:“我们想想,黄河石上有一个大大的太阳、有一个圆圆的月亮是什么情形?其实我们这里说的黄河石上的太阳、黄河石上的月亮就是石头互相撞击,撞出了一个白点儿,黄水一浸就是个太阳。清水冲的时间久了就是个月亮。所以,磨砺的结果使得小浪底的黄河石极有特色。

2017 年 8 月 18 日,在小浪底大坝前,一位刚刚考上中国传媒大学的年轻人知道我们在义卖书为黄河源小学捐阅览室,就买了一本。这位准大学生说希望黄河源的孩子也能受到良好的教育。

“黄河十年行”有 10 户人家是我们每一年都要访问的,像我们要记录黄河 10 年的变化一样,也要记录这 10 户人家 10 年的变化。

“黄河十年行”第一年,我们定了要找一户小浪底水库的水电移民跟踪 10 年。苗德中是我们在大坝旅游区门口买水的时候,聊起来走进他家的。这一记录就是 8 年。

老苗家在小浪底大坝旁边开了“黄河人家”农家乐,8 年来,我们看着他家怎么从一个小棚子到盖了几层楼的。现在网上都能查到他家的“黄河人家”,在当地也是很有名的,日子过得挺红火。

在我们的记录中,苗德中从一个农民到水电移民,然后开了一个饭馆,挣了钱后开始搞饮食文化,建历史人物纪念地,这些年开始了另一大手笔:为一个村子的水电移民写村志。

60 多岁的苗德中是新时代的农民,也是水电移民过得很不错的一家子。这两年他会通过微信问我们什么时候来呀,千万别过不来啊。对我们来说,8 年来的交往让我们一年年像是走亲戚一样互相惦念着。

自己家的日子过好了,老苗想的是:我们村的历史比较悠久。历朝历代我们这里都出了很多名人,如李商隐。赵家洼那里有赵氏五兄弟,全是进士,这都是有历史记载的,他们和李商隐是同学,在济源修道的时候,来这里做了一首诗说这个地方胜比江南。

今天,黄河在这里已是高峡出平湖了。老苗想把今天的移民史传承下去,让后人也了解他们今天的生活。所以,他准备出一本村移民手册。他要给每个人写个介绍,拍张照片。虽然很多人出去打工了,虽然也有的人用手机拍像素不够,照片质量不那么好,但是老苗已经完成了 90% 的工作量。他准备自费出 600 册。用他的话说,这 600 册哪怕留下一二册,对后代也是一种传承。如今每当“黄河十年行”到老苗家时,他都会举着相机给我们拍照,然后自己做个美图剪辑发到网上。

这几年,苗德中在自家院子对面建了历史人物纪念地,不管“黄河人家”的

“黄河十年行”在老苗家(2017 年)

老苗和母亲(2017 年)

农家乐了,让孩子们管理。用他的话说:我只是参与参与,因为还有事要做。

到 2016 年,老苗除了已经拍了七八万张照片,每个村民照一张,还要把每个人的出生时间、个人简历、爱好写出来,建立一个微信群,再发给本人审核,名字对不对,出生时间对不对,简历对不对。你认为我写的不适合,你再把你的简历给我发来,我再给你改。这部分工作大概涉及 2 000 个移民。

老苗说,如今按户已经做了 90%,按人也已经 70% 多,因为大部分人在外面打工,现在都有微信,直接发微信就行了。

我和老苗说，人家都是写家谱，你是在写村谱，相当于村志，很大的工程呀。老苗说，我计划三年时间完成。我们问老苗，有人帮你一起做吗？他说，就我一人做，靠一种精神就能做。

同行的社会学家、编剧黄纪苏说，您可以当一个民间的司马迁，民间的历史学家。

老苗赶忙说，文化水平太低了，现在也在找退休教师请他们帮忙看看我搜集整理的。

在我写这篇文章时，老苗给我发来了他写的村谱中的一页。他告诉我，他收集的照片有 10 万余张了。

离开小浪底水利枢纽和苗德中的家，经过 150 km 的路程，我们到了黄河上另一座大坝——三门峡大坝。

生态专家王建在三门峡大坝前拍排沙(2017 年)

李敏在静静的三门峡大坝前(2017 年)

退休前一直做黄河水土保持的专家李敏先生，今天站在三门峡大坝前说：“今天是我第二次站在这个地方。三门峡水利工程，应该说是新中国治理水利的先驱者、开拓者。当然，它也承载了很多是是非非，承载了很多教训。同时，为启迪后人进一步开发黄河做出了很大贡献。我觉得我们评论这么大的一个水利工程应该从历史的角度、从科学的角度来评价。当然，这里面有很多感情色彩，比如新中国成立以来我们怎样树立民族的自尊心，黄河作为中华民族的母亲河，我们应该在这儿有所作为。所以，当初苏联援华的 200 多个工程项目中，黄河三门峡是其中唯一一个水利工程项目。所迈出的是很重要的一步。可能这一步一脚踩空，但为以后更扎实的迈进提供了经验和教训。”

小浪底和三门峡大坝，“黄河十年行”第一、第二年来的时候都赶上那里的排水排沙。从景观上看气势十分壮观。不管对这个水电站持有什么态度的人，都不能不被眼前的阵势所震惊。

黄委会的专家齐璞告诉我们，空库排沙是把库区原有的蓄水排空以后利用上游洪水冲刷库区淤泥。这样不但可以输送上游来沙，还能带走一部分库区原来淤积的泥沙。所以，从大坝排沙洞出来的是很稠的泥水。对于发电来说，这就是库容被沙子堆得太满了，满到了一定程度就是死库容，水电站的发电功能也就结束了。

传说当年大禹治水，来到这个地方，发现一块巨石挡在这里，于是连砍两刀，把巨石砍成三块石头，分别是人门石、神门石、鬼门石，三门峡由此得名。现在这三块石头都被淹在水下。实际上，三门峡是指河道分成三股水流。如今，三门峡电站大坝前那块水中的“中流砥柱”石保留了下来(三股水流之下有一大石，叫中流砥柱——成语的由来)。

很奇特的是，在建坝之前的几千年里，“中流砥柱”石无论河涨河落从未淹没在水下。因此，成为中华民族的象征之一。当年建坝的时候，也有人建议把“中流砥柱”炸掉，原因是怕它会挡住水流，影响发电。当时经周恩来总理批示，才算让这块“中流砥柱”幸存下来，而事实也证明它的存在并没有影响发电。

这些年“黄河十年行”在三门峡大坝前，更多看到的是那里成了鸟儿歇息、觅食之地。这举世闻名的万里黄河第一坝，现在每年入冬以后，来自西伯利亚成千上万只的白天鹅在这里自由自在地飞翔、漂游、嬉水、觅食，安详地休养生息，三门峡也因此有了天鹅城的美誉。

2012 年,“黄河十年行”深夜赶到三门峡大坝上。国家电力公司西北勘测设计院高工黄玉胜说,三门峡建成以来,一直毁誉参半。三门峡立项之初就遭到陕西方面的坚决反对,当时陕西不少政府官员通过多种渠道力陈此项目对陕西的影响。其中,最为显著的事件是,在 1955 年第一届全国人民代表大会第二次会议上,苏联专家提出“高坝大库”的三门峡水利工程方案虽然被全票通过,但水利专家清华大学教授黄万里坚持反对,直至生命最后。

黄万里认为,黄河携带泥沙是天经地义的,建坝拦沙,使泥沙全部铺在了从潼关到三门峡的河道里,潼关的河道抬高,渭河成为悬河;关中平原的地下水无法排泄,田地出现盐碱化甚至沼泽化。果然,在三门峡建成一年后,黄万里的担心成为事实。

“黄河十年行”在三门峡大坝前(2017 年)

作为以媒体的视角记录和书写的“黄河十年行”,或许我们并不能对这两个大坝做更多的评判。但是一年一年的记录,却让我们看到了黄河 8 年来的变化和这些变化所产生的影响。

4 今日潼关

潼关以水得名。《水经注》载:“河在关内南流潼激关山,因谓之潼关。”潼浪汹汹,故取潼关关名,又称冲关。

潼关设于东汉末,当时关城建在黄土塬上,隋代南移数里,唐武则天时北迁塬下,形成今日潼关城旧址。

唐置潼津县,明设潼关卫,清为潼关县,民国时袭之。历来为兵家必争之地,素有“畿内首险”“四镇咽喉”“百二重关”之誉。

“黄河十年行”水利史专家徐海亮说,说起潼关古城,不得不提及三门峡水库最初建立的规划。按照当时所讲,它应该静静地躺在水库下面。但事实是:人搬了、城拆了,而三门峡水库蓄水之后,从来没达到或者淹没过古城。

但还是有人研究过:三门峡大坝,把八百里秦川淹了四百里,让历史上并不缺水的潼关元气大伤。

潼关,也是黄河与渭河的交汇处。

渭河与黄河的交汇处(2017 年)

从 2014 年起,“黄河十年行”到渭河与黄河交汇处发现,那里修起了一道土坝,在渭河准备入黄河的滔滔大水之处,为了旅游被拦出了一个月亮湾湿地公园,让原来两条大江的交汇处大大改变了模样。

2015 年“黄河十年行”时,黄河水利史专家蒋超先生指出:两河汇聚处填河,再把末端堵住,这种擅自修改河道的行为不但违法,而且一旦水大发生决堤,首先遭殃的就是旅游景区的设施以及附近人们生命财产。

当地政府知道这样做的危险吗?

这样的改变,有专家的参与吗?如果没有,那在政府缺少有效干预的情况下,开发商在黄河上的作为,难道真的只能等出了事儿才会引起重视吗?

2010 年“黄河十年行”在黄河与渭河交汇处时,见到当时正在扫马路的刘金会,和她一起到她家坐了一会儿,决定把她家定为“黄河十年行”要用 10 年的时间跟踪采访记录的一户人家。她家因修三门峡大坝移民到渭河与黄河的交汇处。现因拦渭河水,修江边的湿地公园,她要再次搬家。

2011 年,老人告诉我们,她一个人过日子,别的不想,而养老金,她倒是想找人问问为什么不给呢。

关于征地补偿的问题,2013 年我们去时,刘金会说依然还是没有着落。老人还告诉我们,一个村民情急之下打了协调赔偿的领导,最后被送进拘留所,补偿的事宜后来也没人敢再提起。

2014 年“黄河十年行”时,刘金会的女儿告诉我们,老房子还没拆,连房子带院子政府给了 31 万元的赔偿,她只有离开这个住了 60 多年的家了。

2015 年,刘金会的女儿希望我们再拍拍她家的老房子,说下次来可能就看不见了。

从 2010 年到 2016 年,“黄河十年行”每次来到黄河与渭河的交汇处,刘金会都会站在家门口的大河边给我们唱秦腔。她唱的秦腔《劈山救母》讲述的是沉香悲情的身世。有时唱着唱着老人家会感伤起来。

前两年,我们要离开时,老人握着我的手说,一个人很孤单,你们以后每年都要来吧。后来老人又告诉我们:“我一个人住在这河边,不害怕了,我信主了,信基督教了,现在成正式的了。”

刘金会的外孙女考上大学了。家里人没有人喜欢秦腔,更没有人跟她学秦腔。

2016 年我们到刘金会老人的家时,4 位老人已经等在那儿了。去年也是他们 4 个老人在河边给我们唱的秦腔。老人们说,就是在一起玩玩吧。当然,我们每年听了后,也会给他们一点钱。虽然我们知道刘金会他们唱秦腔不是为了钱。

秦腔是中国汉族最古老的戏剧之一,曲调高亢,歌曲多以民间故事和有教育意义的题材组成。刘金会他们向我们介绍,现在村子里唱秦腔的人不多了,年轻一代多半出去打工,唱秦腔从长远看给当地老百姓带不来切实的经济利益。

所以,秦腔在山西、甘肃、青海、宁夏等发源地都面临着失传的挑战。就连西安最有名的秦腔馆子也没能逃脱关张的宿命。如果中国的这些博大精深的艺术要想被评为非物质文化遗产,不给他们提供一个能活下来的平台,能行吗?

2015 年“黄河十年行”与刘金会他们告别时,4 位老人一直不离去,车已经开得很远了,他们还在向我们招手。对这样的老乡,我们除了年年来,除了来时带上上一年给他们拍的照片，也做不了什么了。可刘金会说，每年都盼着你们来呢。

“黄河十年行”在刘金会家(2014 年)

2016 年，刘金会家老房子还没拆，但草长得老高了。听四位老人拉胡琴唱秦腔，谁也听不太懂，可这伴随老人们一生的唱腔，在大河边唱起时，还是深深地感染着我们，让我们的思绪随着河水和秦腔在空中回荡。

刘金会说，以前这河水是流动的，拦坝以后，就成死水了，我肯定是不喜欢。前几天有两个好漂亮的小孩在这里淹死了。原来渭河那么大的水，河水是流动的，没有人敢游泳，也没淹死过人。这句话不知为什么老人说了好几遍。

比起前面说的小浪底水库移民苗德中，三门峡的水电移民刘金会过得没有那么潇洒。她家本来住在渭河和黄河交汇的河边，因为当地要开发旅游，她的家被拆掉了。

2017 年 8 月 18 日，是“黄河十年行”跟踪采访刘金会的第八年。老人的家成了这样。前两年来，老人一个人住在河边，虽然有些寂寞，毕竟是住了 60 年的家，充满了浓浓的回忆。她说，我的孩子我的孙子都是在这儿长大的。

今天，我们再次走进还没有拆完的老人的院子，一院子的草长得老高老高了。和老人聊时，她的眼泪一直忍着，忍着没流出来。

从第一年来知道老人会唱秦腔，八年了，每年来，站在黄河、渭河交汇处家门口的老人都会用高亢的音调，为我们唱上几曲秦腔。今天老人站在家门口再次给我们唱起来。可是来过这里，听过老人唱秦腔的电视编导宏涛却说他找不到曾经听时的感觉了。

今年，感觉老人家底气不足了，而我们回味着听了 8 年的秦腔，不仅有对老

“黄河十年行”在刘金会家没有拆完的院子里（2017 年）

人的同情，更有对她，对渭河、对黄河交汇处明天命运的担忧。

在渭河与黄河交汇处唱秦腔（2017 年）

听刘金会唱完秦腔，我们和老人一起离开了老家，去了她现在租房子的新家。二层楼上两间小屋，没有了大河，没有了菜园，老人开始了新生活。

2010 年“黄河十年行”时，人类学家罗康隆告诉我们，从黄河入海口一直到源头，齐鲁文化、中原文化、晋商文化、蒙古文化、藏族文化依次呈现。而在黄河上建造的 3 000 多座大大小小的水库，不知淹没了多少我们还没有来得及了解和记录的文化。

2012 年国家电力公司西北勘测设计院高工黄玉胜说，三门峡水电站作为新

老人住进了租的楼房的新家(2017 年)

中国第一项大型水利工程,有人说是一个败笔。但作为新中国治理黄河的第一个大工程,其探索方法、积累经验的作用是不可小看的。丹江口、小浪底、葛洲坝、三峡等大工程都从它那里得到了极其宝贵的经验教训。但是,同样不能因此就拒绝做深刻的反思。

生态学家王建说,我们遇到问题的时候,是否可以暂且不考虑如何改造黄河,而是考虑一下如何改造人类自己。是否可以减少我们的私欲,多去考虑一下生活在整个黄河流域的人。能否在关心工程建设和发电带来的巨大经济效益的同时,关心一下因此带来的生态和社会问题,当然还有文化的传承。

2017 年 8 月 19 日,为了好好看看晋陕大峡谷,我们早上 7 点出发到了壶口瀑布。壶口下面大禹雕像处水真少。不过到了壶口,水像喷出来似的还是那么让人激动。

壶口边上的这些水舀,"黄河十年行"领队赵连石说是水的湍流冲刷而成的。

不过作为瀑布的陪衬,它的不起眼是去看水的人忽略不计的。2012 年"黄河十年行"时,同行的记者中有人写了这样一段话:"黄河一路,我最期待的行程就是晋陕大峡谷,从偏关出来,我就强烈建议走晋陕大峡谷边的低等级公路。当我们从前不见古人后不见来者的煤车队中绕出来,上了沿河公路,车上好几个人赞扬我的英明决定。"

但是这个决定其实不怎么英明,因为这条路路况实在不好,车速很难上去。

“黄河十年行”路过壶口大禹像(2017 年)

“黄河十年行”拍壶口瀑布(2017 年)

上午,大家一路饱览大峡谷风光,心情非常好,但是晋陕大峡谷也不是我们想象中的模样,这里已经没有汹涌澎湃的黄河,晋陕大峡谷的北段是万家寨、龙口三个梯级电站。被堤坝憋住的水,平得像镜面一样。黄河也不是黄的,可以算得上碧玉一样的颜色,因为黄河里的泥沙被大坝拦住了。

本来,由于黄土丘壑泥沙俱下,晋陕大峡谷河段的来沙量占全黄河的 56%,尽管它的流域面积仅占黄河的 15%,但可以说真正的“黄河”,是在这里成就的。深涧腾蛟、浊浪排空,黄河峡谷的典型风貌尽集于此,其中又以禹门口以上的龙门峡最为壮观。

李白谓之“黄河西来决昆仑,咆哮万里触龙门”,恰好点出晋陕大峡谷在此达于最后的高潮。晋陕大峡谷，其壮观的程度是我们人类怎么想也想不到的。而我走了七年“黄河十年行”了，一直不解完全可以和科罗拉多媲美的晋陕峡谷，知名度怎么那么低？峡谷中的那些古村落竟能保护得那么完整。不能不归于游人少、不发达。

可是，今天我们的运气又不好，前方塌方，我们绕了一个半小时后，饿着肚子不得不走高速路直杀偏关。路上只能隔着玻璃把眺望中的峡谷缝、山间缝扫拍与朋友们分享了。

不过明天，“黄河十年行”前往的偏关、老牛湾、内蒙古高原，黄河仍然有非常精彩的展示。

5 老牛湾的水哪去了

2017年8月20日早上，“黄河十年行”先到了偏关县城老城门。这个老城门下面的城墙是明代原装的，上面的是1958年拆了1999年重修的。有意思的是城门楼子下边大门一圈儿卖菜的，让老城门充满了生机。

偏关，古称偏头关。历史上就为兵家争战之地。因地控西北，近逼河套，与漠南仅一水之隔。同时，它又是宣大门户、延绥通道，故历代王朝十分重视在偏关布防。

早在五代北汉乾佑四年（951年），就在此处建立了兵寨。明代，全国设九边重镇，其中太原镇就驻防于偏头关。历史上一直把偏关与宁武、雁门合称为长城外三关。史载，明武宗皇帝朱厚照视察偏关时，曾言：此偏头关，创之不易，守之为难。可见偏关当时的战略地位。

可以说，偏关在历史上是一块用鲜血洇湿的土地。很多人都不知道，在这块土地上曾发生过多少次战争。但偏关境内的军事防御体系，至今仍历历在目。长城有大边、二边、三边、四边等共计500 km，居全国之首。城堡有桦林堡、老牛湾堡、滑石堡、草垛山堡、水泉堡、五眼井堡、柏杨岭堡、老营堡、马站堡、黄龙池堡、寺埝堡、罗汉坪堡、贾堡等22座。这些军事营堡虽已退出历史舞台，全部演变为村庄，其名称却一直沿用至今。烽堠更是遍布全县，据说有2 000多座。

偏关城楼、城墙是旧的，上面的建筑是1999年新建的。

就是在这样一个血迹斑斑的古战场上，却冷不丁冒出了一个文笔塔。2006年9月28日，偏关县文笔塔公园开园了。

今天偏关县城里，感觉是有点旧、有点破、有点失落。偏关，今天还可以说是一个古老的都市。

老牛湾位于山西省和内蒙古自治区的交界处，以黄河为界，它南依山西的偏关县，北岸是内蒙古的清水河县，西邻鄂尔多斯高原的准格尔旗，是一个鸡鸣三市的地方。黄河从这里入晋，内外长城在这里交会，晋陕蒙大峡谷以这里为开端，我国黄土高原沧桑的地貌特征在这里彰显。同时，这里也有大河奔流的壮丽景观。

偏关的老城门(2017 年)

2017 年第 8 年“黄河十年行”在老牛湾拍的小视频发出后，朋友们纷纷回应，4 月来还可以在黄河里坐快艇，现在水怎么少成了这个样?

偏关文笔塔前(2017 年)

同行的专家说，现在是汛期，所以不能蓄太多的水。这让我们看了真是有点感慨：黄河，黄河，你现在就这样的掌控在人类的手中?

老牛湾是长城与黄河握手的地方，是中国最美的十大峡谷之一。整个老牛湾

街边的叫卖(2017 年)

老牛湾(2017 年)

旅游区由三湾一谷组成,分别是包子塔湾、老牛湾、四座塔湾和杨家川小峡谷。

今年的黄河水少了,我们多走了走黄河边的古村落。感受着石路、石屋、石磨的“味道”。

建成于明成化三年(1467 年)的老牛湾古堡,坐落在紧靠黄河大峡谷的悬崖峭壁上,是明代防御系统的屯兵城堡。古堡北端的望河楼,是兵营瞭望之处。

这个古村落,可以说是明代建筑风格的精品,也是老牛湾景区的标志之一。老牛湾古村落建筑依山就势,错落有致,所有建筑就地取材,全部用当地的石头、石片堆砌而成。造型各异的民居古院因势向形,石墙、石院随形而就,石碾、石磨、石仓、石柜随处可见,整个村庄可算是一个经典的石头建筑博物馆。

网上介绍的老牛湾杨家川小峡谷,全长 8 km,沿线贯穿着一条以长城、古堡、古村、古庙、栈道、码头等组成的风格独特的风景线。河岸两侧峭壁直插云端,樵夫、药师踏歌而行,谷底怪石嶙峋、山泉喷涌、珍禽鸣唱,深邃幽静的原始自然风光构成了一幅美丽的山水画卷。争取明年的“黄河十年行”我们去看看。

老牛湾两岸(2017 年)

黄河天险成就了老牛湾的雄伟,长城、古堡为她增添了无限神韵,黄土文化和边塞文化正吸引着各方的学者、艺术家和旅游者。

不过,网上也有人说,老牛湾的步伐也像老牛一样慢,那里的人似乎依然脸朝黄土背朝天,过着古老的、让大城市人羡慕的田园牧歌式的生活。素面朝天的老牛湾毫不走样地保留着岁月的痕迹,把我带回那金戈铁马的边塞风云,让我感受着古朴与苍凉的魅力。

“黄河十年行”去年更多的是拍老牛湾的自然景色,今天走在悬崖上的村庄里,感受的是人与自然、自然与文化的相交相融。“黄河十年行”,我们每年、每天都是边走边写,为的就是让关注自然、关注黄河的朋友能和我们一起走黄河。

今天中午我们是在老牛湾旁边的老李家吃的饭。这家的媳妇儿口音有点不一样,引起了我们的兴趣。原来是刚刚娶进门的媳妇儿。我们问她怎么到这儿来了?她说自己是四川人,在西安理工大学认识了同桌的他,为了爱情她来到了这个小村庄,过上了农家生活。她说自己已经很适应这边的生活了,安静、简单,她不想出去了。

作为受过高等教育的她来说,很希望我们能呼吁一下:北京的长城是长城,这个长城也是长城,可是只有人来旅游,没有人来修缮。

这位新媳妇并没有说自己要保护这儿的古村落、古长城,她只是为了爱情就过上了这样的生活。

老牛湾古堡(2017 年)

老屋老门(2017 年)

老牛湾人家(2017 年)

其实她的选择真的让我们思考,她寂寞吗?她会写出老牛湾的“瓦尔登湖”吗?她会让自己的孩子在这里长大吗?

和这位农家妇女聊天我们知道这排房子是前两年花了 100 多万元建造的,缺水是这儿的巨大挑战,维持这个家他们每个月要买 600 多元钱的水,农家乐现在是他们的生活来源。中午我们在这儿吃了当地的特色抿尖,其实就是一种面,做得挺好吃的。

生活在老牛湾(2017年)

做抿尖(2017年)

“给我们宣传宣传,这管吃管住”(2017年)

“黄河十年行”和这样的农家主人聊天儿,对我们来说是认识今天中国当代农村的日子和生活在农村的人。有点好奇的是,我们甚至觉得尽管是初次见面,他们真是把我们当家人一样招待的,暖暖的、亲亲的,让人还没走就想明年“黄河十年行”再来时。

临走的时候女主人紧紧地拉着我的手,说告诉你的姊妹们来家玩啊。我答应了,就把她家的地址写在这儿吧:山西省偏关县老牛湾村(入村第一家)。

我很少在自己的文章里做广告,但是老李家的农家院我写上了。为了黄河,为了古长城,也为了住在那儿的老李家。明年再来时,这家的大学生媳妇儿还会在这儿吗?

康巴什博物馆图书馆(2017 年)

康巴什大剧院(2017 年)

康巴什广场(2017 年)

内蒙古康巴什财富的迅速积累,使得鄂尔多斯“胃口大开”,做起了长远规划,想要成为未来中国的战略能源基地。为了吸引投资商,在鄂尔多斯市东南部,规划了一个计划容纳 150 万人的康巴什太阳城。

内蒙古康巴什,在荒漠上的大手笔虽然一直有很大的争议,甚至有人称那里为“魔鬼城”。但“黄河十年行”在担忧着的是,在 GDP 以 34% 的速率增长的情况下,地方政府能够自觉控制自己的用水量吗?能否有效监管企业的用水量?通过调用水资源支撑起这个城市的发展后,随之而来的环境污染和生态破坏谁来监管?

上面这段话是 2010 年“黄河十年行”第一年来到康巴什时我写的。今天我们又来到了康巴什,真漂亮!无论是城市规划,还是鲜花盛开。在走过了荒漠沟壑之后,一下子看到如此高大上的城市,不能不让人想到有钱真的就能任性!

不过,2014 年“黄河十年行”时,草原生态学家刘书润在大巴课堂上给我们念了一首他写的歌词。歌名是《献哈达》:

芦苇荡传来了什么声音?
洁白的天鹅来了一群群。
蓝天上刮起了什么风?
飘来了朵朵吉祥的白云。
草原上为什么欢声笑语?
颗颗红心波浪滚滚。
因为迎来了尊贵的客人,
远道的朋友和亲人。
请喝下醇香的马奶酒,
这马奶酒孕育着百草的清香。
蕴含着牧人诚挚的心。

刘书润说,现在内蒙古的歌已经发生变化了。蒙古国的歌还是倾诉,就是我给你讲一件事情,非常平淡,很少激情。而我们内蒙的蒙古歌就激情澎湃,像腾格尔那样的,蒙古国这样的不多。

今天的康巴什完全没有了草原生态学家昔日做诗时的模样,没有了芦苇荡,没有来了一群群天鹅。当年的草原,今天是高楼林立。

在内蒙古的草原沙漠地区,每年不知有多少淖尔(湖泊)在我们还不知道它的名字、它的故事的时候便消失了。淖尔的消失，有气候的原因，但人类也有着不可推卸的责任。

城市就像一个个大型抽水机，把沙地里的水抽走，造成地下水位下降，最终导致淖尔的消失。

在沙地中迅速崛起的康巴什太阳城就是一个巨型抽水机，这个抽水机不仅大量开采地下水，还从有海子的地方引水，未来还要从黄河引水。

康巴什位于鄂尔多斯中南部，地处鄂尔多斯高原腹地。这里正在打造的是鄂尔多斯新的政治文化中心、金融中心、科研教育中心和装备制造基地、轿车制造业基地。

水资源专家王建告诉我们，鄂尔多斯素以“羊煤土气”著称，地下矿产丰富。羊，即山羊；煤，即煤炭；土，为稀土；气，为天然气。借着当时西部大开发的东风，鄂尔多斯因资源能源优势，保持高达34%的GDP增长率，超过北京、上海，居全国之首，也是世界之首。

发展这个城市仅规划费用就花掉了4 100多万。康巴什这个城市的设计集中了全世界的智慧。

其实，早在2011年8月，“黄河十年行”就近距离感受了鄂尔多斯，也就是康巴什的“羊煤土气”给那里带来的霸气。

每年我们到这里，都会看到庞大的政府大楼、牛粪造型的博物馆、蒙古包造型的大剧院、三本书造型的图书馆，还有各种反映蒙古民族文化的雕塑。站在政府大楼的顶楼，可以俯瞰康巴什。在政府大楼旁边是密集的居民区和别墅，还有正在培育的树林。运动场路用的都是全世界最先进的材料。

康巴什的远景之一是打造生态城。所以，当地的市容从世界各地引来漂亮的观赏花卉和树种来装扮绿化。

可是，2010年“黄河十年行”第一年到这里来时，水生态专家王建就说：“没有水，就没有生命，没有一切。城市的建设发展需要大量水资源的支撑，是否应该在一个干旱半干旱，并且已经沙漠化的地区建造一个这样巨型的城市，这个问题值得大家深思。”

2016年康巴什政府大楼广场前，和2011年我们拍到的照片有很大不同是，雕塑前盛开的鲜花没有了。

如果没有人告诉我们康巴什背后的故事，我们会为这样的一座城市而自豪,因为这是祖国强大、人民富裕的象征。可是,知道了背后的故事以后,再看这座城市,再看到如此的绿树成林、繁华似锦,真的想知道,今天这儿的水从哪儿来的?

从照片中不难看出,康巴什是一个需要耗费大量水资源的城市。煤炭、石油、稀土开采,化工生产,100 多万居民生活,城市绿化,无不需要大量水资源。可是,这个城市恰恰建在一个可用水资源严重缺乏的地区。这里已经沙漠化,生态极为脆弱。即使今天,站在康巴什政府大楼上还可以看到沙地。

“黄河十年行”在康巴什的马路边也曾遇到过正在浇灌树的当地人。从他那里我们得知,这里居民用水每吨 12 元,浇树车拉的水箱,每箱水有 12 t,每车水能浇 60 棵树,每天要拉 8 趟水。这些水都采自地下。春天时,他们打一车水需要 12 分钟,夏天再打一车水就需要 16 分钟了。地下水位下降的速度很快。这是 2010 年问的,8 年过去了,我们没能再问到现在打一车水需要多少时间了、多少钱了。

康巴什象棋广场金色的棋子(2017 年)

今天最后的拍摄是在蒙古象棋园,夕阳中,一个个金色的、银色的棋子立在太阳的余晖中。这两种色彩在太阳的余晖中很美、很美,让我恨不得想用相机托起太阳,当然我知道,我不能。

2016 年 8 月,内蒙古志愿者齐家给我们发来这样一些微信:我出生在伊克昭盟东胜市,常听父母讲,那些年,因为缺水鄂尔多斯饿死过人。现在的康巴什,有世界第一大规模音乐喷泉,最高喷高可达 209 m,世界第一激光、水幕投影音乐喷泉。据了解,现在的康巴什引了乌兰木伦河在新区流淌,当地的缺水现象得到缓解。

康巴什象棋广场银色的棋子(2017 年)

齐家说,从 2005 年到 2013 年,鄂尔多斯经济大发展、大跨越,政府举债,全民放贷,房地产兴起,后资金链条刺激的房地产泡沫破裂,新区的高楼大厦很多被空置,政府要求党政事业单位必须到新区办公,近几年新区街道可以看到一些商业形态了,但房屋住宅空置率仍然很高。

齐家说,对于现在的鄂尔多斯来说,也在大起大落中寻找新的发展思路。鄂尔多斯是生养我的地方,我坚信它会“羊煤土气”,它依然会缓慢崛起,重现成吉思汗当年叱咤风云的雄姿。

热爱自己的家乡,让齐家对康巴什充满了希望,“黄河十年行”在见证这个过程。

6 走进黄河谣工匠博物馆

自古以来,黄河作为中华民族的母亲河,是华夏文明的摇篮,黄河流域是我国开发最早的地区之一,在世界各地大都还处在蒙昧状态的时候,我们勤劳勇敢的祖先就在这块广阔的土地上斩荆棘、辟蒿莱,劳动生息,创造了灿烂夺目的古代文化。

2016 年,一个以展示黄河沿岸文化历史的博物馆在黄河岸边拔地而起,叫黄河谣工匠博物馆。

黄河谣工匠博物馆位于内蒙古包头市哈林格尔镇新河村的黄河谣生态文化园内,建筑面积 900 m^2。博物馆以黄河工匠为主要展示主题,收藏展示黄河沿岸生产生活用品 2 000 余件,藏品跨度 200 余年。博物馆内以黄河沿岸真实老建筑为原型,通过建筑艺术和陈列艺术进行艺术创作,打造了油坊、酒坊、织布坊、地毯坊、豆腐坊、粉坊、磨坊、鞋匠铺、铁匠铺、医药铺等二十余座各类工匠铺，通过国内首创的“纯场景化实景展示方式”，表现黄河沿岸几百年来的生产生活场景。

黄河谣工匠博物馆(2017 **年**)

2017 年 8 月 21 日早晨，在包头的绿家园志愿者齐家的推荐下，我们去了黄河边的黄河谣工匠博物馆，参观后让我们感慨万分。

工匠在中国可以说越来越少的今天，黄河边的工匠我们还能记起多少，还有多少呢？

工匠博物馆的主人叫李天东，这个博物馆是他自掏腰包 4 000 万元建成的。采访中，他给我们讲起了办这座工匠博物馆的起因，让我们一起来听听——

“2015 年初，我决定建一家博物馆。因为我从 27 岁开始收藏，收藏了 30 多年。收集了大量的民俗和工匠的文物。如果把所有的收藏都展示出来显然是不现实的，我就以黄河沿岸的文物为一个切入点，还原工匠工作的场所和工作要用的工具及整个的生活状态。”他说。

在工匠博物馆里，主人李天东把整体的装饰结构和老物件一一地向我们做着介绍：这里看到的护墙板都是老波头拆迁的时候我们收集来的。收了 40 多件这些老的物件，还有这些工具、家具……

李天东告诉我们，馆内建筑风格是仿照当年走西口年代的建筑，以他 2012 ~ 2013 年在黄河沿岸拍摄的老建筑照片一比一建成的。各个工匠屋里的工具全

担任馆长的李天东(2017 年)

部都是老物件。

老油匠作坊,是过去真正榨油的手工作坊,榨油机是最早的榨油机。利用杠杆原理:够不够三丈六(约 12 m 力臂长度),重不重三千六(3 600 斤的大“力”)。

过去说“吹个油花花,让你激灵 3 天”,是因为过去先炒再蒸再压榨,现在压榨技术是直接把生料倒进去压榨,所以,没有过去的油那么香了。

另外,过去是原始技术,只把精华部分压榨出来。那时是 6 ~ 8 个劳动力,一天 24 小时的工作,才能压出两斤油,所以这个油很好吃。

20 世纪 50 年代出的小榨油机一个小时就可以出油,它是把油料中的所有成分都压榨出来。所以,过去我们吃一口榨油后的那个油饼,觉得是世界上最香的食品。现在的油就没有这个味道。

这样的粉坊、这样的工艺,流行于山西、陕西、内蒙古。也可以说,这种工艺是黄河沿岸这一带特有的漏粉和压粉。有人可能提出疑问,为什么漏粉这么

榨油机(2017 年)

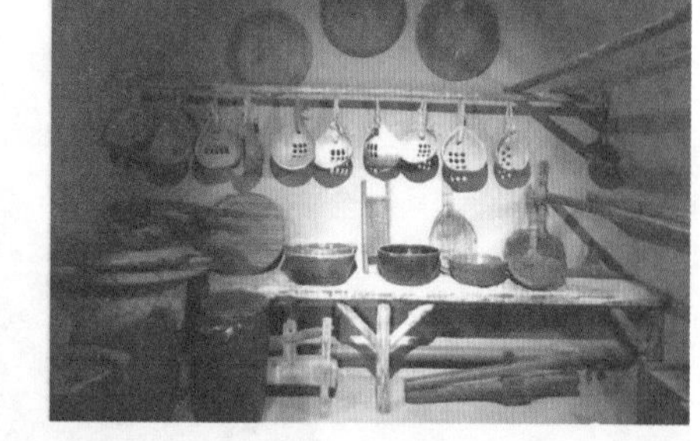

粉坊(2017 年)

粗？我们没吃过这么粗的粉。这是因为，和的糊糊是黏稠的，孔细了漏不出来，但是我们为什么吃的时候粉那么细？这取决于师傅的手艺，师傅把粉离锅远，漏到锅里的粉就是细的。

磨的上面是驴的眼罩，驴拉磨要蒙上眼睛逆时针行走，人推磨是顺时针(2017 年)

织布机分立式和卧式(2017 年)

弹毛工具(2017 年)

黄河沿岸的传统手工艺手工地毯,博物馆里所有的架子、毛线、编织手法都是最传统的。目前在黄河沿岸一带传下来的已经不太多了,即使织出来地毯也是大量用于出口。北方地区比较寒冷。这里的地毯织出来都很御寒,是纯毛的。弹毛的工具,弹好后毛可做成毡疙瘩。在博物馆里也可直观看到。过去没有这么好的皮靴子,牧民都是穿毡疙瘩。龙梅玉荣放羊穿的就是毡疙瘩。

李天东告诉我们,包头本地的特产是皮毛,包括远到大库列(乌兰巴托 1921 年独立),大量的皮张通过旱路运到这里,再通过水旱两路运往内地。走黄河或者走西口进行易货贸易,皮毛是当地非常重要的交流物资。

处理皮毛第一道工序——毛毛匠。猎物宰杀以后先要去毛,本地叫毛毛匠,也就是带毛的皮张。缸里面放上土硝,经过沤制,再用各种刀将油和毛去除。

处理皮毛第二道工序是糅皮子,再做成各种工具、车马套、马鞍子。

蒙源文化特有的毡子,炕上铺的是它,蒙古包侧面、顶上是它,生活中离不开它。

过去包头被称为水旱码头。把口里的茶叶、盐巴等运往包头,又从包头进行易货贸易。

皮匠用的老工具(2017 年)

老农具(2017 年)

李天东说，工匠工具的演变很有意思。最古老的钻是利用惯性上下，后来发明了侧面来回用皮绳子拉。以前各种笨重的工具有小锯、大锯，还有带锯等。

李天东认为，一个民族的文化和一个国家的历史，很大一部分是要靠博物馆的收藏来传承的。所以，这些虽然是民间的东西，但我们这一代人再不做传承的话，可能下一代都不知道这些是什么东西了。现在博物馆里边的许多老物件，不少年轻人甚至40多岁的人都已经不认识了。

工具(2017 年)

老麦仓(2017 年)

黄河流域典型的麦仓，麦子收割以后要进行脱粒加工。李天东考察过十几种粮仓，这是最古老的一种，用土坯按一比一的比例垒起来的。

老照相馆，这样的场景上点年纪的人一定记得(2017 年)

草原上的卫生室里两尊珍贵的清中期针灸铜人(2017 年)

过去的郎中，人医、兽医不分，只是药的剂量不同，工具的大小也不同。黄河谣博物馆里收藏有药碾子和各种铡刀。比较珍贵的是清中期的男女两个针灸图，非常精确地标出几百个人体穴位，用蝇头小楷写得非常详细。还有蒙医看病的装蒙药的 24 个皮囊，里边的器皿都是银的，比较珍贵。

做银器的工具，银匠过去打耳环、项链等银器，也做一些油灯之类的铜器（2017 年）

打铁（2017 年）

过去内蒙古的所谓重工业就是打大铁。自从有了包钢，包头乃至整个内蒙古才结束了手无寸铁的历史！内蒙古人首次放下了牧羊铲，拿起了炼钢铲。白铁多为家用，黑铁多为工具。

白铁年代比较近，在铁皮上镀锌，最大的好处是不生锈，可以盛水。还有烟炉子上的烟囱也都是白皮子做的，民用的比较多。黑铁多用于生产生活中的工具。

在工匠博物馆里我们还看到，骑马一旦脱蹬，马靴前面的钩挂在马蹬上，里面的毡疙瘩会顺利地脱出来，人就不会被马拖着走，这是非常智慧的做法。因此，除了实用功能，最主要的是安全功能。

老铁匠坊，分黑、白铁匠钉马掌和给马喂药的装置。给马喂药要用牛角，叫药爵。

在没有瓦以前，房子上的水是顺着这条沟缝流下来的。过去一些老的寺庙都延袭这种排水方式。如果水直接顺着墙流，会把墙冲坏了。

黄河谣博物馆里也展示了黄河流域民居的演进。从黄河的江源，一直到东营的入海口，应该都是这种土建筑。宁夏的西夏王陵就是一把土、一把泥作为建筑材料建筑起来的。房子的门小、窗子小，跟保暖、节能及黄土高原的贫穷都有关系。在博物馆里,这些都能直观地看到。

在这里钉马掌(2017 年)

老房子的下水系统(2017 年)

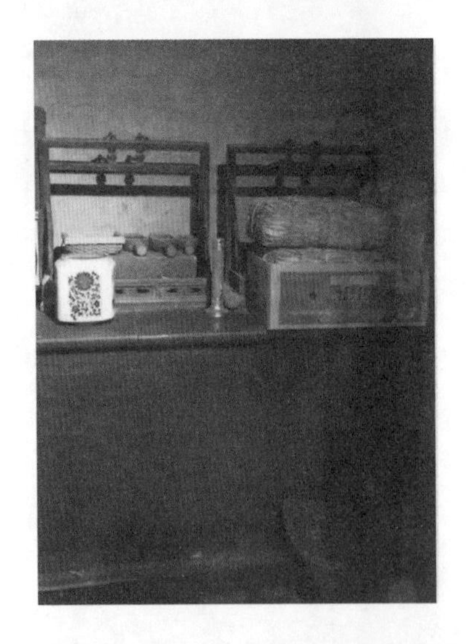

旧时陪嫁盒子,上边是月饼模子(2017 年)

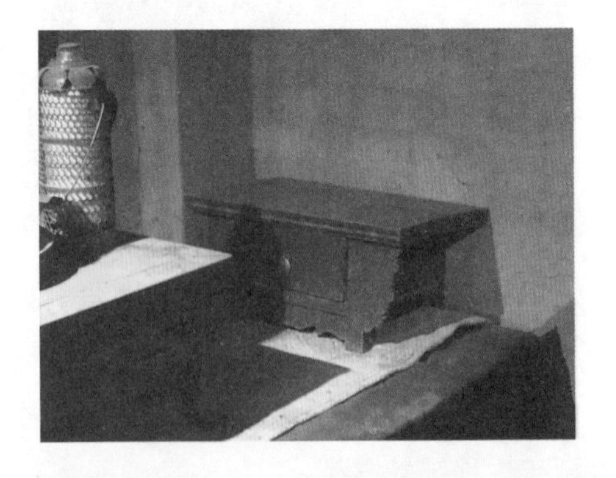

很珍贵的课桌,旧时大户人家请私塾先生对孩子进行一对一的教学,书桌就这么大(2017 年)

桦树皮做的筒，可装筷子或一些食品，纯天然无污染（2017 年）

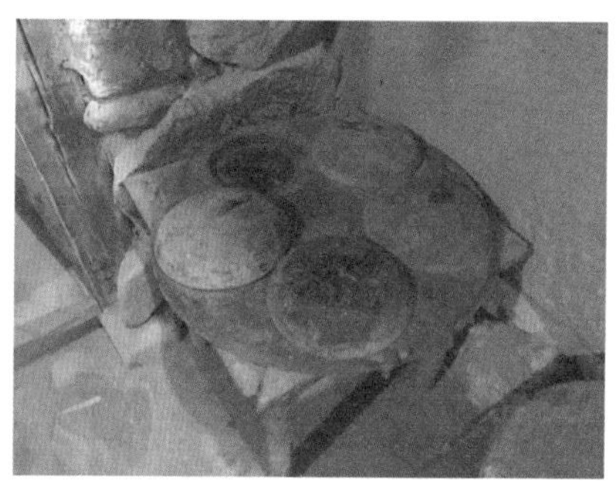

摊饼的鏊子（2017 年）

这是摊饼的鏊子（ào zǐ），是一整套，看起来缺了一个盖子，其实是不缺的，便于倒着用。可以摊鸡蛋饼、玉米面饼、荞麦面饼。

这里还有古老的马的化石、鸵鸟的骨架。

李天东说，考虑到工匠博物馆青少年可能不太感兴趣，为吸引眼球，他们准备做黄河沿岸的动物标本。上边是飞禽，下边是小型的走兽，以黄河滩涂特有的芦苇、芦荡为背景，一一介绍沿岸动植物，展示沿途的生态。还要加入一些现代化的展示方式，但由于资金问题，暂不能实现。

中国人大多不愿进博物馆的原因，李天东馆长认为，主要是展品展示的单一性，全放在玻璃柜里摸不得。所以，他们也想在资金有限的前提下，采用窥探式的，开一扇窗、推一扇门进去看。

李天东下一步的设想还包括，把古老建筑的美好艺术地展现出来。参观者可能对展示的民俗、老物件不感兴趣，但一定对美景感兴趣，一定会怀旧。所以，试图把这些土坯的建筑做得更漂亮，接近现实，对文化的传承起到潜移默化的作用。

我们恋恋不舍地告别了包头近郊的黄河谣工匠博物馆，前往也是“黄河十年行”特别要记录的乌梁素海。

今年我们没有像去年那样坐着船在乌梁素海里观鸟，而是开着车寻找消失的乌梁素海。

非常遗憾，路两边的“草坪”是人造的。历史上曾经有过 900 km^2 的乌梁素海，今天我们开着车走在曾经的海子里，湖水被大片大片的荒漠、庄稼地所取代。

乌梁素海(2017 年)

我拍到的写着乌梁素海景区的地方,穿越着一辆辆大车小车,扬起一股股尘烟。

望着窗外的沙包,望着窗外的玉米地,我在心里问自己,这么大的一个湖泊,历史的形成要多少年,被我们人类的改变才用了几年呀?

路上有人从车里扔出一个矿泉水的瓶子,我们车上一位志愿者下车劝阻把瓶子收回。

乌梁素海(2017 年)

今天的乌梁素海,牌子还在,海子呢?

在乌梁素的一个湖边,我们看到停在岸边的一条条船,据说这里是渔场。渔船上飞着的、站着的鸟,对我们的到来完全不管不顾。我们这些访客也自知

别把空瓶子扔窗外(2017 年)

自明在人家的家里,静静地录下它们在水中诉说着的“家长里短”,望着它们出出进进。

自然与人(2017 年)

自由自在的鸟(2017 年)

乌梁素海的鸟,在没有人的时候多么自由自在,这儿是它们的家。

来自包头的绿家园志愿者齐家,2016 年为我们租了船让我们在湖里观鸟,今年,为我们找了创办乌梁素旅游的当地宏业旅行社老总白伏轶。白总向我们介绍了乌梁素海的现状。

白总告诉我们一些他掌握的数据:1943 年乌梁素海 900 km^2;1949 年 800 km^2。中华人民共和国成立后受到国家控制,修了个拦河大坝,限制了水量,河套的水越来越少,没有水的地方农民就种地。

1973 年湖面最小时,乌梁素海只剩下了 79 km^2。60 多年过去了,现在是

297.32 km^2。

我们中有人说,希望乌梁素海的湖面上绝对不能有烧柴油的船,造成水体污染。今天我们看到湖面上漂浮着油花,而且柴油本身对鱼类的影响非常大。

白总作为一个为乌梁素海的旅游开发做出贡献的人,今天他有点无奈。他说,现在乌梁素的渔场归巴彦淖尔市。另外,河南的一个公司把乌梁素海的养殖业都承包了。

我们问为什么让河南的公司来承包? 白总说:"因为旅游区没钱投入一些必备的基础设施,投资人来了这些就基本解决了。现在乌梁素海景区的门票是30元钱一张,一年游客近15万。"

今天让白总遗憾的还有,现在乌梁素海的旅游管理急需有专业性的旅游规划。

水中的鸟(2017年)

《水经注》的记载是这样的:乌梁素海原为黄河北支故道,北支(今乌加河)流经乌梁素海后与南河汇合。新构造运动使阴山山脉持续上升,后套平原相对下陷,于清道光三十年(1850年),黄河改道南移,在乌拉山西部则留下了一个乌梁素海。

乌梁素海,位于内蒙古西部的乌拉特前旗境内,南望黄河,北朝阴山,总面积293 km^2。它的独特价值在于它是地球同纬度荒漠区最大的湿地型湖泊,是我国第八大淡水湖、内蒙古第二大淡水湖,是很多来自北极圈的鸟类迁徙的中转站,也是全球同纬度最大的湿地。

2002 年乌梁素海被国际湿地公约组织正式列为国际重要湿地名录。

今天,我们在乌梁素曾经的湖里开车穿行时。我在想,100 年以前的黄河究竟有多美? 究竟有多壮观? 好像已经无法想象了。

“黄河十年行”曾有专家预测说,可能 30 ~ 50 年以后,这片海就只剩下一片盐碱地而已,已经没有那么多的水源能够保证这片水域了。我们有幸还能看到,说不定就在我们有生之年再也看不到这片水域了。

2016 年社会学家黄纪苏在“黄河十年行”的大巴课堂上说,我写过一篇文章叫《绿色环境与绿色社会》,环境问题不是一个简单的技术问题,不是一个简单的工业问题,也不是一个简单的文化问题,它是人类文明问题,是人类本性或特性问题。

离开乌梁素海,我们驱车前往乌海。晚上八点半到达“黄河十年行”要用 10 年跟踪采访的当地农民康银堂的家。他的母亲是每次见到我都要抱一抱的老人。我们毕竟是他们家很少见到的外来客。

“黄河十年行”对康银堂家的采访与记录,要说变化,是够大的。他家门口的黄河边“黄河十年行”第一次去的时候是一个小山包。小山包的下面是黄河。2017 年我们去时,小山包被推走了,黄河边修了一条笔直的柏油马路,老人说条条马路一直修到了他们家门口。

2010 年我们到他家的时候,家门口因为旁边工厂的污染,种的老玉米都是黑心的,老人掰给我们看。如今,菜地全被国家收去种树了,一亩地赔偿 600 元钱。因为我们到那儿的时候天已经黑了,很遗憾没有拍到那里种的树、修的路。

如今一家人很是称赞现在家乡漂亮了,有了树。可是一亩地才给赔偿 600 元,钱够花吗? 他们说现在一家子都在厂子里打工, 50 多岁了退休以后怎么办不知道,也不敢想。真的不想吗?

这时,老人突然说,黄河的水没了,黄河都没水了。老人的孙子,当年就是他在放羊的时候看到我们在拍黄河,拉着我们进的他们家。如今小伙子快当爸爸了,是汽车教练。他说水少了是因为上游修了一个水电大坝拦住了水。又是大坝。家门口的水少了,会有补偿吗? 我们问。他们说什么补偿? 没听说过。

在康银堂他们家门口的黄河边,我们还是闻到了浓浓的味道,眼睛甚至也是涩涩的。他们家人告诉我们,就是附近神华焦化厂闹的,一到晚上就更严重。村子里现在患鼻炎的人占 40% ,前不久一位癌症患者刚刚去世。

我们问为什么不去找厂里，一家子人都很无奈地说，找过，没用。在环境保护力度越来越大的今天，一个企业还能这么肆无忌惮地排污，看到这篇文章的人咱们一起向环保督察部门举报吧。

康银堂家的生活显然比2010年我们来时有了不小的变化。那个时候他们在工厂打工一个月1 600多元钱，现在可以拿到3 000元。特别是家门口的变化让他们甚至有些自豪。可是说到污染，他们着的急能看出来不小呢。

2010年第一次“黄河十年行”到康银堂家时，我们曾经问过他的妈妈，当年穷没钱，可是没有污染。现在有钱了，可有了污染，人的病也多了。如果让你选择，你希望过过去的生活，还是现在的？老人想了一会儿说，还是没有病好。今天他们一家子人在说生活好了、家门口美了的时候，却还要一天到晚闻着工厂排放的味儿生活。我们没有再问他们希望选择什么样的生活，再说了他们能选择吗？

康银堂一家(2017年)

我们离开康家时，康银堂怕路黑跑着在路边为我们指路。车灯照亮了路，也照亮了树，而我的脑子里留下的是康银堂的身影。

从早上的黄河谣工匠博物馆到中午的乌梁素海，再到晚上的黄河边农民康银堂家，今天的黄河文化、黄河生态、黄河人家，“黄河十年行”在记录。

家门口有了柏油路((2017 年)

7 腾格里沙漠的故事

2017 年 8 月 22 日,“黄河十年行”清晨六点半冒雨出发,过乌海黄河大桥,雨越下越大。驱车 300 多 km,中午时分雨停了,过中卫黄河大桥,两次跨越黄河,我们就到了中卫,到了腾格里。

在中卫吃午饭,这里的城门楼和高庙保安寺一直是我们要拍一下的古建筑。

中卫的城门楼(2017 年)

中卫高庙保安寺(2017 年)

中卫高庙保安寺是一座三教合一的寺庙。供奉的不仅有佛、菩萨,还有玉皇、圣母、文昌、关公等塑像,庙内佛、道、儒三教济济一堂。庙前有保安寺,山门朝南，两侧建有厢房，正面为单檐歇山顶的大雄宝殿。殿后为高庙，有 24 级台阶，拾级而上，经牌坊、南天门、中楼，最后是高达三层的五岳、玉皇、圣母殿。

这些主要建筑都在同一条中轴线上，它们层层相连，呈逐步增高之势。在高庙主体建筑的两侧，还有钟楼、鼓楼、文楼、武楼、灵官殿、地藏殿等配殿。结构紧密，气势雄伟。庙的砖雕牌坊上有一副对联：儒释道之度我度他皆从这里，天地人之自造自化尽在此间。横批是无上法桥。

2017 年"黄河十年行"来之前，我和前些年带我们进沙漠的老乡联系，但是没有找到能带我们进沙漠的人，让人遗憾。其实，这背后的原因我们能猜到几分。

腾格里沙漠，在绿家园发起的"黄河十年行"纪事中，无疑是一个亮点。

2011 年"黄河十年行"走到腾格里沙漠时，一位当地的牧民在路边等了我们 7 个小时，他是在网上看到"黄河十年行"在用 10 年的时间以媒体的视角记录黄河。他要把记者们带到他家乡的腾格里沙漠里，希望那里化工企业的污染能让更多的人看到。在他看来，自己家乡的发展不应该是这样的。

腾格里沙漠里的污水就是这样流入沙漠里的(2012 年)

2012 年"黄河十年行"在腾格里沙漠时，牧民给我们看打水桶的绳子伸下去不到 2 m 就能打出清凉的水。当地传有这样的事，一个水桶掉进了井里，过了好多天后，在很远的湖里出现了。沙漠下面有很大的湖，当地人这样认为。

在沙漠里，毋庸置疑，水是最珍贵的。沙漠也并不是我们传统印象中的死

倒满了一个沙丘包就埋上，再倒下一个沙包（2012 年）

亡之地，而是一个充满着未解之谜的存水宝库。

从 2011 年“黄河十年行”走进腾格里沙漠后，我们就开始了对那里的报道。不过这块“骨头”挺硬。一年一年的“黄河十年行”让我们对沙漠的认知也在一点点地加深着。

央视报道后，腾格里沙漠里的污水这样处理着（2013 年）

国家主席习近平批示后的腾格里沙漠污水池（2015 年）

2014 年 8 月 29 日，“黄河十年行”第四次走进腾格里沙漠，新京报记者陈杰的文章和照片 9 月 6 日在《新京报》上发表。国庆节前，国家主席习近平发出重要批示，对腾格里沙漠的污染，要严肃处理。

随后 24 位当地官员被查处，沙漠里三十几家化工企业全部停工整顿。国家主席的批示，腾格里沙漠被黑水所污染，成了全国人民都知道的事儿。

从“黄河十年行”关注腾格里沙漠的污染，到习近平批示，6 年了。国家主席批示，也有了整整3年的时间。

2015年，我们看到的沙漠黄了，当地人在国家主席批示后做了处理。

2016年8月20日“黄河十年行”在腾格里沙漠被治理过的、曾经的黑水池边，有两位记者被呛得头晕呕吐，那个味道真的是够呛人的。

或许，处理这些污染的部门，以为污水弄走了，沙子盖上就算是处理了。可是，污染是无情的，风是无情的，沙子是无情的，沙子被风吹走后，池底的“痕迹”依然能把我们这些临时来的人呛晕，可想而知沙漠里天天以这里为家的人和动植物了。

这样的味道，对沙漠的影响，有关部门知道吗？在处理吗？难道环境问题的解决，非要大领导说了话才治理吗？

在腾格里沙漠里，看着这样的“色彩”，同行的社会学家、剧作家黄纪苏建议我们做些行为艺术的表达。他认为这样可以引起更多的人和我们一起继续关注腾格里沙漠的污染。

从后来的关注度我们知道，有用。2016年“黄河十年行”离开中卫后，我们又继续在各种公共媒体上呼吁着。

2016年12月8日，56个关注江河的中国民间环保组织在中卫召开“中国江河观察行动”第六届论坛。在那里，我们共同见证腾格里沙漠又黄了。

进沙漠曾经的黑水池有了大门(2017年)

2011年“黄河十年行”报道了腾格里沙漠里的污染后，去往污水池的路上就设了一根铁杆拦着的锁。

2013 年“黄河十年行”去时，正是早上上班的时间，锁是开着的，我们进去了。

2014 年锁着的路上我们进不去，是把新京报记者陈杰化装成当地的牧民坐着摩托车进去的。

2015 年“黄河十年行”到这里时，沙子埋了这条路，我们找了半天才找到这个路口。

2016 年，沙漠边上的路还是被沙埋着，我们是请当地的牧民呼布岱带我们进去的。而 2017 年，这里修了这个门，周边种上了树和草。

2017 年“黄河十年行”再去看看腾格里沙漠的心情十分迫切。让我们兴奋的是，今天我们看到的沙漠中的污水池不仅恢复了沙漠的本色，旁边还长出了一片绿色。同行的黄委会专家李敏判断，可能是把旁边污水池里的污泥挖出来沙埋，上面种上了沙蒿。小树在一点点长大。这里比去年多了一片绿色，这绿色，可以说是沙漠的希望，也是中国环保的希望。

沙漠又黄了(2017 年)

开发区实施晾晒池废水底泥处置工程。按照规范程序公开招标，在经过反复实验的基础上，通过与 5 家竞标单位比选，并与自治区环保厅会商后，确定固化物无害处理方案。将未使用的晾晒池按照处置危废要求改造成危化物应急处置池，共转运封存固化物 9.86 万 m^3，封存后扎草方格 5.3 万 m^2。2014 年 11 月 28 日，工程通过自治区环保厅组织的专家组验收。

同行的黄委会专家李敏对这个简介有些质疑。简介中提到“按要求对挥发酚和硫酸盐、汞、砷等 32 项因子进行了监测，结果显示地下水本体呈略碱性，水

曾经的黑水池(2017 年)

牌子上写着:晾晒池废水底泥处置工程简介(2017 年)

质总体上接近地下水质量三级标准”。问题 1:没有列出对这 32 项因子的具体检测结果;问题 2:“总体上接近”,并没有对这些重金属和有害的盐类是否达标做出逐项说明。从事专业工作的李敏认为,这不行。

李敏还认为,这种解释有一定的保留或者打了一定的埋伏。应该是要回答这 32 项因子是否合格,每一项的指标对比也都应该有,对检测比较结果应该有一个明确说明。

我想,对于这样的简介及其做法,“黄河十年行”还会持续记录、报道并请教专家做出解释,再去告诉决策者。

“黄河十年行”关注黄河及其周边的生态环境,希望不仅能通过专家的同行发现问题并影响决策,也能因有媒体及民间环保组织的加入,让信息公开,且不

草长高了(2017 年)

放过任何一个民间能发挥作用的细小环保行动。

响泉(2012 年)

取了新名声动泉(2017 年)

声动泉旁有了超市(2017 年)

改名后的响泉(2017 年)

今天我们看到的腾格里沙漠里通胡草原的水梢子和我们 2012 年来看有了很大的不同。那个时候这里是一个神秘的地方,声音大一点水中就会冒出一圈圈的水泡。今年我们再来,这个美丽的湖别说神秘,连超市都建起来了。不知明天。

今天沙漠里的骆驼越来越少了(2017 年)

“黄河十年行”在沙漠里的小行动(2017 年)

8 月 22 日,“黄河十年行”到达沙坡头时,黄河大拐弯处夕阳的余晖打在黄河上,也洒在“黄河十年行”要用 10 年时间跟踪访问的黄河人张希科的脸上。

黄河人家在黄河边(2017 年)

2010 年“黄河十年行”到这里时,老张正在景区门口拉客去他家的农家乐。他们家就是靠他这样的拉客搞得红红火火。同行的赵连石对他的评价是:活脱脱一个西部牛仔。

站在夕阳西下的黄河大拐弯,张希科和我们讲起了这一年来他们家的日子。

政府要把沙漠旅游的品牌做大,加大了控制管理力度,农家乐生意受到了一定程度的影响。

家里种的葡萄长势良好,但价格不高,也没有时间管理。免费给客人吃,客人满意就好。去年葡萄卖了一万多元,今年暑期已经过了,也就卖个三四千元。

但我人很乐观，相信会越来越好。

黄河在沙坡头(2017 年)

张家的全家福(2017 年)

张希科前几年和“黄河十年行”说的一句话，让我想到了美国科学家蕾切尔·卡逊写的《寂静的春天》，蕾切尔说，没有鸟，春天是寂静的。张希科说，都是为了生存，小鸟也不容易。有小鸟是我家的福气。有小鸟吃的，才有我吃的。我不会驱赶它们，即使它们吃我的葡萄，它们能吃多少？我不会伤害他们，这些鸟儿，你伤害了它，它们会报复你的。

有小鸟吃的才有我吃的。农民对自然的认知，是生活的经验，我觉得也是一种生活的哲学呢。

早先,张希科和这里的其他农民一样,以在黄河边种地为生。这里处于沙漠地带,原本可耕种的土地很少,后来有人尝试引水到沙地里种地。张希科发现,自己在沙地里竟是种什么长什么。

沙坡头旅游发展起来以后,村子搬迁,张希科和妻子两人白手起家办起了农家乐。后来沙坡头水利枢纽建设,村子再次搬迁,他们一家所得的补偿是一亩改造了的沙地,当时的补偿一亩地只给1 000元,一亩果园给10 000元。

张希科没有抱怨,而是靠苦干,没多久就盖了更大的房子,继续做他们的农家乐。我们和他聊时,他一直得意地说,我只要种,沙漠里什么都能长。

2010年,他们的农家乐年收入为四五万元,2010年,张希科的目标是挣到10万元。2012年,他家靠旅游一年挣的钱已经超过了15万元。2013年他家的收入达到了20万元,院子里也盖上了新的带卫生间的客房。

2013年,张希科的女儿终于考上了自己理想的大学。我们问她毕业后会回来吗?她说,我总是要有我自己的追求和生活吧,不会回家来的。

2013年,我们问张希科,现在最让你烦恼的是什么?他说,现在最让他们苦恼的是政府对农家乐的宣传力度不够,他们自己又不会利用网络宣传。旅游公司也不太愿意跟他们合作,基本都把游客拉到景区里的酒店住。

张希科说,自己并没有因此放弃努力。他和村子里做农家乐的老板几乎每天都要碰一次头,召开会议,强调每家都要维护好沙坡头农家乐的品牌,不能做对游客不好的事情。

张希科说,我们这儿的农民对沙坡头旅游的发展,有着很强的品牌意识和环境保护的意识。政府如果能利用好农民的积极性,这对景区的保护无疑是很有帮助的。

2017年"黄河十年行"在张希科家的时候,他告诉我们因为政府建了新镇,两家企业为了争拉客的旅游车,竟然封了路,对他家的影响不小。他还说九寨沟地震后,他们这的客人又上来了。老张总是能看到希望。

2012年"黄河十年行"在张希科家的农家院时,央视记者李路看张希科穿着白袜子、戴着蓝脖套,问他为什么这身打扮。

老张说,这样靓呗!谁都喜欢靓。张希科对着我们把脖子上的脖套边戴来戴去,边比划着说,又能挡沙,又是装饰,来这旅游的人都喜欢,10元钱一个,自己也就买一个戴上了。

张希科对生活充满着希望，一口一个自己生活得多么幸福，脸上洋溢着知足的微笑和开心的神情。他们家已经四世同堂，一家 7 口，上有老母，夫妻两个正身强力壮，积极创业，一儿一女，在今天，可是令人羡慕的儿女双全。儿子已经成家，有了自己的孩子，女儿大学毕业今年 3 月结了婚。女儿大学毕业先在一个大公司干，没多久就辞了职，因为又找到了她更喜欢的工作，一个月能挣四五千元钱，外加五险。

2016 年张希科就说，我已经退居二线了，事业是儿子的了，他不干没办法。我给他铺这条路也不容易，他要不干的话我也是无能为力了，我也知足了。

2017 年 8 月 23 日清晨 6 点，张希科和他的妻子在葡萄园里为我们摘葡萄，让我们带在路上吃。这时候，东方是满天的彩霞。

在沙坡头，每年我们都会住在要跟踪采访的黄河人家张希科的家。2017 年 8 月 23 日早晨 6 点准备出发前，像每年一样，我先到地里拍拍他家的葡萄园。

张希科老母亲的耳朵不好，抓住我一定让我给她拍一张她抓着葡萄的照片。这是一种丰收的喜悦还是什么我也说不清，但是他家的葡萄确实给他们家带来了不小的收益，以至于他们给自己的农家乐起名“金葡萄”。

这葡萄长得都这么大(2017 年)

张希科的老母亲(2017 年)

8　龟形古城——永泰

从沙坡头到永泰古城,一路风雨交加。去年因同行的南方周末记者王轶庶的推荐,我们初次走进了永泰古城。

去年,我们进入古城时已是傍晚时分,一位羊倌赶着一群羊引带着我们一起走进了古城。那次给我印象很深的是,古城除了土墙土屋,房子很破旧外,就是街上看不到什么人,却能看到一群一群的羊。这让古老的古城充满了神秘感。

2016 年进古城后,看到一个古老的房子,上面写着小学。今天,小学后面修了新校舍。我们问路边一位老人:这么空荡荡的古城,新修的学校有人上吗?老人说没有,是政府修的,里面放了一些文物。

小学的老校址(2016 年)

2017 年我们到古城时是上午 9 点多,去年看到古城里那么多群羊,今天怎么一群羊也没有看到。在路边看到一位妇女,我和她聊了起来。

我问她家里有羊吗?她说没有。

我问她一个人住在这儿吗?她说和老伴儿住在这儿。村里的人都出去打工了,这里的人越来越少了。

我问你在这儿住了多少年了?她说 30 多年了。

我问这儿有变化吗?她说没变化,一直都是这样。

我问这个古城去年我们来的时候正在修。今年怎么又没有动静了?她说

新的小学(2017 年)

古城里(2017 年)

现在也还在修着呢。因为下雨了,所以停工了。

我问这里要搞旅游吗?她说来的人比较少,都没有人知道。没人来就没有收入。

我说你家怎么不养羊啦?她说没有人放。

我问那你现在靠什么生活呀?她说没有收入。娃儿们在外面打工也不容易。

这位妇女叫李延菊。53 岁了,上过五年学。有两个儿子都在外面打工。她是嫁过来的,丈夫在这住了五十几年了。政府让村里的人都搬到新农村去了。

我问你们怎么不搬呀？她说搬不动，没钱搬。

我问政府不给钱搬吗？她说给得少，不够搬。

聊了一会儿，李延菊一定要让我进她家。并说：拍花，拍花。我开始没懂，进去才看到院中间盛开着鲜花。这就是没有收入的、住了50多年的家。干净、爱美。这让我边拍小视频边感叹：老房子，老院子。可是，一个地方发展旅游总要修得适合城里人的需求，这里的情况显然不适合。没有卫生间，不能天天洗澡，会有人喜欢旅游时住在这样的房子里吗？而他们家，是没钱搬，还是舍不得搬呢？搬哪儿还会有这么大的院子呀？

李延菊家的院子(2017年)

今天在永泰古城，我们只有50分钟的采访、拍摄时间，但好奇与喜欢，让我们不但和村里人聊了天，还看到了古城门、古戏台、古民居，以及古城里不同的城门、不同的碉楼。"黄河十年行"要寻找、记录黄河两岸的文化，永泰古城就是无声的记录。

永泰古城的知名度不是太高，也没有多少改变，虽然破旧，但是历史的记录。走在这样的地方，让人会有一种时空穿越的感觉。

在街上，我看见一位老太太手里拎着一个小水壶。我问她多大年纪啦？她说：85了。

这里家家都用电磁炉，老人家里没有，喝水要到隔壁儿媳妇家去烧了打回家。我边问边跟着她走进院子。老人非常热情，进门时非要帮我们撩着门帘儿。

古城城门(2017 年)

古城里的古戏台(2017 年)

古城里的古戏台和老房子(2017 年)

永泰古城一瞥(2017 年)

85 岁的老太太身体挺硬朗(2017 年)

老人的家里,有老柜子、老桌子,还有炕。老人说自己有 10 个孩子,6 个儿子、4 个姑娘。老人的儿媳妇儿跟我们说,来旅游的人没少给老太太拍照片。

故事全在脸上(2017 年)

和这两位古城的人聊了聊后我想,希望这里多来点游客,让当地人的生活有所改变;希望这里少点人来,好保存着老城的原貌不被太多地干扰。好矛盾呀。

永泰在甘肃景泰县寺滩乡,修筑于明万历三十六年(1608 年),距今已有 400 多年的历史,是明政府为防御北方的少数民族入侵而修建的。建成后即成为军事要塞,兰州参将就驻扎在这个城堡内。当时,城内驻有士兵 2 000 多人,马队 500 人,附属设有火药场、草料场、磨坊、马场等机构。

城墙上有炮台 12 座、城楼 4 座，城下有瓮城、护城河，城南北两侧分别指向兰州和长城方向，建有绵延数十里的烽火台。如此完备的设计，堪称中国古代军事要塞教科书式的典范之作。

古城城围，周长 1.7 km，城围有护城河。古城四面有 4 个瓮城，形似龟的肩足，保存尚好，只是瓮城上的建筑已不存在。护城河也不见踪影。

古城的城墙由黄土夯筑而成，墙高 12 m，城基厚 6 m，占地面积 318 亩。整个城平面呈椭圆形，城门向南开，外筑甬门，外门叫“永宁门”，内门叫“永泰门”，门稍偏西，形似龟头。四面筑有瓮城，形似龟爪。城北有 5 座烽火台，渐次远去形似龟尾。

城周有护城河，宽约 6 m，深 1 ~ 2.5 m。整个城池形状酷似乌龟，故名“龟城”。

城里的挂图(2017 年)

2016 年“黄河十年行”时，在古城我看到一个站在院门口的小姑娘，大概有两岁多吧，我蹲下来问她，吃晚饭了吗？她想了想说：饱了。

饱了！古城的生活用我们今天的眼光看是不富裕的。但干干净净、安安静静。这或许不是我们想要的生活，但不代表就也不是他们想要的生活。

2016 年离开永泰古城时我说，明年“黄河十年行”再来时，古城里还会有人住吗？希望能找到真懂古城的人给我们讲讲。今年我们还是没找到真正懂永泰古城的人。“黄河十年行”还有两年。

站在古城墙下(2017 年)

2017 年 8 月 23 日,“黄河十年行”离开永泰古城去白银。

郝东升是“黄河十年行”要用 10 年跟踪的人家。2010 年“黄河十年行”第一年时,在甘肃白银近郊一片菜地里看到一位农民正在芹菜地里拔草,我们走过去和他聊了一会儿,知道那年不光他们家,他们村重要的经济来源大葱都被熏死了。

我们觉得有故事,就跟着郝东升回了他家,在他家的院子里发现当时家里的苹果树结出的果子也都是黑心的。

2017 年 8 月 23 日,我们采访郝东升有点曲折。前天给他打电话,他说刚到水川给人家“暖学生”去了。当地如果有谁家的孩子考上高中或大学,要请亲戚朋友去吃饭,这就叫“暖学生”。中国农民每年这样的花销着实不少呢。

今天再给他打电话,他们夫妻俩又去水川“暖学生”去了。因为两年没有见到他了,所以我们决定到 30 里之外的水川去找他。可是在我们快到水川的时候他打来电话说赶回白银来见我们。于是我们只好在大雨中的路上等着他。

见到郝东升夫妇两口子的时候,郝东升的媳妇儿红光满面。同行的赵连石说你的身体看着比以前好多了。她说,是啊,好多了,现在也不种地了,有养老保险。55 岁从 600 元钱开始拿,到现在 60 岁已涨到 1 100 元了。郝东升 60 岁开始拿,现在每月也有 800 元。拿这样的养老保险要先交 20 000 元钱,郝东升的媳妇儿说,自己的钱都回了,现在就拿政府的钱了。

我问他们,你们门口的房子还在租着吗?

“租着呢。今年又盖了八间楼板房，已经都租出去了。”郝东升的媳妇儿快言快语。

不用种地了，就靠租房子了？我问。

“也不行，我家的路不行。还不及人家水川山村呢。”

我说，你们不是比他们更靠近城市吗？

“是呀，人家那儿可漂亮，村长搞得好。我们这儿现在没人愿意当村长，没有村长。”

郝东升的媳妇儿说这些时，是笑着说的。而郝东升在泥泞的路上一边给我们带着路，一边还举着我们上次来给他们拍的照片。

这是在我家拍的照片(2017年)

我们下车走了一段烂泥路才到了郝东升的家。他家今年又盖了八间板房。又是他们家那只叫得很欢的狗迎接了我们。前两年他们家很困难的时候我们来，院子屋子里也都是干干净净的。现在院子里的苹果树没结果子，另一棵果树上倒是果实累累。

郝东升家的大房子(2017年)

我们今天早上6点就出发了，大雨中奔到这位农民的家里时已经快下午3点了。“黄河十年行”每年到了这些要跟踪采访10年的人家，就跟到了亲戚家似的。今天从我们一进门，郝东升的媳妇儿就忙开了。一口袋的西瓜，一桌子的桃、苹果、葡萄，端着、摆着、切着。冒着雨来的我们，吃着这些水果，心里暖乎乎的。

2013 年,我们来时,郝东升家门口的化工厂已经停工了。2014 年我们来,他们却说,白银冶炼厂本来也停了,可有时候,夜间还是在生产。2013 年,因为两口子的身体不好,都腰疼,所以我们认识郝东升时他的那块菜地改种树苗了。我们去时郝东升正在给村苗浇水,他的媳妇儿带我们去了地里。

2017 年,我们在家里聊天时,她说,现在家里最大的难处还是儿子仍在监狱服刑,也还没有减刑的消息。但说这些时,她不像以前那么愁了。

笑是满满的(2017 年)

能看得出,这对朴实的农民夫妇不指望什么别的,把眼下的小日子过好就行了。将来,他们的土地会不会被政府征用,他们也不知道,但一亩地当地只赔 3.1 万元他们是知道的。

郝东升的媳妇说,现在白银的经济不如前几年好,所以他家那几间能租出去的房子租得也很便宜,一间房,一年才五六百元。几年了一直是这个价。靠租房子,他们家一年的收入有 20 000 元左右。郝东升的媳妇儿问我们今天从哪儿来,我们说早上从中卫出发。她说,知道,去浪过。她还说,前两年和村里的人参加旅游团还去过海南。因为女儿说趁现在还跑得动,多出去浪浪。

多有意思的语言,把玩叫浪。

我们离开郝东升家的时候天还下着小雨,两口子在泥泞的路上追着我们,边跑边说,这口袋瓜背上吧,一盘子的花卷装上,哎呀苹果多拿几个吧。

和他们在我们的车门口挥手说再见的时候,我的心里真有点不舍。我们之间非亲非故,只是因为我们要记录 10 年里黄河两岸人家的生活,就和他们一家有了浓浓的情。我知道,如今黄河两岸我们跟踪采访的这些人家,都已经在我的心里了。

从白银去兰州的高速公路两侧的绿化也是“黄河十年行”一直在关注着的。明显的视觉效果就是在干旱气候的背景下,在山坡挖梯田式的种树,树是很难长大的。

与郝东升夫妇的合影(2017 年)

这些年,一些有识之士担忧,这种人工梯田造林和绿化,栽种的松树、柏树、柳树、杨树等植物,需要大量的浇水和大量的人力维护,这是合理的可持续的绿化吗?“黄河十年行”在持续关注并记录着。

进入兰州(2017 年)

8 月 23 日,我们到了兰州后就去了中科院寒旱所,沈永平研究员是“黄河十年行”年年都要采访的高原冰川、冻土专家。做冻土研究的他一直在告诉我们,青藏高原上现在降雨量并没有增加,但是水量却增加了。

不过沈永平告诉我们,这不是一个好现象,冻土保存的是淡水资源。冻土在全球气候变化中融化了,这可是子孙万代要用的水呀,这代都用了,明天怎么办。

今年,沈永平又有了一个新项目,就是要做黄河玛曲的研究,他告诉我们,玛曲的水量占黄河水量的58%,汇入黄河的水有100亿 m^3 呢。他说保护好这个地方的水资源,比保护下游的水更有价值,也更经济。

2017年采访沈永平,他还说了这样几条:“网围栏和过度放牧应该重新认识,我们一直以来对草原保护的认识是有问题的。”

沈永平说:“黄河两岸的生态重要,文化也重要。而我们现在保护草原的外迁、定居、围栏对黄河沿岸的文化传承是不利的,甚至致使其自然生态与文化传承消失。”

关于高原鼠兔,沈永平说的是:“不是因为鼠兔破坏了环境,而是环境破坏了,鼠兔就多了,加剧了破坏。因为鼠兔非常敏感,它们在宽阔的地方才能生存,如果草原好,视线近,鼠兔就有危险意识。”

沈永平对黄河上游的研究,正是这些年“黄河十年行”在持续发现并和专家们一起呼吁着的。比如高原所的吴玉虎一直在说,我们也一起呼吁的:恨不得一夜之间把高原上的“钢铁”拉出去,钢铁说的就是网围栏。草原生态学家刘书润一直在反对着让牧民定居。他认为,游牧是草原人的大智慧,今天草原退化的问题,与定居、圈养都有着直接的关系。而对高原鼠兔,每年和我们一起走的专家,都在要求为它们平反,并对现在的灭鼠给予了很多慎重的提醒。

“黄河十年行”第8年时,我们与中科院专家的一席谈话,让我们看到了这些问题都有了得以解决的希望。

9 刘家峡,黄河上的一个节点

第8年“黄河十年行”8月16日从黄河入海口出发,今天已经是第9天了。我们已经走了黄河流域的8个省(区)。从山东的入海口东营,一直到今天青海省的循化。也经过了好几个少数民族聚集区,如内蒙古自治区、宁夏回族自治区和甘肃东乡族自治县,然后进入循化,路上看到不少藏族同胞在田地里劳作和生活。越走越感觉黄河母亲的伟大和包容。

这一路上,“黄河十年行”经过的大家都挺熟悉的地方有东营、花园口、小浪底、三门峡、潼关、风陵渡、晋陕大峡谷,还有黄河上唯一一个能够看到奔腾咆哮的黄河水的地方——壶口,然后是偏关、老牛湾、万家寨水利枢纽,接着穿过包头附近的黄河。从达拉特旗到包头，从包头又一路向西到乌梁素海，然后经过石嘴山水利枢纽，经过天下黄河富银川、富宁夏，再经过青铜峡，到了腾格里沙漠，到了沙坡头。在中卫沙坡头看到了黄河落日，然后是永泰古城，白银，一路向南到了兰州。这么一算，真是不少地方了。

8 月 24 日，我们离开了兰州的黄河。先是到了刘家峡大坝。刘家峡是黄河上的一个节点。我们常说万里黄河兰州以上是清的，实际上是刘家峡以上输沙量就小了，水资源在兰州以上有 200 多亿 m^3 的水量，占黄河总水量的一半。

2010 年“黄河十年行”第一年看到这段黄河时，那里早就成了高峡出平湖，没有了激流，没有了黄河原有的个性，与所有水库一样，看起来颜色倒也是蓝绿色的，只是静止的没有了激情，少了灵性。

2015 年“黄河十年行”时，我们跟踪采访的王玉发还告诉我们，当地人都说，过去大坝水库有 150 m 深，现在不足 80 m。这让他们不知道水库有一天是不是会被泥沙所堆满。

同行的黄河水利专家蒋超对当地人的这一说法有点质疑。他认为这里来沙不多。网上对这个问题的介绍是这样的：刘家峡水库由于每年都有大量的泥沙淤积于水库中，整个水库的实际有效库容已由建坝时的 57 亿 m^3 减少到 42 亿 m^3，损失库容 15 亿 m^3，严重地威胁着水电站的正常运行和使用寿命。

成了刘家峡水库的黄河(2017 年)

为了刘家峡水电的发展，这里的农民曾做出很大牺牲。20 世纪 60 年代，水库建设时，原本世世代代生活在黄河边峡谷平地的一个村庄被迁往别处。有少数不愿离开这里的人，家被迁到了大山上。即使后来有了母亲水窑，可那点水也难以维系他们的日常生活。退耕还林还草的政策施行以后，他们连这点自己开荒开出来的耕地也退耕还林了，只能在坡度平缓的地方修一点梯田。

王玉发是我们“黄河十年行”第一年到刘家峡时，正在大坝上拉客的司机。当时问了后知道他是刘家峡水库移民，我们就把他家定为要跟踪采访 10 年的一户了。

他家的故事还真不少。当时搬迁时他家没有分家，补偿都给了大伯家。现在水库移民每年每人有 600 元的补贴，大家分家了，他爸爸这支的小家人都没给这个补偿。前些年王玉发一直希望我们帮忙反映解决。可这样的问题，“黄河十年行”除了写的文章、报道，指出这是带有普遍性的问题外，能帮忙解决吗？其实在我们看来，这样的问题在很多地方完全是人为的，地方政府说了算。

建了刘家峡水库，王玉发家也搬到了山上，缺水让他们生活得很辛苦。好在王玉发和媳妇都能吃苦。他先是开个小面包车拉活儿，后来又贷款买了条船接送客人，去修了水库一定要坐船才能去的千年古寺炳灵寺。媳妇去新疆摘棉花，一去就是一个月，已经连续去了好几年了。

不过，这些年有了船，山上种的花椒卖得不错，他们的生活也在好转着。今天我们通了个电话，知道他家里的生活并没有什么太大的变化。而他也还在忙着水库游艇的生意，我们就没有再去他家。明年一定要去的。

刘家峡水库的大坝前，我们每次到那儿，水面上总是有一片一片的垃圾，今天垃圾倒是明显减少了。

沿黄河干流向上不远，便进入了由特抗风化的石英砂岩构成的嶙峋地貌区，有点像石林，但要高大得多，白色陡壁上长着些顽强的绿草和苔藓。有个陡壁上用红漆写着几个莫名其妙的字。据说是几十年前有人在那里刷标语，还没写完便因绳断跌落得粉身碎骨，此后再没人敢试了。

这片石丛中隐藏着的炳灵寺，是凿空一座山建的，有一个几十米高的大佛，其中十分珍贵的是几个唐代和北魏时期的石窟。

刘家峡水库大坝前(2017 年)

刘家峡水库(2017 年)

炳灵寺石窟(2015 年)

炳灵寺石窟(2015 年)

黄河边这样的古迹，因水库会产生什么影响？不知有没有人在研究。“黄河十年行”在关注着。

离开刘家峡，我们就进入了青海。也就走过了华北平原、内蒙古高原，跨越我国第三大台阶进入了青藏高原。

今天，我们是在小雨大雾的峡谷中穿行的，大自然的地貌是丹霞，是绝壁，是黄河大拐弯，是大地调色板染出的色块——高原的青稞。天虽然有点阴阴的，但这些景色还是让我们停了几次车下来拍照。

穿越黄河沿岸大峡谷(2017 年)

进入青海省的循化川吃午饭的时候，在黄河边我们看到拉水车上拉着一大桶水。守着黄河却要拉水吃？同行的赵连石说，西部近些年有了很大的进步，但一些生活上的基础设施却还有待改善。

循化撒拉族自治县总的地形是南高北低，海拔 1 780 ~ 4 636 m，相对高差 2 855 m，县境地貌系中海拔山地。北邻为黄河川道，中部与东北部为低山丘陵，南部为中高山区。黄河宽谷地带向南海拔逐渐升高，垂直差异明显，根据地表形态特征，由低到高可分为河谷、中东部中低山、中西部中高山、南部高山四种地貌类型。

循化撒拉族自治县地处青藏高原边缘地带，祁连山支脉拉鸡山东端，四面环山，山谷相间，黄河流经其中，川道平衍，森林茂密，农田肥沃，牧草丰美。

在这样的峡谷中走了一天的我们，心情大爽。拍了很多小视频和照片，把一路的地貌、生态、风土人情展现在了关注黄河的朋友们眼前。

照片中那弯弯曲曲的绿色，是手机上显示
我们今天走的路(李敏摄，2017 年)

今天同行的黄委会专家李敏写的日记是这样的：

8 月 24 日，今天早上因兰州城区交通管制，9 点才整装出发。我们的考察队伍人员有了变化。两位要回去上班的年轻人返回北京。中华文化促进会的老董和老刘从北京飞来加入考察队伍。

另外，为了保证在接下来的行程中能够顺利完成考察，在兰州又租了一辆四驱皮卡随行，以备不时之需。今天的第一站来到刘家峡水库大坝。

因为出发较晚，到达刘家峡时已经接近中午，大家在刘家峡大坝上匆匆拍了几张照片就继续前行。中午在河滩镇路边的清真饭馆吃了顿简餐，虽然只有手抓羊肉和羊肉面片，但这是正宗的羊肉，真香。

路过临夏市，接着走进山沟，进入山区。这座山名叫大力加山，是甘肃和青海的省界，在青海循化撒拉族自治县境内为祁连山系拉脊山脉，海拔在 3 000 m 左右。

进山后天气变阴，逐渐下起了雨。迎着时有时无的大雾，顶着时大时小的秋雨，沿着拐来拐去的山路缓慢地行进。下午 5 点多进入青海的循化县，首先来到了号称循化黄河第一湾的黄河边。此时已无雨雾，在这里近看九曲黄河向东流，远眺循化县城高楼群，自然要拍照留念。

黄河向东流(2017 年)

黄河,黄河(2017 年)

按照出发时发的考察安排,今天计划住在尖扎县,由于时间尚早,为了给以后的考察留出时间,今天继续前行赶路。晚上快到化隆时,又下起了雨,我们冒雨进入化隆县,入住黄河宾馆。此时已经是晚上 8 点了。

今天行程 300 km,考察项目不多,路程也不算长,但是翻山越岭,道路艰险,又是顶风冒雨,真是风雨兼程,一路沿着黄河上行。屈指算来,我们已经从黄河入海口的渤海之滨,过华北平原,经黄土高原,穿鄂尔多斯高原,来到了青藏高原,已经途经黄河流域 9 省(区)的 8 个。

今天吃晚饭时已经是 9 点了。等着时,这位利用暑假帮爸爸妈妈干活的 13

面来喽(2017 年)

岁的小姑娘甜甜的笑,是我今天拍到的最后一张照片。

明天我们会到“天下黄河贵德清”的贵口,那里有国家级地质公园,很多大自然的鬼斧神工,在“黄河十年行”的路上会不断领略。那里也有一户我们要用10 年跟踪采访的龙羊峡的水电移民,他是“黄河十年行”采访的人家中,给我打电话最多的一个。

10 感受黄河奇秀壮美,叹造化鬼斧神工

2017 年 8 月 25 日,“黄河十年行“从青海化隆出来,一下子就被大山深处的景色所震撼。

今天 6 点半出发,好长一段时间都在大雾中行进。“黄河十年行”的第 10 天,我们雨中走在这样的峡谷中。想一想,“黄河十年行”第一次在这里遇雨,而且连绵不断。如果是晴天,这里是非常漂亮的大地色块,红的红、黄的黄、绿的绿。

在这样的云雾中穿行时,我们还是时不时地被大山深处的景色所震撼。云雾妆扮的大山,不能不说更加神秘。正所谓淡妆浓抹总相宜。

每次“黄河十年行”走在这的时候我都在感慨,这里的人与自然怎么能相交

青海循化(2017 年)

雨很大,黄河很黄(2017 年)

相融得那么自然。没有学过美学的当地农民,能被称为是创造大地之美的艺术家吗?

走着走着,前面就会有塌方,我们要先去探探路,才可以走。山路泥泞崎岖,可真不容易走啊! 但车上的人都说,走在这样的雨中小路上很有味道。两边的石墙是一层一层的,像是精雕细刻的艺术品。这可不是一般的旅游能到达的地方,她们羞答答地藏在大山中。

这可谓是中国的"红河谷",没有走过的,能想象得出黄河会在这样的大山里穿行吗? 要不是"黄河十年行"捋着黄河走,怎能看到这样的美景?

本来很安静的我们,不知是在谁的带领下竟一起喊起来:"黄河——大美!"

云雾绕山,黄色铺地(2017年)

峰回路转,大自然又变成了这样(2017年)

黄河,你能听见吗?

撰写黄河志的老先生张汝冀,研究了一辈子的黄河。在大美的黄河边,更有一番感慨:黄河行千里路,对丹霞读无字书。

今天的路是因为我们走错了,才第一次到了那么美的巴松峡谷。"黄河十年行"是第一次走黄河巴松峡,实在是太美了!

"黄河十年行",到今年已经走了8年了,什么是丹霞地貌,什么是雅丹地貌,仍然是每次行走中,不管是科学家,还是记者都在试图认知、试图解读的。

网上,国土资源部有这样的解释:雅丹地貌是由于风蚀作用、暂时性流水的

黄河边的“雕塑”(2017 年)

走在这样的河边路上(2017 年)

冲蚀以及湖水的侵蚀形成的。而丹霞地貌是一种特殊的地貌类型,它是由陆生红色的砂岩形成的丹崖赤壁及其有关的地貌,其色如屋丹,灿若明霞。

我还听说过这样的解释:雅丹是地理学名词,汉语译为雅尔当,是维吾尔语“险峻的土丘”之意。雅丹专指干燥地区的一种特殊地貌。一开始在沙漠里有一座基岩构成的平台形高地,高地内有节理或裂隙发育,暴雨的冲刷使得节理或裂隙加宽扩大。一旦有了可乘之机,风的吹蚀就开始起作用了。由于大风不断剥蚀,风蚀沟谷和洼地逐渐分开了孤岛状的平台小山,后者演变为石柱或石墩。

形成丹霞地貌的岩层,是一种在内陆盆地沉积的红色屑岩。后来地壳抬

“黄河十年行 2017”的条幅，与黄河、大山在一起(2017 年)

黄河两岸(2017 年)

升，岩石被流水切割侵蚀，山坡以崩塌过程为主而后退，保留下来的岩层就构成了红色山块。

云在大山中(2017 年)

雅丹地貌多见于西北地区，是一种风蚀地貌，由于西北属于干旱地区，多年无雨地表的水分蒸发后，盐分集结在土壤的表层，地表形成一种干旱的鱼鳞地貌。由于西北的风较多，鱼鳞形状的地形经过风蚀之后，形成一种奇特的大面积沟堑地貌，这就是所谓的雅丹了。

我们今天走的这些红石岩雕刻出来的大山，像雅丹，也像丹霞。在黄河两岸的它们,让我们的相机里装得满满的。这里的黄河没有被人欺负,那么任性地在天地之间滔滔地流淌。滚滚的黄河,烈烈的江风,红红的山岩,云雾缭绕山水间,神奇的自然会把石头风化成这样。

藏在大山中的这些雕塑,让从来没有见过的人看到,会产生什么样的欲望?不知为什么,行走在大山中,这个念头一直萦绕在我的脑海中。这样的欲望,会让人想要占有她,还是留住她?这关乎着大山的命运。命运,上升到这个层面的思考,就不是一下子能说得清楚的了。

绝壁间的生命(2017年)

沿着大自然的雕刻走在黄河沿岸,沿着云雾缭绕走出峡谷,我们走到了贵德。

是石,是山(2017年)

贵德也是一座历史古城,史书上记载,贵德正式建城在明洪武十三年,也就是公元1380年,万历十八年扩修,至今有600多年历史,城墙基本保存完好。从目前散落在县内的古迹分析,境内有“马家窑文化”“卡约文化”“唐汪文化”“黄河文化”等早期人类文化遗产。

宫保是“黄河十年行”要用10年时间跟踪采访的10户人家中的一家。8年来,在我们采访的10户人家中,他给我打的电话最多。一打电话就是过不下去了,他们太腐败了,欺负人,不公平。

自然的雕刻(2017年)

2016年3月,宫保和村里另一位老乡还特意跑到北京告状,找到了国务院信访办。状书上写的是村领导的腐败和县乡领导怎么与村干部串通一气。

2016 年 8 月 17 日,一看到宫保我就问他,上访后有什么消息吗?他说没有任何消息。我问政府也没有来找你们麻烦?他说:没有。

宫保说,8 月 10 日,他又去了省公安局一趟,还是没有人管。

自然调色(2017 年)

用宫保的话说,他去上访跟他个人没关系,就是为了移民安置不公平,太不公平了!

宫保还在告状中(2017 年)

原来在大山上分散居住,原来靠山靠田放牧耕种,能满足自给自足的生活。修了龙羊峡水库后,移民村的生活是一个村子的人密密地住在一起。政府有了项目,原来平静的生活有了波澜,原来朴实的农民不能不复杂起来,宫保难以适应这样的生活,看不惯的事越来越多。偏偏他有硬骨气,看不惯的就要管。本来他的能力能把小家过得很好,可就是要管村里不公平的事。8 年了,每次他和我们说的是一样的事,村里谁谁又腐败了,村里谁谁过得太苦了,他希望我们帮他,他自己要上访。

今年“黄河十年行”的志愿者徐煊告诉宫保，要理性采用法律手段维护自身权益。他认真地听着，不知道徐煊的一番话，能不能帮到他。

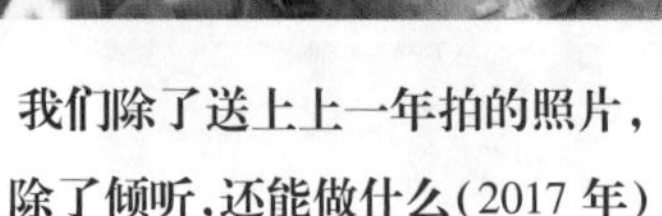

我们除了送上上一年拍的照片，除了倾听，还能做什么(2017年)

“我还会继续上访”(2017年)

每次我们在宫保家采访的时候，村子里的人也都会聚在一起，只要我们一出来，他们也会冲上来骂宫保，说好好的一个村子，就是让他搞得大家鸡犬不宁。这些人的能量，甚至能动员到公安也来出面调解。

相信谁？我们心里自然有数。但我觉得更大的缘由还是水电移民面对的挑战。改变了的生活方式，复杂的社会环境，让过去“天当被地当床”的放牧生活，一下子进入了另一个时代，一下子鱼龙混杂，一个村里能有一个宫保这样的人，能想象有多不容易。当然，“黄河十年行”用10年的时间，记录一个水电移民村村民的生活，丰富多样，变化无穷，错综复杂，也是大时代的特征。能否全面公正地记录下来，对“黄河十年行”来说，也是一个考验。为黄河写断代史，现实往往会超出想象。

离开宫保家，“黄河十年行”到了贵德的黄河边。贵德是一座历史悠久的古城，我们都说：“天下黄河贵德清”，可这几天一直下雨，把山上的泥水冲下来，黄河还是黄河了。“黄河十年行”第一年来的时候，黄河中只有几棵小树，现在成了一个岛。

在我们走了一天的丹霞地貌后，大自然就给我们换了口味，让我们领略领略一马平川的草原。让牛、羊一群群地与我们路遇，和我们走在一条小路上。小路上的牛、羊在车前晃来晃去。牦牛挡住了我们的去路。路太颠了，没能留

“黄河十年行”在水电移民宫保家(2017 年)

雨后的贵德黄河(2017 年)

下照片。

今天我们同行的黄委会老专家李敏居然遇到老相识,他真是高兴死了!那是他十七八岁在我们路过的马营军马场工作时就认识的二位军马场的“马二代”。

在当天的纪事中,李先生这样写道:

5 点多我们路过贵南县的过马营。这里是我 20 世纪 70 年代生活过 8 年的地方,这里有我曾经教过的学生。在过马营医院,我见到了很久未见的学生,他们现在是医院的医生,我们简单聊了聊,让他们帮我们买了些预防高原反应的药品,拍照留念,然后继续出发。

与40年前工作过的"马二代"合影(2017年)

今天,窗外的景色让我们一车的人又一次次地感叹着大自然的神奇。傍晚,我们还在云雾缭绕中穿行,7点半就置身于雷电大雨中。海拔3 500 m的大雨中,我们还有60 km到达住地。这对我们来说,是个挑战。

大雨中到了住地(2017年)

直到晚上9点,我们才在大雨滂沱、电闪雷鸣中找到住的地方。

今天我们拍的照片、小视频,让很多朋友和我们一起走在了壮美的大自然中,看到了自由流淌的黄河两岸。明天我们会到碌曲,那里的尕海,或许会有黑颈鹤在等着我们。"黄河十年行"第2年(2011年)我们在尕海认识了一位小姑娘,从那以后,我们资助她上了 6 年学后,今年她考上了甘肃省民族师范学院,即将成为一名大学生。明天我们会见到她。

11 回家吧,牧人!

8 月 25 日,“黄河十年行”经受了严峻的考验,在大雨中夜行到海拔 3 600 m 的住地,不断的“爬高”,有高原反应感觉的人占团队的一半左右。这些都让我们不得不质疑现在这样的节奏前行,行吗? 今天的天气会不会还是电闪雷鸣、狂风暴雨?

真是天助“黄河十年行”。8 月 26 日,所有的人又有了重整旗鼓的感觉,老天爷也露出了笑脸。一上路,我们就被一大群牦牛挡在了路上。我们说这里不是马路,是牛路。我们要跟着牛的步伐走。

路上(2017 年)

今天一出城,绿色的漫坡、弯弯的小河、灿灿的黄花映在我们的眼前。大自然的美让我们难以形容那一刻的心情。

兴奋地拍着这些人与自然时,领队赵连石说,我们国家有六大牧场,都是生产畜牧产品的。让人遗憾的是,现在我们的牧场急剧萎缩,因为现在很多是用农耕的方法来管理牧业的,因此出现了一些政策上的偏差,导致我们目前牧业连年衰减。不但牧业人口下降、载畜量下降,现行政策对生态的看法与牧民的认知也有着很大的分歧。

牧民在历史上曾经应对了各种生态变迁,丰水年、枯水年、干旱期、寒冷期、温暖期,他们有一整套的生存智慧来应对自然。

可是我们用农耕的方法来管理他们的时候,跟他们的理念不一样。一看过

山皱　河流(2017 年)

天蓝　水清(2017 年)

牧了,就要限牧、禁牧、移民。这都可能导致我们的牧业不但没有得到生态的恢复,反而逐渐下降。

像我们今天走的这样的地方,过去牛羊是很多的,可现在我们走的这一路上,看到牛羊都觉得有点新鲜了。

今天,我们走碌曲、玛曲已是我们黄河考察的路上看到牛羊最多的一个地区了。青海东部,都是最优良的牧场。今天的草原和历史上有着很大的不同。今天的牧民能开着皮卡放牧,但是牛羊可是少得不是一点半点。

牧民们已经提出来,禁了 3 年的牧草已经全面退化,禁了 7 年的要想复活已经很难了,禁牧 13 年的草场就该崩溃了。而从禁牧到现在已经差不多 15 年

人与自然(2017 年)

停车停车(2017 年)

了。赵连石说,这是我们调查了解的情况。虽然不能代表全面,但也是不少牧民、原住民的意见。

牧民们把牛羊变卖了,拿了那点儿钱到城镇去过现代化的生活。可是将来国家一旦复牧的时候,牛羊何在? 没有啦! 很多年轻人经过了这么长时间的休牧,也已经不会放牧了。不像过去的孩子,6 岁就可以看一群牛羊,他是在牧区长大的,有个传承,没有断脉。现在,想恢复就很难了。

赵连石说这是牧民的忧虑。牧民们还说,我们不需要国家这样做,因为这样做无异于国家拿着钱来养懒汉! 牧民和牧场应该靠自身的能力来发展,不用国家的扶助,完全没有问题。但现在这样的退牧还草,无异于国家养了一大批懒汉。现在的年轻人到处流浪,也不打工,什么也不干。家里传下来的牛羊卖的那点钱坐吃山空,将来咋办?

如果不听赵连石的这一番话,同行的人看到的都是草原的大美,听老赵讲,再看看今天给牧民们盖的新村,统一的房子,不能不想,明天的草原还有年轻人，还有人住吗？

这些年从“黄河十年行”采访当地的牧民我们知道，老人、孩子、医疗、教育，城镇化生活很方便。不过，今天这里的年轻人还是离不开能给他们带来财富的草原。而他们在城里长大的孩子却过不惯草原上的生活了。

今天，我们在这里看到并感受了中国科学院寒旱所研究员沈永平说的，黄河58%的水来自玛曲。这里弯弯曲曲、绕来绕去的小河、大河里的水，我的录音笔里录到的都是哗哗的水声。

可是，今天地球上还能这么欢歌笑语的河不多了，我知道。

一位老牧人在草原上写了这样一段话：一个个游牧人家、一顶顶牦牛帐篷、一曲曲牧歌、一个个牧场在衰微甚至消失时，许多牧人开始徘徊在另外一个世界的边缘，几乎再也找不回草原的胸怀和牧人的自豪。回家吧，牧人！

天边的牦牛(2017年)

去年拍的照片(2017年)

贡保吉全家(2017年)

贡保吉，我们关注她家整整 8 年了。2011 年“黄河十年行”认识她以后一直在帮助她上学。前不久她打来电话告诉我她收到了大学录取通知书。

2017 年 8 月 26 日，在她家，我们坐在一起看着这个牧民家的爸爸、女儿一起给我们制作酸奶。

“这个是什么呀，贡保吉?”“这个是我们藏族地区的特产蕨麻。”“这个是谁采来的?”“是妈妈采来的。”

贡保吉的妈妈一直胃不好，去年我们带来了绿家园做的酵素。没想到贡保吉妈妈喝了对胃溃疡那么有效，多年的胃疼好了。今年我们又给她带来了。

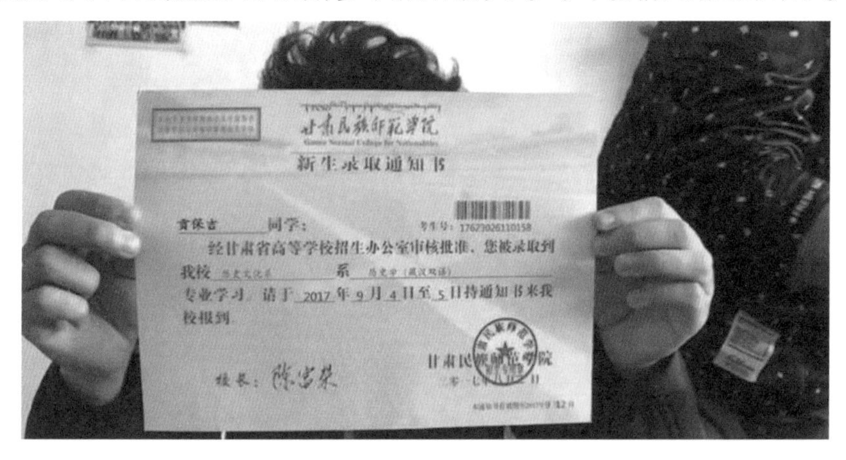

贡保吉的大学录取通知书(2017 年)

看着贡保吉灿烂的笑容，看着她妈妈恢复了健康，真是令人欣慰。几年前她们家是什么样子呢?

2011 年“黄河十年行”在尕海拍鸟时，发现当地百姓的生活还是挺穷的。我们随意走进一户人家，看到一位漂亮的姑娘。聊起来才知道，这个姑娘家因母亲的病，卖了牛羊，卖了田地，全家的生活来源就是挖草药。

过两天母亲要去做胃的大手术。就要开学了，虽然现在上学不要学费，但是去县城上学，吃、住、行，还是要花费不小的一笔钱，全家人正在为此着急呢。

我们当时就凑了些钱，希望她能继续上学。

因为他们那里没有电话，2012 年我们没能再联系到这个姑娘。

2013 年“黄河十年行”到尕海保护区采访。采访完后，我们把这位姑娘的照片拿给保护区的工作人员王寒月看。她说认识，不过女孩暑假出去打工了，家里还有个弟弟也在上学，我们把照片留给寒月，希望她能帮我们联系上这个女孩。

没多久，王寒月帮我们找到了这位姑娘，姑娘给我打来电话说，妈妈的病没好，爸爸又病了要做手术。她说自己中学毕业了，想上师范却没有钱。随后我给她寄了学费。

2013 年 9 月学校刚刚开学，姑娘打来电话说她退了师范学校。我问她为什么？她说那里的学习气氛不好，她转到了普通高中，想好好学习，将来考大学。

那年的 11 月 16 日，我正在北京乐水行，姑娘又打来电话。她说她家的事总是让我惦记，期中考试刚考完，她考得很好，所以要告诉我一下。姑娘打来电话的那一刻，我的高兴是难以形容的。

这些年，这位叫贡保吉的美丽姑娘每当放假的时候，都会给我打来电话。每次告诉我的差不多都是：这次考试我考得不错。

2016 年 8 月 16 日，“黄河十年行”再见到贡保吉时，她已经出落成大姑娘了，已上到高二。她告诉我们本来假期要出去打工，去饭馆端盘子，挣钱。可妈妈的胃病又犯了，只好在家陪妈妈。过几天就要开学了，她真的不放心妈妈。

2017 年，我们在贡保吉家和她聊的时候，她说最担心的还是爸爸妈妈的身体。6 000 元的学费，本来让她很着急，但她父亲说没问题，你一定要上。

贡保吉考上了大学，她的上学问题当然也是我们绿家园的事。今天我们也告诉她怎么才能申请到奖学金。

贡保吉本来报的专业是藏汉历史文化，但是现在又想改学前教育了，理由是好找工作，可以早点帮爸爸妈妈减轻负担。贡保吉的弟弟也表示自己不再上学了，支持姐姐上大学。

临走时，我们再一次将绿家园和此行的朋友们为贡保吉上学的捐款交到她手里。

随后，这位漂亮的姑娘带我们去了尕海。很遗憾，尕海因为气候变化和人为的干扰退缩得非常严重，今年我们看到的鸟儿也没有去年多。这样重要的高原湿地，“黄河十年行”将继续关注着。

今天找到“黄河十年行”要用 10 年跟踪采访的玛曲这户人家时，天已经黑了。这家的奶奶坐在外面草地上乘凉。我们拿了《黄河纪事》书上的照片给她看。她带我们走进了自家的门，斗老还在屋子里沙发上坐着。

这个小姑娘像个小男孩儿，叫斗格吉，11 岁了。我问她：爸爸妈妈呢？她

和贡保吉在尕海(2017 年)

高原上的黑颈鹤(2013 年)

说:在乡下。我说你呢?她说在城里。我说:你喜欢乡下还是城里?她说:城里。我说:你不喜欢乡下吗?那爸爸妈妈为什么在乡下?她说:爸爸妈妈要放牛。他们家有 58 头牛。

这个村子从我们走进去听到的就是孩子们的喧闹声,大部分的家庭都是年轻的父母在山上放牧,就是我们昨天经过的那些绿得迷人的牧场,爷爷奶奶带着孙子孙女住在城里。

尕海的斑头雁(2016 年)

玛曲(2017 年)

斗格吉的爷爷 83 岁,奶奶 69 岁。语言不通,我们聊得不多。老人把我们带到屋子里去。看到满墙的奖状,原来都是斗格吉的奖状,还有中国地图。奖状有三好学生,有数学第一名,小姑娘一脸的灵气,在班里是小组长。

很有意思的是斗老并不识字,可是他一直拿着我们的这本书看啊看啊,好像看也看不够。11 岁的小斗格吉给我们做翻译。

满满的奖状(2017 年)

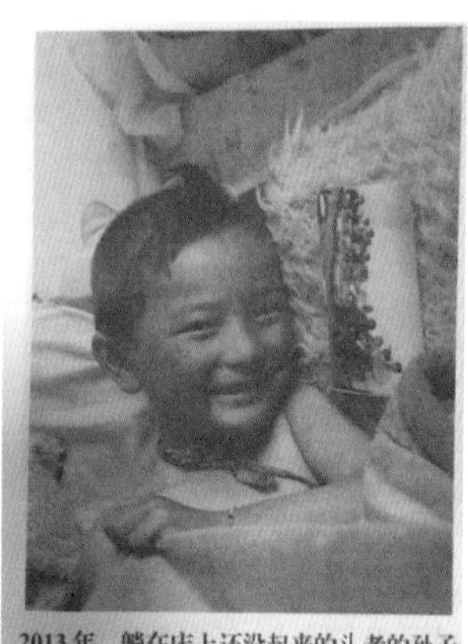

书上的照片是我们 2013 年来的时候拍的，那个时候小姑娘还那么小，这个爷爷好像倒更年轻了些(2017 年)

奶奶给我们做了酥油茶，做了糌粑:“吃，吃”，藏族人家，无论你走到谁家的门口，他们都会请你走进屋喝一碗酥油茶。尽管这里已经不是少见人的大草原。时候不早了，我们要离开了，奶奶却一定要让我们在他们家吃饭。

天完全黑了，我们只有离开他们家的那个大屋子。“黄河十年行”第一次来的时候，因为正好是花儿节，满满的一屋子家人。今天来，家里空空的，他们中不少人是回到草原放牧去了。我们出来时，斗格吉的姐夫从外面回来，说自己是篮球队的，也不太会说汉话。我们出门时斗格吉的奶奶和两个小姑娘站在门口望着我们,久久不愿离去,而他们隔壁家的人特意打开门让我们“进来,进来,喝茶,喝茶”,带着浓浓的乡情。

12 58.7%的黄河水源来自玛曲

2017年8月27日,“黄河十年行”从玛曲出发后就走在了一片片绿绿的大山、一条条弯曲的河流、一朵朵五彩的小花的旷野里。

玛曲县位于甘肃省甘南藏族自治州西南部,地处青、甘、川三省交界处,是青藏高原东部边缘上的一个以藏族为主,多民族聚居的纯牧业县。总面积10 190.8 km^2,总人口3.82万人,其中,牧民人口3.08万人。玛曲湿地保护区总面积562.5万亩,是青藏高原湿地面积较大、特征明显、最原始、最具代表性的高寒沼泽湿地。它也是世界上保存最完整的湿地之一,湿地对黄河水源具有特殊的涵养作用,素有黄河“蓄水池”之称,具有特殊的生态保护功能。

这片湿地一眼望去立刻让我想起“黄河十年行“在兰州采访中国科学院寒旱所研究员沈永平说的那番话(2017年)

玛曲,是黄河上游很重要的一个水源区。黄河是从玛多出来经过青海的久治,就进入玛曲了。从玛曲出来后又流到青海的河南县,然后到龙羊峡。玛曲的后边是诺尔盖草原。黄河经过这里,水量增加了58.7%,就是增加了108亿 m^3。

黄河,主要的水都产于诺尔盖草原玛曲这个地方。河流经过玛曲县。

牛浴(2017 年)

58%的黄河水来自这里(2017 年)

433 km 产水有四川的诺尔盖县、红源,还有甘肃的碌曲、玛曲。这里在黄河几万年前形成之前都是湖,是黄河把这几个湖串到一块儿。所以,玛曲整个地表都特别平,因为是湖泊的底部。

进入甘肃之前,玛多、久治的水量才占黄河水量的 20%。在经过玛曲 400 多 km 的转弯之后,由西流到东。

沈永平说,黄河从三江源流出来的水大概是 30 多亿 m^3。玛曲流出去后水量增加了 130 多亿 m^3。所以,这个地方形成了黄河一个蓄水池,一个补水区。

黄河全流域没有像这个地方能补这么多水的。这地方真正流域面积大概是 8 000 多 km^2。大家只知道玛曲这个地方特别漂亮,湿地特别多,气候特别好。实际上这个地方前些年因为气候的变化、过牧,沙化很严重,这几年通过治理有所好转。

玛曲的黄河湿地(2017 年)

“黄河十年行”在玛曲(2017 年)

玛曲只有 3 万多人,有人算了一下,有 2 亿元的经费就可以把这些人养起来,让他们不再破坏生态环境,这样就可以保护住 100 多亿 m^3 的水。这是很值得的。

沈永平认为,现在常常一个工程都投入很多的钱。保护这个产水区域用不了多少钱,却保护了占黄河源产水量 58.7%的水。

沈永平说:“玛曲是一个纯牧县。这几年除了矿产资源的开发外,也没有其他的资源,生态补偿也一直没有落实。上游做了很多保护,比如说这里有黄河特有的鱼,上游保护,下游得利。上游就感觉我保护了鱼类原生资源,正好鱼喂肥了,你们得利。

从目前的情况看,国家在保护上缺乏统一性。很多政策和想法是好的,但是,落实时不能持续。今后在河源的保护上,上下游应该统一行动。"

在玛曲,"黄河十年行"的大巴课堂上,好几个人感叹:今天黄河在这里汇集、流淌,一次次地感动着我们。

黄河竟然有58.7%的水来自这片美丽的地方。

黄河在这里只要有2亿元的投入,就可以省去很多大工程。

黄河的这些内涵,除了美,知道的人又有多少呢?

"黄河十年行",就是希望让黄河的这些内涵有更多的人知道。

8月27日傍晚,"黄河十年行"在久治经历了一场把地都下白了的冰雹。就在我们一路大呼小叫地享受着草原大美时,甘肃民间环保组织绿驼铃的赵忠让我们有了一个意外的采访,让我再次感受到"黄河十年行"是关注黄河的朋友们一起在走着呢。

甘肃民间环保组织绿驼铃这些年一直在玛曲县阿万仓乡道尔加五队财加让村做项目。这里共有8户牧民,距离县城39 km,距离阿万仓乡15 km。

这个村近几年面临着严重的湿地退化、草场沙化、水资源短缺等自然环境问题,同时也存在着超载放牧、能源消耗增大、信息闭塞、受教育程度低、牧民经济收入低、生活贫困等社会问题。

转场的牧民(2017年)

其实,2011年"黄河十年行"就采访过这个村的8户人家。在绿驼铃的帮助下,他们组织起来,发起了生态自救。

村里的年轻人俄旺东知告诉我们:"随着这里生态环境的退化,他们的生存也遇到挑战。20年前他们的夏牧场旁边就有可以喝的河水。现在却要到三四里地之外的地方去打水。过去草有半人高，现在没不了脚脖子。

素有黄河“蓄水池”之称的这里，具有特殊的生态保护功能。而现在最大的问题是雨水不均匀。以前 8 月有很多的雨，现在雨很少，草都黄了。俄旺东知说，他们小时候这里的河水很大，现在都干掉了。野生动物也少了。

再一个就是人口的增加。原来这里只有五六家，现在有 40 多家。

俄旺东知说，他觉得草原保护不仅仅是捡垃圾，而是保护牛羊，要和草原建立良好的关系。

俄旺东知告诉我们，现在有很多人到他们这里来买山。几十万元买一座山，买了就开矿。邻村有人在卖山，但是他们村牧民们都不卖。

让俄旺东知很得意的是，以前他们是放牧，现在是生态旅游。靠生态游，前年他们挣了 1 000 元钱，去年挣了 5 000 元钱，今年挣了 1 万元钱，越来越好了。

生态游要教大家认植物(2017 年)

俄旺东知他们 8 户牧民能有今天，要从 2010 年甘肃省绿驼铃环境发展中心来到了玛曲阿万仓乡道尔加五队说起。这里的草原曾被誉为“亚洲第一优良天然牧场”，然而一份调研结果让大家开始意识到那片草原的生态已经开始退化。

于是，从那一年起，绿驼铃决心开始守护草原。陆续在草原上开展多项社区工作，希望能够改善那里的环境状况和居民的生活状况。到了 2014 年，经过几年的探索，绿驼铃考虑启动生态旅游项目，希望能够用这种方式让牧民增加收入，提高收入水平。此外，还可以让更多的城市居民亲近自然、了解自然和参与环保。

绿驼铃的发起人赵中说，一项公益项目坚持 7 年，其间会发生很多很多事情，这其中的滋味大概只有同样坚守过某一公益项目的同行朋友才能够理解。让我们倍感欣慰的是，我们面对的是一群淳朴善良、真正热爱自然的牧民朋友，他们常常做出简单但让人深受触动的事情。

2016 年，有一支工程队来到社区想要开山挖石用来修路，为此他们可以出 7 万元补偿款给当地的牧民。

7 万元，对于当地大多数牧民家庭来说，就是整个家庭财产的一半。逐水草而居的牧民没有像城市人一样的固定房产，他们的财产就是家里的牛羊，也就是说，那 7 万元等于一个家庭一半数量的牛羊。巨大的经济诱惑摆在眼前，但牧民们没有忘记与绿驼铃的环保承诺，他们果断拒绝了工程队，保住了一片清新的草原。赵中说："这是让所有人都欣慰的结果，感谢愿意坚守的善良人们。"

在玛曲道尔加五队做生态旅游的牧民的带领下，"黄河十年行"一行人在草原上认识着当地的植物：凤毛菊、星状雪兔子、火绒草、龙胆、野蒜，还有属鼠、旱獭等动物。

我们把这些动物、植物都拍下来。希望有更多的关爱自然、关注母亲河的朋友和我们一起，认识这些植物、动物，以及这些孕育草原湿地的小河。

——记录(2017 年)

"黄河十年行"离开玛曲，走到久治黄河大桥时，刚刚还砸得我们的车咚咚响的冰雹过去了，蓝天白云出来了，雨后的草原，让人心醉。

13 巧遇雪豹喇嘛

8 月 28 日早上"黄河十年行"离开青海久治，就到了海拔 4 000 多 m 的大山中。藏族人总会在大山的垭口挂满经幡，祈祷山川大地和人的平安。

在等着吃这里生态游的一顿藏餐时，我们的领队
李晋教俄旺东知学汉语，他学得那么认真(2017 年)

养育黄河的湿地(2017 年)

高原的颜色(2017 年)

新高度(2017 年)

草原上的冰川漂砾(2017 年)

有冰川漂砾的河(2017 年)

眼前的小花儿,小溪弯弯曲曲,远处就是年宝玉则。

年宝玉则山下随地可见第四纪留下的冰川漂砾石。大大小小,洒落在山与草原的天地间。

云中的雪山(2017 年)

高原草甸(2017 年)

今天我们的车上又增加了一位人文地理博士故璺。因为他近年来常常领队博物之旅,所以今天他一上车,就指着窗外的飞禽走兽、花花草草讲开了:

七八月来高原,是一个赏花的重要季节,主要的可以看到在草原上有很多的马先蒿。马先蒿种类非常多,有紫色的、黄色的,还有白色的。久治有一种挺有名的植物就叫久治马先蒿,是以久治的名字命名的。刚才拍的那片粉色的是四川马先蒿。马先蒿有很多种。

金露梅,是草原上常见的灌丛。还有鲜卑花、高山柳,也是高原常见的灌丛。

草呢，边上白色的叫圆穗蓼，还有珠芽蓼，这两种白色的长着小芽的是草原上最常见的蓼。其实昨天咱们在玛曲都已经看到了，今天给大家再重复一下。

久治海拔落差很大，这为植物的丰富提供了可能。

高原上的黄花(2017年)

大家看到这个公路两边有很多的雪雀，雪雀主要有三种，一种是棕颈雪雀，另外两种是褐翅雪雀和白腰雪雀。

右边这儿有一只红尾鸲，它上身是黑色的，尾巴是红色的，它也是高原上比较常见的繁殖鸟类，一般在土坡的边缘壁上打洞繁殖。它们春天到来，夏天繁殖，秋天就走了。

刚刚我们在路边的桩子上看见一只纵纹腹小鸮，它主要是吃啮齿类动物的。

故垒有关动物、植物的知识，让“黄河十年行”的行走更加丰富。他告诉我们：“在草原上不仅有很多鸟类，还有很多的啮齿类动物，如刚才说的鼠兔啊鼢鼠等。啮齿类动物主要是两种，一种是高原鼠兔，第二种是中华鼢鼠。而雪雀和鼠兔实际上有一种微妙的关系：鼠兔打的洞，很多雪雀也会当作自己的巢穴。所以，雪雀遇到危险的时候，它会灵敏地发出警报声，这样鼠兔也就会很快地返回洞里。”

另外，在草坡及灌丛里，有的时候会有世界级的濒危动物，叫藏鹀。藏鹀也是果洛州最常见的世界级的也是青藏高原独有的一种兀类。它的颜色跟藏族天珠的颜色很接近，都是黑、白色，还有褐色相间的，所以藏民把它又叫作天珠鸟。

我们今天真的运气很好，一群高山兀鹫突然出现在我们的车旁。

高原鼠兔的家(2017 年)

它们好像正在吃什么猎物。大概超过 10 只以上的高原兀鹫,跳的跳、飞的飞、吃的吃。我们竟然还拍到了一只兀鹫拉着一个动物的尸体往前走。对于我们的停车,没完没了的拍,它们毫不在意。这些大鸟离我们还是有一定的距离,所以拍的还是有点小。

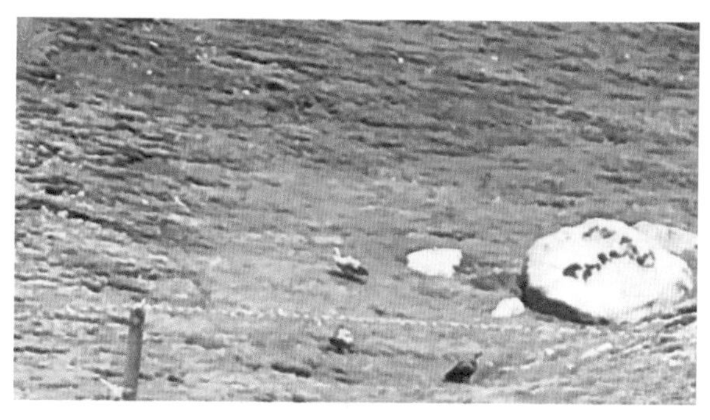

高山兀鹫(2017 年)

吃(2017 年)

跟着懂自然的人一起走进自然，真是享受，也能对大自然有更多的了解。

年保玉则峰下面有两个湖，一个叫西姆措，已开发成旅游景区；另一个叫鄂姆措，还是原汁原味的风貌。

我们在那儿拍照的时候，一位姑娘看着我们，我就和她聊了几句。她 15 岁初中毕业就开始每年有 3 个月的时间在这里放牛，如今已经 25 岁了。我说为什么不去找工作，她只是笑。

她告诉我们现在下雪多了，水没有什么变化。野生动物很多，雪豹也有人看到过了。

鄂姆措边的姑娘（2017 年）

姑娘家的黑帐篷（2017 年）

在这安静的高山湖边，不知为什么我突然想问自己：住在这的人，对这美丽的湖和我们的感受一样吗？今天我们是走在长江、黄河分水岭的大山里。不仅看流入黄河的支流黑河，也看到了流入长江水系大渡河的支流。

昨天在路上时，我们意外被推荐去采访了牧民办的生态旅游。今天又有惊喜，被当地人称为雪豹喇嘛的僧人果洛周杰正好在白玉，我们还没见到他，已经听说了他的故事——

果洛周杰的家族世代是猎人，从小叔叔就教他各种野生动物的习性，那是他们多年观察动物的经验。受佛教思想的影响，猎人在藏民社会的地位较低。藏民不吃鱼，也不吃小动物。因为宰杀一头牦牛可以够 5 个人吃一个月，可是吃鱼一顿饭就要杀害很多生命。即便是猎人，也遵循着只能猎杀岩羊体积以上的动物的原则。

被期待继承猎人传统的果洛周杰在 11 岁时遭遇了命运的转折。那是一次放牧时，他亲眼看到中枪倒地的一头母黄羊被拧断脖子，痛苦地死去。第二天，他看到一只小羊在母羊周围走动，而第三天它就因为没有奶吃，饿死在灌木丛里了。

果洛周杰曾告诉记者，由此他深受刺激，发誓不再打猎，并要求出家。叔叔一直反对这件事，所以直到他在周杰 14 岁那年去世后，周杰才出了家。

我们巧遇时，穿着僧袍的果洛周杰一见到我们就笑谈起 2001 年他在年宝玉则山上等了 15 天，终于拍到了雪豹时的情景。

“我远远地看到下面有一个牧场，他们家里有羊，而雪豹正在看着岩羊准备捕食。后来，我就拍到雪豹抓了一只家羊。”

汪：“你什么时候开始拍雪豹的？”

果：“90 年开始我想拍雪豹，为什么要拍雪豹？有人说对于濒危动物来说，雪豹像一面旗帜。我想雪豹一定要保护，保护的过程中一定先要搞调查，在调查中拍的雪豹。”

果洛周杰(2017 年)

汪：“你到现在拍了多少只雪豹了？”

果：“我见到五六次了吧。不一样的雪豹。”

汪：“雪豹也不一样吗？怎么不一样？有什么区别？”

果：“脸上的花纹，肩的花纹，还有尾巴上的花纹都不一样。”

汪：“还拍到什么了？”

果：“还拍到一些鸟，拍到了鹅喉羚。”

汪：“你都拍了哪些纪录片呢？”

果：“有一部《索日佳和雪豹》，这个在网上可以看到。还有《我的高山兀鹫》《转山》《水》，很多很多。”

汪："都是纪录片？网上可以看到吗？"

果："有几个可以看到。《索日佳和雪豹》可以看到，这是讲人兽冲突的。"

我现在开始做一个'万物之眼'，每年会做一个大的影展，培训一些当地的年轻人来拍这些片子。"

汪："你培养了多少个拍纪录片的牧民呢？"

果："80 多个了。七个县。若尔盖县、杂多县、曲玛来县、青海湖刚察县、玛沁县、吉锥县、罗格县和阿坝县。横跨甘肃、青海和四川。个人的影展有 9 部纪录片。"

汪："有些照片吗？"

果："没有照片。以后的计划有，现在全部是纪录片。"

我问雪豹喇嘛，你拍纪录片经费从哪儿来呢？他说从家里拿一点，朋友们给一点。他说在家里是妈妈和两个姐妹用放牛、挖虫草的钱支持他。

果洛周杰发起"万物之眼"，就是当地的牧民自己买设备，他负责教他们使用摄影机记录下这些年三江源环境的变化。现在已经有 8 个作品拍摄完成，其中有关于恢复湿地、牧民的生活等主题的影像。

如今，一聊起三江源环境的变化，果洛周杰会格外投入。他说在果洛州的阿尼玛卿，神山上这几年不断发生雪崩，家乡气候的问题一直是他们在调查和记录的重要事件。

和果洛周杰匆匆聊时，他说他特别想拍花儿和小孩子，让牧民的孩子来教外面的人认识这些花。只是现在特别忙，一个人要培训那么多人，就没有时间来做自己想做的事情了。

果洛周杰说，明年吧，明年！让全国各地的孩子们，没有高原反应的、喜欢高原的，到这儿来。然后让牧民的孩子教他们怎么样去认识高原的植物和动物。纪录片的名字都起好了，叫《花儿的孩子》。

果洛周杰常年游走于藏区各地，先后参与了各种环保项目。果洛周杰常说"保护即关注"，这也是时刻督促他将环境保护付诸行动的原动力。

而"万物之眼"的启动，是想要感染更多爱好摄影的藏人，为他们提供一个学习的平台。果洛周杰说："我自己很喜欢影视作品，但是到目前为止，我们可以看到的关于藏区的片子，无论是环保还是文化方面的，都少有藏族人自己拍摄的作品。而'万物之眼'就是想让爱好摄影的藏族青年拿起摄像机拍摄自己

雪豹喇嘛的作品（2017 年）

雪豹喇嘛的作品（2017 年）

雪豹喇嘛的作品（2017 年）

关注和见证的高原。青藏高原的牧区，牧民们获得外界信息的来源非常少，在这些地方播放纪录片，是一种特别好的方式。此外，这些参展的纪录片完全是藏族人自己拍摄的，这能让牧民更好地接纳和理解片子里传递的信息。”

云南艺术学院的教师李昕认为：“纪录片并不是画面精美、故事紧凑、在主流媒体播放的，才是真正的纪录片。纪录片也可以是社区的自我教育方法。如果牧民们把这些内容拍下来，以后就能把它作为本民族的一个教材来传播。”

李昕说："对于摄影师来说，拍摄过程也是对摄影师本人的教育，是学习的过程。这样的纪录片不再是一个艺术，它就是我们的生活。这也是提高当地牧民的环保意识非常有效的方式。"

在 2017 年 8 月 28 日"黄河十年行"的纪事中我写了这样一段话："雪豹喇嘛手上现在有很多反映高原生态、高原野生动物的纪录片。如果我们能够在北京、上海为他办一个纪录片展，一定会非常精彩。有愿意和我们一起帮助雪豹喇嘛的朋友，伸把手吧。"

雪豹喇嘛生活的地方(2017 年)

高原山路(2017 年)

路边一个小伙子远远看见我们的车过不去，拿着锄头就来帮忙，善良的牧民啊。

今天天快黑的时候，我们走在一段非常崎岖的山路上，因为太危险，车上人多次下车。我们很牛很牛的领队赵连石一道坎一道坎地都闯过去了。记录黄河不容易！但是能与更多的关注江河的朋友们一起走黄河，这让我们无比快乐！

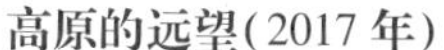

高原的远望(2017 年)

垫路(2017 年)

14 花石峡的藏野驴

8 月 29 日“黄河十年行”第 14 天。清晨,我们从青海达日出发,这里可以看到街边清一色的藏楼,真漂亮。“黄河十年行”已经在这样的藏区穿行好几天了。一路上,我们还是在高原峡谷、湿地中穿行。

走出日达(2017 年)

沿途我们看到了很多宽阔的河谷,以至于感慨:这才是河流呀。在这样的河床上长大的小河欢蹦乱跳地投入了黄河的怀抱。它们有想过自己的未来吗?

极目远眺,可见散落在高原湿地上大大小小、一片片晶莹剔透镜面般的水面。当地人说,这是王母娘娘的镜子掉在人间,摔碎了。

以前我们老说大河有水小河满,随着我们对大自然的认知,才认识到小河没水大河靠什么满呢?

河谷(2017 年)

小河流入大河中(2017 年)

羊在高原的家(2017 年)

过了玛多黄河大桥后就到了黄河源区的星星海。海子是藏族人对大小湖的称呼。在蓝天白云下,每个大海子、小海子都闪闪发光。

可是,就在这些大小海子旁边,我们也看到一堆一堆的沙丘正在生成。为什么在水如此纵横捭阖的地方还会沙化?

高原的黄沙(2017 年)

星星海(2017 年)

圣山圣水,这里是地球上最洁净的天堂(2017 年)

最激动人心的是与黄河源野生动物近距离接触(2017 年)

自由自在,平静而灵动,如同天地孕育的精灵一般(2017 年)

今天一进入黄河源区,我们数着数着,近处看到的黑颈鹤就超过了 100 只,藏原羚 36 只,藏野驴也有几十只。此外,远远地还看到了两只黑颈鹤。

走在这片高原湿地上,“黄河十年行”在兰州采访中科院寒旱所研究员沈永平时,他在为我们眼前所看到的生态做着注解。

沈永平说:“现在的破坏,一方面是气候变化。多年冻土化了之后,下垫面就降低了。以前下面是冻土,上面有 1 m 多,有水,草什么都在上面生长。现在气温变暖,以后冻土就往下走了。所以,现在一些草地上面就吸不到水了,形成了大面积土壤的干旱,草地干旱化了。

“影响很大的另外一个因素,就是人类的活动。因为这里本来是一个湖,是一片沙子,上面有薄薄的一层草,现在放牧过度,把这些草破坏掉,结果很多地方就沙化掉了。恢复起来非常难。”

记得 1998 年，我第一次走进长江源时，看到了高原上有一小片黄沙。当时中科院研究员唐邦兴大惊失色，他认为高原上出现这样的退化，简直不可思议。可是，这两年我们在黄河源，看到的沙化真的是越来越严重。

采访时我问过沈永平，现在都建牧民新村，把牧民集中起来，城镇化，这对环境是不是也有影响？比如以前他们都是游牧，现在集中起来，垃圾堆着不能处理，这些改变了的生活方式，对水资源有什么影响吗？

沈永平认为这个还没有什么明显的影响。定居主要是在冬季集中在城镇边上。这对牧场本身影响不是太大，因为夏季他们还是要到山上放牧。集中可以方便牧民看病、方便管理。

但是定居，沈永平说也有问题。主要是对文化有影响。有些想法是好的，想改善农牧民的住房、看病、用电。但是，这种一刀切的做法，使原住民失去了一些生活方式和生活习俗。

传统文化的东西都是在牧民养羊、挤牛奶、互相串门这些行为方式中间产生的，有很多生活方式和习俗。现在把他们集中起来，就没有传统的生活方式，很多传统文化就慢慢消失掉了。

因此，沈永平认为，随着这些年集中放牧、集中定居，其实倒不是对生态产生多大的影响，而是放弃整个传承了多少多少代的传统文化。现在大部分年轻人已经不在那种环境中生活，已经不知道传统文化的精华了。所以，现在的问题是汉化。这对民族文化、民族传统中最优秀部分的破坏是巨大的。

其实，很多民族文化、民族传统对生态保护都起了很大的作用。比如高原上没有燃料，通过牦牛吃草变成牛粪。牛粪晒干了就可以作为燃料。牛毛，可以做毡，做编织袋，编绳子。牛奶、牛肉，可以作为食品。在高寒地区，就是因为有了牦牛，它把整个生物链串起来了。牦牛让草变成了牛奶。

“黄河十年行”8 年来，很多专家都说过这样的话：适当放牧，对整个生态环境是非常好的。

傍晚，夕阳洒在黄河源区时，有同行的人在大巴课堂上说，如果不是真的身临其境，很难对大美青海理解深刻。

“黄河十年行”第 14 天的傍晚，我们到了巴颜喀拉山，海拔 4 829 m。经幡深处，藏民们在萨隆达。

黄河在高原最天然的环境,最自由地摆动身躯,何等婀娜妖娆(2017 年)

巴颜喀拉山口(2017 年)

15　玉树街边的婚事

2017 年 8 月 30 日,一大早我们就来到玉树第一完小,那里的孩子们等着我们呢。从 2016 年开始“黄河十年行”为玉树第一完小的孩子们捐书。

真没想到我们的到来让孩子们那么激动。我问他们去年我们来过还认识吗? 孩子们说“认识”的声音,响彻在整个教学楼里。

同行的人向每一个孩子的手里发送图书的时候,我想让他们拿着书拍张照,他们一个个马上就背出自己拿着那本书的书名。我问“喜欢吗?”回答的声音“喜欢!”让我们同行的绿家园领队李晋热泪盈眶。

我眼前站着的这位男生,比我们去年来时高出了半头。我对他说:我们有一张照片,是你跳过河去捡垃圾? 他说是。我问:危险吗? 他说不危险。

跳过河去捡垃圾的男孩(2017年)

我的是数学历险记(2017年)

孩子们的热情再次到了沸点。我们也为孩子们捐上了让他们勤工俭学的经费。我说咱们和孩子们一起照张相吧,每一个孩子都伸着手拉我们:到我这儿来,到我这儿来。有几个孩子还抹起了眼泪。

“别哭了,我们还会再来的。”我们和孩子说。

“阿姨,再来! 我们会想你的。”

绿家园为玉树孩子们捐了2 000元钱用于他们勤工俭学。

捐(2017年)

我知道，孩子们说的这句：我们会想你的，是发自内心的。

我们的领队李晋之所以流下眼泪，是因为在这次“黄河十年行”出发前，绿家园就在群里为给孩子们买书募捐。有那么多热心的朋友为孩子们献出了自己的那份爱。今天这些书能到孩子们的手里，有多少人付出了心血！

2017 年，牵手格桑花联盟和绿家园为青海省玉树州玉树县下拉秀镇中心寄校下属七个村校捐助的图书，从西安发运。这次捐助的图书是由这七所村校的老师和孩子们自己挑选的，共 39 件 2 686 册，购书款为 34 620.34 元，运费 1 000 元由巷往书店捐助。

这批图书是对去年捐助图书室的重要补充。感谢所有爱心人士的捐助！感谢千方百计为孩子们配备图书的小曾以及巷往书店！

关于勤工俭学捐款，去年绿家园为下拉秀中心寄校和四个村校各捐助1 000 元共 4 000 元，为玉树第一完小三年级六班捐助 2 000 元。今年，绿家园和牵手格桑花联盟为下拉秀中心寄校下属 8 个村校共捐助 16 000 元，每校 2 000 元；为玉树第一完小捐助 4 000 元。

今天捐书时的情景，我们用小视频拍了下来。那一刻，孩子的兴奋，也发到了绿家园志愿者和牵手格桑花联盟的朋友群，让朋友们可以看到，他们的爱心是怎样由“黄河十年行”传递到孩子们手上的。

离开孩子们之前，我说我们一起喊三遍黄河吧，孩子们喊出的声音在我们离开他们好久了，还回响在我的心里。

我们还会再来(2017 年)

今天,同行黄委会专家李敏的纪事中写了这样一段:

我们带着图书来到捐赠仪式的教室,五年级的孩子们已经在教室里坐好。汪老师发表了简短的讲话后,我们逐一给同学们发放图书,然后和大家合影。出了教室,我看见考察队的总管直擦眼泪,我有些半开玩笑地说“你怎么这么容易激动”。总管回答说:“太不容易了,你不知道做成这件事有多难。”我沉默无语了。真的是这样,听他们说,从募集捐款,到征求孩子们需要什么图书,到与出版社联系采购图书,到把这些图书送到远在青藏高原学校孩子们的手中,对于绿家园,对于 NGO,真的是太难太难了。

离开学校,路边的热闹让我们停下车。走近看,原来是正在准备中的婚礼。

这是玉树州的一个藏式婚礼,穿着藏服的亲人用他们的风俗在这儿迎接新人。

在等新媳妇(2017 年)

他们告诉我们 12 点新娘来了以后正式举办婚礼。亲人们正在地上撒上米和青稞祝福亲人。

五谷丰登(2017 年)

我问站在那儿的漂亮姑娘：今天是谁结婚呀？

答：我妹妹。

我问：你们家一直住在玉树？

答：是。

我问：你们这个一直要拿到 12 点钟，等新娘来是吗？

答：对。

藏族人的婚礼要用青稞码成这样(2017 年)

婚礼还有两个小时，酒店前已经站着一边是新郎家的亲戚，一边是新娘家的亲戚。

真遗憾，我们没有时间等到新娘子的到来。

不过，我想当这对新人的孩子也上小学的时候，我们的“黄河十年行”虽然已经结束，但是为这里的孩子们捐书，我们还会继续的。

8 月 30 日，在玉树我们还去了地震遗址和地震后花了 2 亿元重建的玛尼石堆。带我们去的玉树朋友扎西说，这里不用买票。我问他为什么？他说这是全人类的财富，为什么要买票？我们玉树的这些地方都不用买票。

藏族人的这种情怀真让人敬佩。

玉树抗震救灾纪念馆是玉树地震灾后重建的“十大标志性建筑”之一，于 2012 年 4 月 10 日开工，2013 年 10 月 30 日完工，纪念馆用地面积约为 5 776 m^2，其中遗址占地面积约 498 m^2，由地震遗址、纪念馆主体及感恩广场三部分组成。建筑分地上一层、地下两层，抗震设防烈度为 7 度。据报道，玉树抗震救灾纪念馆，是中国第一个全面记录高海拔地区抗震救灾艰难历程的纪实性展馆。

玉树的那一刻(2017 年)

同行的专家李敏说，站在玉树抗震救灾纪念馆前，遥想天摇地动的震撼，惊心动魄的破坏，烟消云散的生命，满目疮痍的城市，悲痛欲绝的生者，还有无言以对的自然，是难以忘却的记忆。

看看这个玛尼堆石的阵容，藏族人对信仰的虔诚(2017 年)

玉树人扎西说，现在的玉树尽是高楼大厦，新的城市他有点不适应。他说，为什么像我们这一代人，都是 80 后还会这样？因为，玉树我们很多亲人朋友去世了，很怀念他们，现在这个节奏扎西说他也有点不适应。

扎西还说，当地人很相信转世。现在做坏事，将来投胎投不了好的。

玉树这个滩原来都是绿绿的，地震造成了滑坡，一些山也秃了。

在黄河源第一县曲麻莱等着我们的仁曾多杰，是每年“黄河十年行”去黄河源小学都会见到的学校里的教工文措的儿子。

虽然我们到曲麻莱已经很晚了，但我们还是和多杰及其他几个小伙子坐下来聊了起来。

信仰(2017 年)

玉树的河(2017 年)

长江源区的电站现在不用了(2017 年)

三江源的长江源区(2017年)

玉树有四条河汇集,玛曲、直曲、扎曲、杂曲(2017年)

长江源区聂恰河里长树了(2017年)

治多县人们唱歌跳舞的地方(2017 年)

治多县的河(2017 年)

我问多杰:“听说你现在也在做民间环保组织?”

他说:“对对对,我们现在正在做一个叫曲麻莱禾苗协会的环境保护NGO。”

“从什么时候开始做的?”

“2009 年我上高中的时候开始做的。刚开始是做一个教育方面的。去年我们重新定了一个目标,要做环境教育。”

“几个人呢?”

“我们现在有 5 个人,都是小学、中学、大学时候的同学。”

“一起实现自己的理想。”

“对! 对!”

“那你们靠什么生活呢?”

“在这边做一个合作社。”

“怎么做呢?

“合作社主要就是养牛和养羊。从明年开始我们就想做一些产品,来养我们这个环保组织。”

“你觉得可以养得了你们吗?”

“目前还是比较困难,因为我们没有产品,我们考虑明年做比较规范一点的产品,就是肉制品,现在有这个计划,但还没有开始做。”

“你们的父母同意你们这么做吗?”

“刚开始我们的父母特别不同意,这是我最苦恼的,我和爸爸三个月没说话。但是,这几年还是比较好。”

“现在你妈妈也同意了?”

“妈妈一直都支持,因为妈妈看你们每年都来看望黄河,看望他们。我妈妈本来说是要去看病的,但听说你们要来她就没去,在等着你们。”

“我们明天一定要见到她。”

仁曾多杰从西北民族大学毕业,学的是藏汉语言文学。毕业后和五个同学一起决定在黄河源做民间环保。

在黄河源长大的仁曾多杰(2017年)

为什么?仁曾多杰说他上小学的时候,他的爷爷曾经跟他说过三个目标:一是,你要做一个对人类有贡献的人。不行的话,也要为国家做出贡献,最起码也要做为家乡做出贡献的人。仁曾多杰记住了。

听到这儿,再次让我感慨藏族人的胸怀。

仁曾多杰说,以前这个地方没有生活垃圾,现在经济生活上去以后,很多生活垃圾就出现了。刚开始我们做这个禾苗协会的时候,这周边都是垃圾,但没有人关注。可以说,在曲玛莱县上第一个关注生活垃圾的就是我。

他说,后来,我们接触了三江源生态环境保护协会的扎多老师。听了扎多老师的好几节课,我们里面还有两个人在扎多老师那边工作过。

他接着说,协会成立后,我们就觉得环境保护在三江源特别需要。长江源很多人在关注,还有两个人在做这个事情,一个是杨欣,一个是扎多,他们都在关注长江。但是,黄河源头很少有人去关注,很少有人去做这个事情。所以我们就想着从现在开始做黄河源保护。

2017 年 8 月 30 日晚上，已经很晚了，我们还在和仁曾多杰特意为我们找来的三江源国家公园的工作人员聊着他们的工作。

让我们非常兴奋的是，现在三江源国家公园不再建网围栏了。因为越来越多的人认识到网围栏对野生动物的自由与生命会有致命的危险。

“黄河十年行”第一年，我们在中科院高原生态所采访科学家吴玉虎的时候，他就曾说过，我恨不得一夜之间把青藏高原上的这些“钢铁”全都拉出去。“黄河十年行”第八年，科学家的愿望正在逐步实现着。

曲麻莱，据在县境内发现的许多古文化遗址看，早在 4 000 年前曲麻莱县境内就有人类活动。相传唐代大僧人玄奘赴天竺取经，曾在这里停留休息译经从而得名。这里的海拔已经是 4 200 m。

8 月 31 日，我们真的就要站在黄河源约古宗列了。

16　走在黄河源头的路上

2018 年 8 月 31 日早晨 7 点半，我们从黄河源第一县曲麻莱出发，高原荒漠的风情和前几天的高源湿地显然有了区别，我们似乎有了离天更近的感觉。说出流芳万代的“黄河之水天上来”的智人，当年写时，眼前会和我们今天一样吗？

天慢慢亮了(2017 年)

今天，再有 6 个小时我们就能见到黄河源了。从入海口到今天，我们用了 16 天，不说千辛万苦，也是险情不断。但要让更多的人和我们一起走黄河，享受

高原的早晨(2017 年)

黄河之美,感受黄河之痛的信念一直鼓励着我们前行。一步步,一天天。

这 16 天“黄河十年行”都经历了什么?看看这些天绿家园志愿者编辑原上草对“黄河十年行”的部分行走记录:

8 月 23 日,今天我们的运气又不好,前方塌方,绕了一个半小时后,饿着肚子不得不走高速路直杀偏关。路上只能隔着玻璃眺望峡谷缝隙,山间峰群,扫拍下来与朋友们一起分享了。

8 月 25 日,我们今天的路、天气特别差。

8 月 26 日,晚上还有一家,但是不知道能不能赶到,现在又要下雨了。昨天是在大雨中夜行到的海拔 3 600 m 的住地。接下来要继续“爬高”,有高原反应感觉的人,占团队的一半左右。

8 月 27 日,今天车坏了,在修车,早晨 9 点出发,不知走之前能不能写完今天的黄河纪事。

窗外在下大雹子,我们经历了大雾,现在又在经历大雹子。大雹子砸在车窗上砰砰响。

8 月 28 日,今天天快黑时,我们走在一段非常崎岖的山路上。因太危险,车上人多次下车。我们很牛很牛的老赵一道一道坎地闯过去了。

8 月 28 日,刚才好惨,晚上 10:00 到达住的地方,因为太累了没去吃饭,太冷了洗了热水澡,没想到厕所的门是坏的,撞上就开不开了。同屋人去吃饭差不多一个半小时才回来。我活活在厕所里冻了一个半小时。现在赶紧写。

8 月 30 日晚上,已经很晚了,我们还在和在黄河源长大的仁曾多杰聊着。他还为我们找来了三江源国家公园的工作人员,他们向我们讲着刚刚建立的三江源国家公园的工作。

现在已经是晚上10点了,从商店里走出来的是我们“黄河十年行”的生活总管李晋,因为明天我们到黄河源没有吃的,她还在忙着我们明天的给养。

23:56:谢谢北京的编辑,我睡一会儿就起来写。

经历了这么多的艰辛之后,今天我们终于接近了黄河源。

今天一上路,我们就如同走进了动物园。本来急于想看到黄河源要赶路。可是一头头、一只只大自然的精灵,一次次来到我们眼前,叫我们不能不驻足拍下可爱的它们。

藏野驴、藏原羚虽然离我们有点远,拍清楚不容易。但荒野中的它们,一次次让我们感叹它们为自己选择的家园之广阔、神秘。

走向黄河源(2017年)

走向黄河(2017年)

高原的河(2017年)

藏狐(2017年)

藏狐！车上最熟悉高原的赵连石一声提示，我们的相机、手机马上瞄准。藏狐(学名：Vulpes ferrilata)大小接近赤狐或略小，但耳短小，耳长不及后足长之半，耳背的毛色与头部及体背部近似。尾形粗短，长度不及体长之半。冬毛毛厚而茸密，毛短而略卷曲。背中央毛色棕黄，体侧毛色银灰。尾末端近乎白色。头骨之吻部十分狭长，吻部中央部位之侧缘稍向内凹入，第二前臼齿处之吻宽约为腭长的1/4。犬齿甚长，上犬齿之高约等于第四前臼齿加第一臼齿长度之总和。

藏狐分布于高原地带，喜独居。通常在旱獭的洞穴居住。以野鼠、野兔、鸟类和水果为食。见于海拔达 2 000~5 200 m 的高山草甸、高山草原、荒漠草原和山地的半干旱到干旱地区。

就在我还感慨今天运气不错，陶醉在清楚地拍到藏狐的时候，又一头狐狸在我们车窗外出现，并和我们走走停停了好一段时间，且一直和我们保持着一定的距离。可以用得上那句话：逗你玩。它是沙狐。

沙狐(2017 年)

沙狐活动于西起下伏尔加河流域，向东覆盖中亚大部分地区，主要分布国家包括阿富汗、中国、印度、伊朗、哈萨克斯坦、吉尔吉斯斯坦、蒙古、俄罗斯、土库曼斯坦、乌兹别克斯坦。

沙狐主要栖息于干旱草原、荒漠和半荒漠地带，远离农田、森林和灌木丛，与其他穴居动物毗邻而居，并接管空置地穴。

沙狐白天非常活跃，也有夜间活动的报道。它善攀爬、速度中等，不及其他慢速犬类。听觉、视觉、嗅觉皆灵敏。四处流浪，无固定居住区域，在觅食困难的冬雪季节，它们会向南迁徙。相比其他狐属，沙狐更具群居性，甚至多只个体共住同一洞穴。

沙狐非常漂亮，且它出现时离我们那么近，神态都看在了我的眼里。

再次让我们忍不住叫停车的，是一只高山兀鹫在吃着地上的腐肉，一只渡鸦也想跟着来点。这时一只藏狗进入，把渡鸦吓跑了。我们本以为可以看到一场厮杀。然而，高山兀鹫却视若不见。两只在我们看来都挺凶猛的动物，擦肩而过。藏狗走了，渡鸦又一点点地挪近。

高山兀鹫(学名：Gyps himalayensis)是隼形目鹰科兀鹫属的鸟类，大型猛

过马路(2017年)

大战没有打起来(2017年)

禽,全长约110 cm。羽毛颜色变化较大,头和颈裸露,颈基部长的羽簇呈披针形,淡皮黄色或黄褐色。上体和翅上覆羽淡黄褐色,飞羽黑色。下体淡白色或淡皮黄褐色,飞翔时淡色的下体和黑色的翅形成鲜明对照。幼鸟暗褐色,具淡色羽轴纹。栖息于海拔2 500~4 500 m的高山、草原及河谷地区,多单个或结成十几只小群翱翔,有时停息在较高的山岩或山坡上。经常聚集在“天葬台”周围,等候啄食尸体。主要以尸体、病弱的大型动物、旱獭、啮齿类或家畜等为食。能飞越珠穆朗玛峰,是世界上飞得最高的鸟类之一。

告别了高山兀鹫后,我们拍到两只黑颈鹤。它们正在水边觅食。我们的靠近也没能让它们飞走。看来它们并不太怕人。黑颈鹤是中国特有的鸟类。冬天在云贵高原过冬,夏天在青藏高原繁殖后代,藏族人视它为神鸟。

这些野生动物的家,都在地貌十分奇特、多样,离天边很近的地方。看着高原上的这些原住民,沿着“搓板路”,我们走向了黄河源。

高山兀鹫(2017 年)

丹顶鹤(2017 年)

一路走着这样的“搓板路”(2017 年)

走向黄河源的路上,有冻土、有已经风化的山坡、有草甸、有河流……在大自然中,沿着这样的地貌,我们走到黄河源第一乡——麻多乡的郭阳村。现在三江源的路边都有垃圾桶。河网在这一段已经形成了明显的河流。

一路上,偶尔看到一两个帐篷,我总忍不住要问自己,住在这样广阔天地中的人，寂寞吗？

江源人家(2017 年)

2010 年“黄河十年行”走到这里时，只有几栋房子。这些年的变化也不大。只是近两年，中央政府加大了对三江源自然保护区的扶持，现在的这里已经很有规模了。更棒的是我们从 2010 年“黄河十年行”开始就和专家们一起呼吁减少黄河源的网围栏，现在真的在减少，在拆了。奇怪的是，黄河源不在三江源国家公园里，所以，这里还有网围栏。如今，国家公园里已不让再修网围栏了，因为它们对野生动物的生存造成影响。

走向河源，忽然会出现一个小峡谷。老赵说这地方是一个研究观察野生动物的好地方。

越走进黄河源，天地越宽广，凸显黄河是如何孕育而成的。黄河源区，每一条水系都会流向黄河。手机的使用，能够通过小视频让更多的人和我们一起走向黄河源，真高兴。

麻多乡(2017 年)

黄河源的沙化(2017年)

我们离开黄河第一乡麻多,走向黄河源,因为我们的大车不能进去,老朋友文措的女婿开着长城越野车带着我们进入最后的黄河源区。

我们走进河源时的光线,让我们充分领略着黄河源区色彩的丰富、多样。

不过也有遗憾,就是这里也有挖沙。

离黄河源越来越近了,太阳光照射在大地上,暖暖的。

废弃的黄河源小学(2017年)

2009年我就到过的黄河源小学,现在因撤点并校已经废弃了。昨晚文措大学毕业做民间环保的儿子就说,如果这个小学要恢复,他愿意回来教书。因为有感情。

2009年,我第一年来的时候,夕阳打在藏民为黄河源祈福的塔上,美丽而神圣。

藏族人对黄河源的祈祷和祝福有塔也有经幡,这是他们在用自己的方式守卫着黄河源。

黄河源的经幡(2017 年)

录下最初黄河的水声(2017 年)

用手机拍的小视频中,我兴奋地向和我们一起关注黄河源的远方的朋友描述着母亲河的出生。

我向“母亲”说:我来了,第九次来到这里探望您,我要把这水声录回去,让更多的朋友听到。我录到的声音中,有水的声音,雨的声音,也有我的心跳。

这些散在河源的彩色的小纸片,叫隆达,是藏族人对河流祝福的一种方式。隆达在向天空扔时,他们的嘴里也有内心的祝福。曾经有人看了不了解地说,河源也脏了! 当地人不这样说:不是的。

今天的黄河源有国家地标,也有藏民们挂满了的哈达。黄河从这里问世。

黄河生于约古宗列盆地(2017 年)

“黄河十年行”在黄河源(2017 年)

向黄河母亲鞠躬(2017 年)

黄河从这里走来,黄河从这里开始被我们尊为“母亲”。

我们在黄河源时天下雨了,很快成了“小雪弹子”。1998 年我第一次到长江源时知道这是当地牧民对冰雹的称呼。

我们上黄河源的是三辆越野车,可雨中、雹中我们连拍照带录水声一个多小时了,除我们的车外,才又有一辆车上来。此次“黄河十年行”有 4 个人因车的问题,而没能见到河源,为他们遗憾。

在黄河源,我们拉起了“黄河十年行 2017”的横幅,站在黄河源头表达了孩子对“母亲”的孝敬之心。

我们,向最初的黄河鞠躬,祝福她身体健康。

我们,以各自的心情,各自的方式,把“母亲”记在了心中。

从黄河入海口到今天已经整整 16 天。16 天的故事，16 天的心情，短短的时间里，怎能一下子都说与“母亲”听。

两个多小时了，再不想离开也不得不说：再见母亲河，再见黄河源，黄河源扎西德勒！

我再次环顾、拍下了黄河源约古宗列盆地的全貌。我再问黄河源，您竟能以如此博大的胸怀义无返顾地流向大海了！

我们的车开动了，只有和黄河源说我们明年再来。

今天，一到黄河源第一乡麻多乡，我们最先见到的就是仁增多杰的妈妈文措。

1999 年我第一次随地质学家杨勇到黄河源考察的时候就认识了文措。她那个时候正在太阳能灶上面烧水。从那以后，每年“黄河十年行”去黄河源，我俩都要紧紧地拥抱，脸贴着脸，表达着分别一年中的思念。

看看去年的照片(2017 年)

我和文措语言不通，我不懂藏语，她也不会汉话，但是我们相遇的那一刻心是在一起的。每年我去都会带上表示我心意的衣服或者什么礼物，她也会送我她心仪的礼物给我。

今天文措和往年一样，也和我们一起到了黄河源。在黄河源，她从藏袍的怀里掏出了一个礼物，告诉我那是她爸爸送给她的，是一个奖杯，上面有三个小空间放着中国三条大江：长江、黄河、澜沧江的土壤，其中一个空间欧姆措告诉我里面装的是黄河水。

2014 年，文措也是在黄河源，沾着黄河水把自己手腕上的一个祖传的老玉

礼物(2017年)

手镯戴在了我的手腕上。

能在黄河源认识这样一位藏族妇女,是天意,还是缘分?

从文措那清澈的眼神里,我会读出她内心的世界。从我们每次初拥,到脸贴脸的告别,我心里装下的,是厚厚的一份情谊。

文措教育出的儿子仁增多杰大学毕业以后,放弃去找公务员的工作,与几个年轻人一起艰难地开始了黄河源的保护工作。在仁增多杰最困难的时候,母亲站在了他的一边。

在麻多乡的那晚,我住在了文措的家里。炉火烧得旺旺的,她不停地往我的杯子里倒着烫烫的融在了心里的奶茶。

晚上睡觉前,文措对着她家的佛龛朝拜磕头。那份虔诚,让我感受的是信仰的力量。

人和人之间,除了语言的交流,就没有更能心心相印的感情交流吗?我觉得有。

从麻多乡走向黄河源,黄河源第一家也是我们每年都要去看望的。他家的一个小男孩,我们是看着他从10岁长成了1.8 m多的大小伙子的。有点可惜的是,我们第一年来的时候,他还在黄河源小学上学,第三年来的时候,因为黄河源小学被撤点并校,学校离家远了,他辍学在家,开始了放牛的生活。

黄河源第一家,是一大家子。我们第一年到他家的时候,家里女人正在做经幡。我们从黄河源回来的时候,经幡挂起来了,但不是五颜六色的,是黄色

每年都要见的男孩长大了(2017 年)

黄河源第一家(2017 年)

的。问后得知,家里才一岁多的小孩因感冒没有得到及时的治疗结束了短暂的人生。孩子去世,经幡用黄色来表示。

今天,我们的车一到,小伙子就冲到了我们的车窗前,脸上依然满是纯真,也还加上了几分憨厚。我们从黄河源回来再经过他家时,家人告诉我们他放牛去了。天都快黑了,去放牛,住哪儿?

这不能不让我再次问天问地,上苍选择与黄河源为邻的人,是什么标准?

今天,在黄河源第一家,我们又和他们照了相,并站在那幅黄河源第一家的墙画边,让他们对着墙画上的本人拍了一张照片。

每年“黄河十年行”到了要用 10 年跟踪访问的人家,都会把前一年我们拍的照片洗出来,放大送给他们。他们看照片的那一刻,我的心里是和他们一样高兴的。

因为语言不通，我们和这家人交往了 8 年了，但互相并不了解。我们的交流只是用眼神和笑容来表达。同行的李秀兰送他们每人一个国旗小徽章。他们可都头一次看到呢。

藏族人在见面和告别的时候都会贴一下脸。今天依然，我们和他们一家人告别时，他们一直在向我们挥着手。明年再来看你们，再见，我们也一年又一年地说着老话。

“黄河十年行”跟踪采访的 10 户人家，包括黄河源的这几户，我们每年来都像是在走亲戚。

明年见(2017 年)

今天，我们离开黄河源第一家后走了一会儿，开车的文措的女婿问我能不能停一下去她家的亲戚家看一下。当然，我们和她一起下了车。

这是文措丈夫妹妹的家，家门口几个孩子跑来跑去。其中一个孩子端着小碗在吃饭，吃的是什么？大米饭。黄河源人家的晚饭也有米饭，这倒是我第一次见到。

在黄河源小学采访的时候，老师告诉过我们，这里孩子的辍学率依然不低，因为孩子们在撤点并校以后，离家太远了，他们想家。

在这样的旷野中生活，家就是他们的全部。母亲离不开孩子，孩子们也离不开妈妈。

从黄河源回麻多时，天已经黑了，我们的车在“搓板路”上走着。我心里满满的恋恋不舍，对黄河源，对黄河人家。

黄河源的孩子(2017年)

17 捐书

今天早上黄河源麻多乡的山都白了,我们的队员也经受了严峻的考验。

今天计划的路程也在提醒着我们,必将又是艰难的一天。

9月1日在中国是中小学开学的日子,但也有例外,在黄河源,小学的孩子因为平常住校时间长了,隔一段时间要让孩子们回家住几天,我们到的时候,正赶上他们放假。在偏远的河源,想家,想妈妈,是学校生源不稳定的重要因素。

昨天去了黄河源回来后,我们就住在了麻多乡。前些年麻多乡没有旅馆,我们住过乡政府的桌子上、椅子上,更多的是住小学的学生宿舍。今年我们到了麻多乡,有了条件很简陋的算是旅馆的地方可住。

早上“黄河十年行”的车到了黄河源第一小学校捐书,文措在学校当老师的女婿叫了几个住在乡上的学生和老师隆重地穿上藏服在学校等我们。

我们每次到黄河源来,其实还有一件事要做,那就是为民办教师捐钱。因为我们知道,在这所小学,国家分配来的大学生一个月能有五六千元钱的工资,可是留不住。而当地校聘的民办老师,不管工作了10年、20年,一个人要教几门课,持久坚持在自己工作的岗位上,一个月的工资也只有800元。尽管他们视学生们为自己的孩子,认认真真地教书育人。

所以,每次参加“黄河十年行”的朋友们都会慷慨解囊,为老师们的不公待遇做点自己多多少少的贡献。

这次“黄河十年行”出发前,在北京我们绿家园朋友圈也和以往一样,募到了买书钱,买到了孩子们喜欢看的书。

送书(2017 年)

捐钱(2017 年)

看看这些黄河源的孩子有多可爱,我们就是为他们捐书。

你叫什么名字? 江宏才仁。

你几岁啦? 我 9 岁。

你呢? 我 10 岁,你呢? 我 11 岁。

“黄河十年行”参加了 7 年的老赵在给孩子们发书,孩子们高兴极了。

2017 年“黄河十年行”领队李晋送上了绿家园志愿者捐给黄河源小学民办教师的钱。

和孩子们在一起(2017 年)

今天,我们捐书、捐钱后,我问孩子们你们长大了想做什么? 十几个孩子中,有一大半是想当老师,还有几个是想当医生。边远地区教育、医疗的问题,让这么小的孩子就开始了自己的人生选择,倒也是一件值得好好想想的事。

坚守在这儿的教师(2017 年)

尕松求仲老师说,我想让孩子们通过这些图书,走出自己印象当中的世界,了解外面的世界,感触一下外面的世界。

尕松求仲还说,为自己的家乡做出一点贡献,把自己的家乡建得更美好,未来就是光明的。

尕松求仲是黄河源小学的老师,在这里工作 6 年了,她的家在玉树。能够坚持在这儿教书,对她来说是最大的乐趣,就是能让住在山沟沟里的孩子看到外面的世界,她希望用自己的实际行动影响孩子们长大了能为自己的家乡做些事。

离开学校,离开孩子们时,他们一个个使劲地向我们挥手告别,还跑到了我们的车边。

离开麻多乡,我们的车开在曾经的星宿海里。星星点点的小水面替代了原先的星宿海。

星宿海,位于青海省果洛藏族自治州玛多县,东与扎陵湖相邻,西与黄河源玛曲相接,古人以之为黄河源头。星宿海地区海拔 4 000 多 m,有五岳之首泰山的近 3 倍高度。星宿海,藏语称为“错岔”,意思是“花海子”。这里的地形是一个狭长的盆地,东西长 30 多 km,南北宽 10 多 km。

黄河源区,一个小时也就能走十二三千米,我们的车在颠簸着前行。“搓板路”带我们走向雪山,走向鄂陵湖、扎陵湖。

这个牌子上写的是“天下黄河第一桥”,这是真正的黄河上的第一座桥。

今天的星宿海(2017 年)

黄河源区的路(2017 年)

黄河第一桥(2017 年)

黄河源这两张对比的图片,可以让人看到这里的变化。到底因为什么? 全球气候变暖,人为的干扰,哪个是导致这些现象的直接原因? 不乏激烈的争论。

总之,30 多年沧桑变化,黄河正源的星宿海已经名不符实,过去星罗棋布美丽的湖泊风景,已经变成干涸的湖底、荒芜的戈壁。

昨天,我们是从玉树州治多、曲麻莱到的黄河源。今天,我们走向的是果洛州的玛多县。

这个就是红景天(2017 年)

这是黄蘑,这样的砾石滩,就会有这样的植物,球果状,里面有水,保持着生命的旺盛(小水囊嘛)。苔癣类的地衣,这是初级的生态系统,更多的物种渐进地演进,构成了高原草垫。

我们的农民植物专家李秀兰在高原退化的草场上,一种植物一种植物地说着。草原上很多地方看着很贫瘠,但生物的多样性一点儿都不少,秀兰说。

走在这样空旷的地方,心里一直涌现的两个字是:"博大"。

这样的山川大地像一页书一页书地让我们翻看。以前是湖盆,现在旱了,干了。

我们就是走着这条小路到了扎陵湖(2017 年)

今天走在这片荒原中,我们还是比较近距离地拍到了很多野生动物。

藏族人对大自然的崇敬,是不是源于他们就生活在这样的大自然中呢?

"飞走啦,飞走啦,滑翔!"

"好,飞啦! 又落在另外一个杆子上面了。"

我们就是这样大呼小叫地在高原上走着,拍着,在野生动物的乐园里享受着。

大鵟飞走了,一只、两只……(2017 年)

藏野驴(2017 年)

九只藏野驴在我们的前方吃草，我们靠近中，有三只对我们毫不理会。本来嘛，黄河源是人家的家。

不过，拍野生动物，真的是要靠运气呀！

格萨尔王登基台（2017 年）

这可是正宗的登基台。后边都是玛尼石。前些年我们来时，上边的塔没有今天这么金碧辉煌。可是，格萨尔王登基台对面的湿地、湖，越来越干了，小了。

两个孩子的妈妈（2014 年）　　孩子长大了（2017 年）

今天，在扎陵湖边我们又来到了住在那里的这户人家。2011 年我们来的时候，这里一位年轻的女牧民让我们以为她还是个小姑娘。但拍了一会儿照片后我发现，她的小腹已经微微地隆起。

2012 年“黄河十年行”来时，我特意买了孩子穿的新衣服带给她。但她站在墙边默默地不说话。通过翻译才知道,孩子没有了。

有意思的是,2013 年我们再来时,她手里抱着一个、牵着一个,一大一小,她成了两个孩子的妈妈。这两年我们再来时她都没在家,家人说她在夏牧场放羊。

去年我们到她家时,孩子的爷爷说她已经是三个孩子的妈妈了。她去放羊了,带着两个孩子,一个大的孩子留在爷爷身边。而今天我们来,三个孩子都在家,妈妈却又放羊去了。为什么不把自己的三个那么小的孩子带在身边,自己去放牧?语言不通,我们也没问出来是怎么回事。

黄河源的孩子从照片上看,看人的眼神,跟城里的孩子是不是不一样呀?

李晋把我们志愿者带来的糖和玩具送给他们。这两个孩子我们记录着他们的成长,长得好漂亮,是不是?

很含蓄的两个孩子在跟我们说再见时,还特意把我们送给他的小玩具举起来,这就是扎陵湖边的孩子。

黑鹳(2017 年)

天际线上是三只小羚羊(2017 年)

今天，走了半天颠簸、荒芜的高原荒漠，我们又看到了水和水鸟。在扎陵湖的范围内，水虽然少了，斑头雁、黑鹳……国家一级保护鸟类动物却有所增加。

我们看到前方的那只鸟，叫黑鹳，是国家一级保护的鸟类，太难得了。它在水里漫步。在找鱼吃，一步一步地低着头走。

哪是天，哪是海(2017 年)

扎陵湖(2017 年)

夕阳西下了，这就是扎陵湖。壮观的扎陵湖，湛蓝的天空，丰富的色彩。

在扎陵湖边，我们拍到了藏野驴、大鵟。夕阳西下时，一头野牦牛在我们车前方的鄂陵湖里伸着头向我们张望。然后，竟然慢慢地走出鄂陵湖向我们的车走来，走过公路，向鄂陵湖对面的山上一步步走到太阳下山的霞光中。

能这么近距离地拍到野牦牛，快 30 年的对青藏高原的采访、记录，8 年来的“黄河十年行”，对我来说都是第一次。

野牦牛(2017 年)

上山(2017 年)

对视(2017 年)

走到天全黑时我们到了黄河鄂陵湖上的第一个水电站。来之前我们听到了非常好的消息:黄河源第一电站要拆掉了。天黑,电站也是黑的,显然已经停止了运转,厂房还在。

今天,晚上 10 点才吃上晚饭。我们离开了大部队,要赶往 200 km 外,正处于危险状态中的、生长在黄河边的一片古柽柳。路上听到消息,大部队的车撞到了两头藏野驴,好在一头是擦肩而过,一头倒地后,又挣扎着站起来,跑了。

夜色中,我们不曾停歇……

18　四个世界第一的古柽柳

9 月 2 日,“黄河十年行”第 18 天,我们考察队中的四个队员离开大部队,开着一辆皮卡车要去看看我们“黄河十年行”从第一年就关注的一片有着四个世界第一的古柽柳。这片有 600 棵活了 300 多年的古怪柳,因为正在修建的羊曲水电站而危在旦夕,今天它们到底怎么样了? 我们急切地想知道。

路上,我们还幸运地感受了一下穆斯林过古尔邦节的气氛。本来就是问路边的几位抱孩子的女人今天家里怎么过节,其中一位干脆就把我们领回了她家,让我们看到了回族过节宰牲的仪式。

家里的两个儿子因古尔邦节从西宁和广州回来,这个节、这个仪式对穆斯林家庭来说是非常重要的。

当我们问他们听说过你家附近有一片珍稀的古柽树吗? 这家的儿子、女儿都说听说了,也知道有人在保护。从广州回来的小儿子相信古树会保住,因为是世界级的。他说如果需要,他也会做出自己的努力。

回家过古尔邦节(2017 年)

离开这家人后,我们的车在崎岖的大山里穿行。

走到长有这片古树的河滩旁的村庄时,村口站着十来个人,拦住了我们的去路。不让进的理由是里面在举行活动。

我们的车停在了村口,我一个人试图一步一步往里走。进到村子里我发现,里面空空荡荡一个人都没有,只有那些废弃的房子在黄河边无言地立在那里。

空(2017 年)

陪伴我一步步往前走的，是树上叽叽喳喳的小鸟。它们或许是怕我孤独，或许是好奇我怎么敢独自往里走呢？

树林——小鸟们的家(2017 年)

孕育古柽柳的大河与大山(2017 年)

黄河滩上的古树群(2017 年)

因为村庄里太静了，我稍有紧张地在微信里告诉朋友们我在表面看起来空空的村里走呢。突然，一辆摩托车停在了我的面前。三个藏族小伙子下车让我出村。

我说："为什么？你们说这里有活动，怎么一个人也没有？"

他们用生硬的汉话说出的字是：出去。不管我怎么试图继续往前走，他们三个人都以微笑挡在我的面前，让我不可能前行半步，直到被他们拉到了摩托车的后坐上，开出了空荡荡的村子。

老村空了，老村旁的新村还没有建成，村民都去哪儿了？

20 分钟后，我们的车开到了黄河对面，看到了黄河滩上这一片古柽柳。

这幅画面，可以感受古树的高大吗？

长有 600 棵 300 岁古柽柳的黄河滩(2017 年)

古柽柳(2017 年，吴玉虎提供)

希望不是最后的记录(2017 年)

古柽柳林(2017 年,吴玉虎提供)

古柽柳(2017 年,吴玉虎提供)

古柽柳(2017 年,吴玉虎提供)

2010 年 7 月,中国科学院西北高原生物研究所研究员吴玉虎在位于黄河上游的青海省同德县然果村附近的滩地上,偶然发现了这片古柽柳林。这片古树让搞了一辈子植物分类研究的吴玉虎诧异的是,学植物学的人都知道柽柳是灌木,可眼前的这片都长得异常粗大,与植物志记载的灌木状的柽柳属有着天壤之别。经过与中国科学院新疆地理与生态研究所研究员潘伯荣联合考察,吴玉虎最终确认:这是一片全世界独一无二的野生古柽柳林。

然而,这片神奇的古树林(还有伴生的也是上百年的小叶杨)正在因为一个水电站的修建而将被水全部淹没。

“还没有来得及通过古树做当地气候变迁的研究,还没有来得及收集它的种子…… ”

奔波于青藏高原 40 多年的吴玉虎说,这片林子经历了多少年,起码几百年的这样一个沧桑巨变,它没有被毁。如果在我们这代人手里被毁了,我们觉得是一种悲哀,是我们这一代人在犯罪……

“黄河十年行”第 8 年, 9 月 2 日,我们在远远地拍摄、记录了这片“高、大、奇”和生态系统完整的四个世界第一的古树后,驱车 3 个小时来到了羊曲电站。

电站旁大山的路上虽然车水马龙,但我们看到的大卡车还是在修路的。从今天已经被大部分斩断的黄河上的这个大坝看,没有见到人,老吊车也没有动的迹象,只有细细的黄河水在无言地流淌。

羊曲电站 2016 年在民间环保组织和媒体的调查、报道后,因以没通过环评就开工为由,被环保部门罚款并要求停工。

羊曲电站(2017年)

“其实,这也是我们中国今天修大坝的特色。三通一平在没有通过环评前就可以干成这样。可都干成了这样,甚至几十亿元都花了,还能不通过三通一评吗? 这本应该属于未批先建。”全国人大代表、清华大学水利系教授周建军分析说。可这差不多说是今天修大坝的惯例。

电站窄了黄河(2017年)

8年来,这片古树因有中国科学院西北高原生物研究所吴玉虎的发现并组织专家研究、呼吁,有“黄河十年行”的信息传递以及媒体、民间环保组织的共同努力,现在依然生活在黄河边。

其间,“黄河十年行”和吴玉虎一起上书两会、青海省政府,并得到了回答:古树要保护。

可是,2016年“黄河十年行”在西宁见到吴玉虎的时候,他告诉我们羊曲水电站马上就要蓄水,这片世界级的古柽柳,真的是到了最危急的时刻。

2016 年“黄河十年行”再次把科学家着的急，通过媒体的方式、民间环保的行动，展现在公众面前。

随后，民间环保组织自然大学的邵文杰来到了这片古柽柳林里，拍下了它们的古老，拍下了它们的沧桑，也拍下了它们的顽强与生命力。

因媒体与民间环保组织的再次合力，这片古树又得到了青海省政府的关注并做出决定：不解决好古柽柳的问题，水电站不会蓄水。

2016 年 11 月 9 日，《东方早报》消息：昨日，青海省政府宣布，停止因羊曲水电站的工程建设项目而准备进行的古柽柳林移植工作。

这一决定，再一次让我们看到了中国现在的民主化进程的发展和公众参与影响决策的可能。也让我们“黄河十年行”感受到，只要努力就有希望。不过，迁地保护并不是我们的目地。因为，这么大、这么老的古树，移得走吗？

站在今天黄河几乎成了一道缝的工程前，我们不知道这投资巨大的工程，真的能为 666 棵古柽柳而停下来，不建了吗？

谁能最后决定大坝的命运？谁能最后决定这片有着四个世界第一的古柽柳林的命运？“黄河十年行”在记录，在影响，在行动中。

2017 年 9 月 2 日，第 8 年的“黄河十年行”结束了。回忆从黄河入海口抵达黄河源，我们经历了 18 天艰苦卓绝、异彩纷呈的行程。

黄河源头(2017 年)

“黄河十年行”在黄河源(2017 年)

“黄河十年行”在路上(2017 年)

祈祷,黄河安好!(2017 年)

难忘涓涓流淌的河水(2017 年)

难忘黄河源质朴的孩子(2017 年)

黄河,以如此博大的胸怀做好了准备,义无返顾地流向大海!

黄河,你的未来谁主沉浮? 听凭大自然的召唤还是要屈从人类?

再听一听黄河的第一声清唱。之后,她将呐喊着奔向大海,奏出命运的交响。

2017 年《黄河十年行纪事》志愿者编辑孤鸿影在“黄河十年行”结束后最后的编辑工作中写道:

“黄河十年行”第 8 年胜利结束,你们都是英雄,我给你们点个大大的赞!我虽然没能成为你们中的一员,但 18 天来一直跟随着你们的镜头,跟随着你们的脚步,从黄河入海口一直走到黄河源头。

看着你们有风有雨的征程,分享你们的欢笑和泪水。你们这一路有大河为伴、有友谊相随、有信念支撑、有意志坚不可摧! 你们说有风餐露宿,有暴风骤雨,我看到你们哭过以后又继续前行的身影!

美丽的大自然就是这样在给予我们丰富的资源和赏心悦目的美景的同时,也常常会给我们严峻的考验。你们每一个经受住各种考验胜利走完了全程的队员都值得我们崇敬!

无论是黄河壶口的奔腾咆哮,还是黄河源那像小溪水般欢快流淌的乐声,无论是贡保吉一家人的开心笑容,还是玉树孩子们手捧新书的欢乐场面,都永远地永远地刻在了我的记忆里。

2017 年《黄河十年行纪事》志愿者编辑邓芳等说:

18 天，参加“黄河十年行”的每一个人都不容易。让我们看到了良心的坚守、责任和担当，也看到更多的人开始关注环保，成立环保组织。希望今后我们生存的环境越来越好。向参加“黄河十年行”的每一个人致敬！

致敬，“黄河十年行”大型生态考察队！

致敬，黄河母亲，扎西德勒！

2017 年“黄河十年行”纪事，是由参与“黄河十年行”的记者、专家、志愿者及绿家园的朋友共同完成的。特别是所有篇章的编辑是由志愿者编辑刘惠、史华、邓芳、原上草、刘敏、何勇完成的。视频则是汪乃宪、金蛇制作。在此一并致以深深的感谢！

记者手记：

2017 年是“黄河十年行”的第 8 年。今年我们的重点就是要去看看黄河滩上那片已经有 300 多岁的 666 棵古柽柳。“黄河十年行”从 2010 年第一年开始就被科学家告知，这片古树因一个水电站的修建命在旦夕。8 年了，我们在不停地为它们请命。

今年，我们走近这片古树时车被拦在了村口，不让进去，理由是里面在搞活动。可是我走进去时，看到的是空空的村庄，没有一个人，只有小鸟在欢唱。我们只好隔着黄河远远地看着它们。

今年，我们到了那个因我们的干预，已经被叫停的羊曲电站。可怜的黄河在这个工程还没有通过环评时，被拦截得细细的像一条水沟。

在我写完这篇黄河纪事的时候，从报纸上看到青海省对这片古树的“判决”——迁地保护。因为有专家说这些树没有 300 年，只有两棵上百年，而一棵已经烂了心，一棵倒了。

明明长得好好的 600 多棵树，明明有专家认为 300 年都不止，为什么会有这么不同的两种判断呢？

前几天，青海省环保厅召集的一次会邀请我参加了，会后我见到了青海省副省长，听我讲了为古柽柳着的急，这位领导对青海省环保厅厅长说，让不同意见的人一起去一趟古柽柳生活的黄河边，现场看看。

我期待着。

2017 年中国环保大事记

王忆翔

从蓝天保卫战到祁连山生态破坏问责，从中央环保督察到推进生态文明建设……2017 年，中国刮起一场场环保风暴。

中央环保督察全覆盖适时“回头看”

2017 年是“大气十条”第一阶段实施的收官之年，各地铆足劲儿进行大气治理。

为保证治污措施落到实处，2017 年 4 月，环保部从全国抽调 5 600 名执法人员，对“2+26”城市开展为期一年的强化督察，被称为“史上最大规模的环保督察”。

“2+26”是京津冀大气污染传输通道的泛称，它以北京和天津为中心，包括这两个直辖市和周边 700 km 左右半径内的 4 省所辖 26 个地级市，分别为河北省石家庄、唐山、保定、廊坊、沧州、衡水、邯郸、邢台，山西省太原、阳泉、长治、晋城；山东省济南、淄博、聊城、德州、滨州、济宁、菏泽，河南省郑州、新乡、鹤壁、安阳、焦作、濮阳和开封。

从 2017 年第二季度开始，环保部对 2016 年督察目标省（区）的整改工作进行“回头看”复查。

8 月开始，第三批 7 个中央环境保护督察组陆续向天津、山西、辽宁、安徽、福建、湖南、贵州等省（市）反馈督察意见。共交办环境问题 31 457 件，约谈 6 657人，问责 4 660 人。

8 月 7 日至 9 月 15 日，第四批中央环境保护督察全面启动，8 个督察组分别对吉林、浙江、山东、海南、四川、西藏、青海、新疆（含兵团）开展督察进驻工作。截至 9 月 15 日，第四批督察组完成督察工作，在此期间，8 省（区）因环境问题约谈 4 210 人，问责 5 763 人。

京津冀秋冬季污染防治攻坚

8月31日，环保部发布《京津冀及周边地区2017～2018年秋冬季大气污染综合治理攻坚行动方案》及6个配套方案，提出2017年10月至2018年3月，京津冀大气污染传输通道城市PM2.5平均浓度要同比下降15%以上，重污染天数同比下降15%以上。这是环保部首次制订非年度、季节性的大气治理方案，也是第一次设定秋冬季节"双降15%"的量化指标。

同时，"2+26"城市实施更加严格的措施，包括燃煤、工业、机动车、扬尘、重污染天气应对等方面共11大项、32小项措施。

12月18日，中央经济工作会议明确，把污染防治作为今后3年的三大攻坚战之一。打好污染防治攻坚战，使主要污染物排放总量大幅减少，生态环境质量总体改善，重点是打赢蓝天保卫战，调整产业结构，淘汰落后产能，调整能源结构，加大节能力度和考核，调整运输结构。

加大黑臭水体整治力度

与大气污染治理一样，2017年也是"水十条"强力推进的一年，各地加快治理城市黑臭水体，推进饮用水水源规范化建设。

截至2017年底，城市黑臭水体监管平台共受理6 400多条公众举报信息，通过卫星遥感发现疑似黑臭水体327个，经过排查，全国地级及以上城市建成区共确认黑臭水体2 100个，94.3%已经开工整治。36个重点城市（直辖市、省会城市、计划单列市）排查确定黑臭水体681个。

同时，全国环保部门指导各地开展2.8万多个建制村的环境综合整治；各地工业集聚区在2017年底前按规定建成污水集中处理设施，并安装自动在线监控装置。按照"水十条"的要求，逾期未完成的，一律暂停审批和核准其增加水污染物排放的建设项目，并依照有关规定撤销其园区资格。

全面实施"土十条"启动土壤污染详查

2016年5月，国务院印发《土壤污染防治行动计划》，即"土十条"。这是当前和今后一个时期全国土壤污染防治工作的行动纲领。

2017年是"土十条"的落地之年。7月31日，环保部、国土部、农业部、财政部、卫计委等部门在北京联合召开全国土壤污染状况详查工作动员部署会议，计划于 2020 年底前摸清农用地和重点行业企业用地污染状况。同时，开展建设用地土壤环境调查评估，继续推动土壤污染治理与修复技术应用试点，以及土壤污染综合防治先行区建设。

“土十条”提出，到 2020 年，全国土壤污染加重趋势得到初步遏制，土壤环境质量总体保持稳定，农用地和建设用地土壤环境安全得到基本保障，土壤环境风险得到基本管控。

禁止洋垃圾进口

2017 年 4 月，中国审议通过《关于禁止洋垃圾入境推进固体废物进口管理制度改革实施方案》。该方案明确，要以维护国家生态环境安全和人民群众身体健康为核心，完善固体废物进口管理制度，分行业、分种类制定禁止固体废物进口的时间表，分批分类调整进口管理目录，综合运用法律、经济、行政手段，大幅减少进口种类和数量。

7 月 20 日，环保部在例行发布会上表示，中国已经向世界贸易组织进行通报，2017 年底开始不再进口包括废弃塑胶、纸类、钒渣、纺织品等 24 类固体废物。

祁连山生态环境破坏严重

因矿藏富集，近半个世纪以来，矿山探采一直是祁连山的硬伤。1988 年，祁连山国家级自然保护区建立，但保护区的设立未能阻止开矿的步伐。

2017 年 4 月中央第七督察组指出，保护区设置的 144 宗探矿权、采矿权中，有 14 宗是在 2014 年国务院明确保护区划界后违法违规审批延续的。此次通报更点明，14 宗有 3 宗涉及核心区、4 宗涉及缓冲区。开矿集中于祁连山北麓的张掖市肃南县。

7 月 20 日，中共中央办公厅、国务院办公厅发出的通报显示，祁连山国家级自然保护区生态环境破坏问题突出，违法违规开发矿产资源问题严重，部分水电设施违法建设、违规运行，周边企业偷排偷放问题突出，生态环境突出问题整改不力。经党中央批准，决定对相关责任单位和责任人进行严肃问责。

2017 年 4 月，媒体报道，环保组织在华北地区开展工业污染调查期间，在河北、天津等地发现超大规模的工业污水渗坑，涉及化工、皮革、金属加工等行业，这批渗坑面积大、存续时间长，或已对当地的地下水、土壤都造成重大污染。且报道指出渗坑的具体位置，其面积约 170 000 m^2；废水呈锈红色、酸性。

随后，环保部会同河北省政府成立联合调查组赶赴现场调查。4 月 25 日，环保部分别发布《挂牌督办通知》文件，对“河北省大城县渗坑污染问题”“天津市静海区渗坑污染问题”进行挂牌督办。两份通知的督办期限要求均为 2017 年 7 月 31 日前完成督办事项。

国家环保标准“十三五”发展规划发布

2017 年 4 月，为进一步完善环境保护标准体系，充分发挥标准对改善环境质量、防范环境风险的积极作用，在总结“十二五”环境保护标准工作的基础上，环保部印发《国家环境保护标准“十三五”发展规划》（以下简称《规划》）。

《规划》指出，“十三五”期间，中国将启动约 300 项环保标准制修订项目，以及 20 项解决环境质量标准、污染物排放（控制）标准制修订工作中有关达标判定、排放量核算等关键和共性问题项目，发布约 800 项环保标准。

《规划》明确，“十三五”期间的总体目标是大力推动标准制修订。围绕排污许可及水、大气、土壤等环境管理中心工作，加大在研项目推进力度，制修订一批关键标准。

该规划是落实环境保护法律法规的重要手段，也是支撑环境保护工作的重要基础。

设立雄安新区建设生态宜居新城区

2017 年 4 月 1 日，中共中央、国务院印发通知，决定设立河北雄安新区。这是继深圳经济特区和上海浦东新区之后又一具有全国意义的新区，是千年大计、国家大事。同时，还明确了雄安新区今后发展的定位和发展目标，就是建设绿色生态宜居新城区。

雄安新区建设要充分体现生态文明建设的要求，要坚持生态优先、绿色发展，不能建成高楼林立的城市，要疏密有度、绿色低碳、返璞归真，自然生态要更好。

值得一提的是，2017 年雄安新区 PM2.5 平均浓度同比下降 21.5%，达标天数增加29天，重污染天数减少26天；新区及白洋淀上游流域生态环境综合整治成效初显，迁徙到白洋淀栖息、繁衍的野生鸟类数量和种类均显著增加。

十九大报告明确加快生态文明体制改革

党的十九大报告明确指出，加快生态文明体制改革，建设美丽中国，并提出四项任务：一是推进绿色发展，二是着力解决突出环境问题，三是加大生态系统保护力度，四是改革生态环境监测体制。其中，在解决突出环境问题中重点提及坚持源头防治，持续实施大气污染防治行动；加快实施流域环境和近岸海域综合治理；加强固体废弃物和垃圾处置；开展农村人居环境整治行动。

近年来，中国的生态文明制度体系加快形成，全面节约资源有效推进，生态环境治理明显加强。中国坚持贯彻和践行绿色发展理念，努力绘就一幅绿水青山、人与自然和谐发展的美丽中国新画卷，赢得国际社会的积极评价。

报告指出，要实施重要生态系统保护和修复重大工程，优化生态安全屏障体系，构建生态廊道和生物多样性保护网络，提升生态系统质量和稳定性。

此外，要完成生态保护红线、永久基本农田、城镇开发边界三条控制线划定工作。开展国土绿化行动，推进荒漠化、石漠化、水土流失综合治理，强化湿地保护和恢复，加强地质灾害防治。完善天然林保护制度，扩大退耕还林还草。严格保护耕地，扩大轮作休耕试点，健全耕地草原森林河流湖泊休养生息制度，建立市场化、多元化生态补偿机制。

记者手记：

笔者查阅2017年中国环保大事记时发现，这一年，环保领域发生了太多大事，中央环保督察全覆盖、全国土壤污染详查、污染防治攻坚战、禁止洋垃圾进口……对环保领域而言，最重要的是把党的十九大关于生态环境保护和生态文明建设的路线图落实为施工图，让党的十九大精神在环保系统落地生根、开花结果。特别是在国家高度重视下，环保产业已站上风口。

随着国家经济发展水平不断提高，人们的环保意识越来越强，特别是对洋垃圾问题，已经到了人人喊打的地步。

在大气治理方面，这一年，中国首次针对秋冬季制订专门的治理方案，第一次提出秋冬季大气质量改善目标。

2017 年又是“土十条”的落地之年，国内土壤修复行业才刚刚起步，需要从环境评估、环境调查、风险管控等环节，构建和完善整个产业链条，推动土壤污染治理与修复工作。

未来几年，严格的环保政策很可能成为新常态，这将改变地方政府的激励机制，并继续限制上游产业的生产，特别是供暖季高污染行业的生产。

尽管生态环境状况明显好转，但要达到污染物排放总量大幅减少、生态环境质量总体改善的目标，还有一场场攻坚战要打。